U0150900

出版基金资助项目

日本网络安全问题研究

付红红 ◎ 著

A Research on Japan's Cyber Security

时事出版社
北京

日本図解完全定位教本

目 录

绪　论

一、选题缘由和研究意义

（一）选题缘由

信息时代，随着网络与计算机技术的迅猛发展与广泛应用，网络空间业已成为继陆、海、空、天等传统领域之后的第五大战略空间。网络嵌入人类生活的各个方面，为人类生产、生活提供了不可或缺的便利工具，不断革新人们的生产、生活方式，却也给国家安全带来全新挑战和巨大课题。从网络出现之日起，安全问题就相伴相生，网络安全威胁和风险无时不在并日渐凸显。今天，网络安全不仅涉及个人隐私和安全，还与一个国家的经济安全、社会安全、文化安全乃至国防安全构成紧密关联。可以说，网络安全已经成为当今人类面临的最大课题之一。2019年1月世界经济论坛发布的《全球风险报告2019》，将未来10年有可能对全世界造成大规模损失的事态称为"全球风险"，并整理出发生可能性、影响规模、相互关联等内容。其中，在广泛涉及经济、社会、环境、技术等领域的全球风险中，网络攻击、重要基础设施瘫痪、数据非法窃取等安全威胁，无论是在发生可能性还是在影响规模方面，都位于上位。① 另一方面，随着网络信息技术在军事领域的应用，信息系统与网络成为新的作战要素，由于网络空间作战手段的隐蔽性、不对称性、相对成本低等特点，"网络空间国际战略竞争日趋激烈，不少国家都在发展网络空间军事力量"②，网络空间成为当今世界各国军事斗争的重要战场，网络空间的军事竞争和对抗成为国家间军事斗争成败的决定性因素。虚拟世界承载着现实生活中的方方面面，"牵一发而动全身"，网络安全因此受到各

---

① 総務省. 令和元年版情報通信白書［EB/OL］.（2019－07）［2020－01－16］. https：//www. soumu. go. jp/johotsusintokei/whitepaper/ja/r01/pdf/index. html.

② 中华人民共和国国务院新闻办公室. 中国的军事战略［M］. 北京：人民出版社，2015：12.

国政府的高度关注。2014 年 2 月 27 日，习近平总书记在主持召开中央网络安全和信息化领导小组第一次会议时，针对网络安全的重要性指出，"网络安全和信息化是事关国家安全和国家发展、事关广大人民群众工作生活的重大战略问题……没有网络安全就没有国家安全"。事实上，早在1994 年互联网接入中国之时，我国便开始从自然科学向度研究网络安全问题。2000 年以后，逐步兴起社会科学向度的研究，研究论题广泛，大有蓬勃发展之势。①

安全问题离不开科学缜密的战略设计。当前，世界各国一方面大力发展网络攻防技术、积极构建网络空间防御体系、全面提升网络空间作战能力；另一方面纷纷对网络安全进行强有力的干预，制定并实施网络安全战略，加强国家层面对网络安全的统筹谋划和综合协调，以适应网络安全的现实需求，保障国家利益在网络空间得到有效拓展。日本作为信息技术领域的先进国家，21 世纪以来，陆续在 e - Japan 战略、e - Japan 战略 II、i - Japan 战略、创造世界最先进 IT 国家宣言等战略指导下，官民合作推进高水平信息通信网络社会的形成。特别是 2012 年以后，日本在"安倍经济学"指导下进行着各项改革。如今，日本正在将第四次工业革命的创新成果，包括物联网、大数据、人工智能（AI）、机器人、共享经济等融入所有产业和社会生活中，通过"将必要的商品和服务在必要时按需提供给必要之人"，以实现能够解决各类社会课题的"Society 5.0"。为了整合各类知识、信息、技术、人才，日本认为不能缺少自由公正安全的网络空间。然而，随着网络空间的扩展，新的课题层出不穷。2015 年 5 月，负责国民养老金的日本养老金机构遭受网络攻击，约 125 万人的个人信息被泄露。此类事件显示出作为创新成果孵化器的网络安全的重要性。② 为此，自 2000 年开始，日本不断强化网络安全政策，逐步完成从信息安全到网络安全这样一个概念生成、混用直至剥离的发展过程。当前，日本政府对网络安全的重视程度空前提升，强调将网络安全作为国家安全保障体系的重点内容，提出在坚持"自由公正安全的网络空间"这一基本理念的基础

---

① 安静. 网络安全研究与中国网络安全战略 [M]. 北京：中国社会科学出版社，2018：1.
② 外務省. サイバー空間に関するニューデリー会議における堀井学外務大臣政務官スピーチ [EB/OL]. (2017) [2019 - 12 - 07]. https：//www.mofa.go.jp/mofaj/files/000311476.pdf.

上，同步推进数字转型和网络安全①，并将网络安全视为确保经济和社会稳定发展不可或缺的"面向未来的投资"②。以日本网络安全为主题加以研究，无论对于丰富我国对日本国家安全相关理论研究，还是对于保障我国网络空间安全、捍卫我国网络空间战略利益、推进我国网络安全建设都有一定意义。

（二）研究意义

第一，当今世界，网络信息技术的广泛应用引起国家安全领域的重大变革，网络安全成为国家安全的重要组成部分。整个社会在方方面面都对信息技术高度依赖，以至于如果某些重要信息基础设施遭到破坏，国家就可能面临巴瑞·巴赞（Barry Buzan）等所描述的"生存性威胁"③。可见，网络安全日益成为一个国家所有安全的基础，在国家安全中占有极其重要的战略地位。因此，把握日本网络安全建设的发展脉络及其网络安全战略理论，探究日本网络安全力量构成、政策法规、基础建设举措，进而揭示日本推进网络安全的突出特点、推测可能发展趋势，对于充实和完善我国对日本国家安全相关理论研究具有重要的学术价值。

第二，日本是我国一衣带水的邻邦、美国在东亚的重要盟友，也是世界上信息化程度最高、对网络安全最为重视的国家之一④。近年来，随着美国"亚太再平衡"战略的实施，日本谋求成为"正常国家"的步伐不断加快，特别是安倍晋三第二次组阁以来，日本政府解禁集体自卫权，试图突破"和平宪法"限制，在右倾道路上渐行渐远。为了全面有效推行网络安全政策，日本政府分别于 2013 年、2015 年、2018 年、2021 年，接连推出 4 版《网络安全战略》，阐述网络安全基本理念，明确网络安全战略目标、基本原则和行动方向，指导其网络安全建设。2014 年，日本政府进一步出台《网络安全基本法》，从法律层面对网络安全战略的地位加以明确。近年的发展情况，

---

① サイバーセキュリティ戦略本部. サイバーセキュリティ戦略 [EB/OL].
(2021 – 09 – 28) [2021 – 12 – 15]. https：//www. nisc. go. jp/active/kihon/pdf/cs – senry-aku2021. pdf. .

② 未来投資戦略 2017 [EB/OL]. (2017 – 06 – 09) [2019 – 12 – 12]. http：//www.
kantei. go. jp/jp/singi/keizaisaisei/pdf/miraitousi2017_t. pdf.

③ 王舒毅. 网络安全国家战略研究：由来、原理与抉择 [M]. 北京：金城出版社，社会科学文献出版社，2015：43 ~ 44.

④ 福州先知信息咨询有限公司. 日本网络安全战略发展及实施情况 [J]. 网信军民融合，2018 (12).

从某种程度上表明日本已将网络安全建设视为其实现"国家正常化"和"军事正常化"的重要抓手，值得警惕。探究日本网络安全相关问题，对我国准确掌握日本发展动向、剖析日本网络空间作战能力、防范日本对我国网络威胁，进而制定出行之有效的应对策略，具有深刻的现实性和紧迫性。

第三，网络安全是当前包括我国在内的世界各国安全研究的热点问题，也是各国军队在实践中不断探索的全新课题。近年来，我国随着综合国力的不断提升，在信息安全保障方面做了大量卓有成效的工作，取得了长足进步。新时代，我国的网络安全战略目标业已明确，即从网络大国向网络强国迈进，党的十九大报告对这一目标进行了确认。同时也要看到，我国面临的网络空间安全形势并不乐观，与国外网络安全技术的快速发展相比，与作为社会主义大国的安全需求相比，我国还有一定差距。如何发展网络空间力量、提升网络空间活动能力，是我国当前迫切需要思考和解决的问题。为此，对包括日本在内的世界主要国家网络安全问题进行深入研究，吸取他国网络安全建设中的经验和教训，不断深化对网络安全问题规律性的认识，理性剖析我国当前面临的网络安全挑战，对于推进中国特色网络安全建设、捍卫我国网络空间利益、实现网络强国战略目标，具有一定的借鉴意义和参考价值。

此外，围绕网络空间战略博弈，国际社会普遍关注美中俄，而对于日本在该领域的活动关注较少，尤其是与针对美国和中国的研究成果产出相比，这一现象更为突出。然而，网络安全问题不仅是军事问题，还是国家综合实力的体现。日本作为国际安全事务中的重要角色，其战略选择一定程度上影响着包括我国在内的各个国家的安全稳定。而且，日本在网络领域日益增强的实力，也为日美共同应对网络以及其他安全威胁的能力奠定了基础。可以说，日本的网络空间活动对于地区战略平衡同样重要，有必要对该主题进行深入研究。

二、国内外研究现状

（一）国内研究现状

截至目前，我国学界围绕日本网络安全问题已经取得一定数量的研究成果，主要包括以下几类。

1. 对日本政府历年发布的重要网络安全政策文件进行文本解读

日本政府高度关注网络安全，近年出台大量网络安全相关政策文件，对一段时期内的网络安全建设提供指导。我国研究机构和研究者紧密跟踪，在政策文件出台后及时进行翻译、剖析和解读。例如，卢英佳、吕欣的《〈日本网络安全战略〉简析》、孙宝云的《G8 国家网络安全战略文本比较及对我国的启示》，分别围绕 2013 年版《网络安全战略》的内容框架、主要特点进行论述，后者还将其与 G8 其他国家同时期的网络安全战略文本进行比较研究，提出对我国的启示。梁宝卫的《日本新版〈网络安全战略〉述评》、栗硕的《日本强力打造网络安全强国——日本新版〈网络安全战略〉解读》、商凯的《〈日本网络安全战略（2015 版）〉分析及启示》、韩宁的《日本网络安全战略》重点围绕 2015 年版《网络安全战略》的主要内容、特点、对我国的影响和启示分别进行论述。其中，韩宁提出："种种迹象表明，日本企图开启新的强大网络安全模式，即构建以军民融合为基础的'人 + 人工智能＝强大网络安全'的新模式……这将使日本网络安全战略呈现出军民融合化、情报化和人工智能化的三大走向①"。②

2. 回顾和梳理日本网络安全建设的历史沿革

日本自 20 世纪末引进互联网以来，经由信息安全阶段发展至今日的网络安全阶段，前后经历了三十余年。关注和研究其形成和发展过程，对于把握日本网络安全问题的全貌大有裨益，因此也是我国研究者的研究重点。例如，王舒毅在其著作《网络安全国家战略研究：由来、原理与抉择》中论述了日本网络安全战略发展历程和近年的主要战略文件，在此基础上总结出日本网络安全战略的主要特点以及对我国的借鉴意义；惠志斌在其著作《全球网络空间信息安全战略研究》中从战略规划、法律法规、组织体制三个方面论述了日本网络空间信息安全战略的发展历程；东鸟在其著作《2020，世界网络大战》中论述了日本网络安全战略的发展历程以及"日军"积极备战网络"瘫痪战"的具体举措等。③

---

①　韩宁. 日本网络安全战略 [J]. 国际研究参考，2017（6）.

②　论及日本重要网络安全政策文本的研究成果还包括：吴海的《美国战略与国际研究中心发布〈美日网络安全合作〉报告》，沈大风的《电子政务发展前沿 (2013)》，左晓栋、刘迎的《美、欧、日〈政府网络安全推荐准则〉观察》，张向宏、耿贵宁等的《美日俄信息安全体制机制研究（一）信息安全战略》，朱璇、陈星、宁华、唐旺的《日本关键信息基础设施保护政策研究》，王康庆、蔡鑫的《日本网络信息安全战略体系实证研究及启示》，等等。

③　梳理日本网络安全建设历史沿革的研究成果还包括：梁宝卫的《日本新版〈网络安全战略〉述评》，王鹏飞的《论日本信息安全战略的"保障型"》，宋凯、蒋旭栋的《浅析日本网络安全战略演变与机制》，王舒毅的《日本网络安全战略发展、特点及借鉴》，王康庆、蔡鑫的《日本网络信息安全战略体系实证研究及启示》，等等。

3. 围绕日本网络安全的实施保障机制展开论述

战略的顺利实施离不开与之相适应的各类保障机制。我国这一类的研究成果,根据保障机制类型的不同又分为以下几种:一是针对法律法规的研究。例如,沈玲的《全球网络安全立法及其核心法律制度的最新趋势和启示》,王康庆、蔡鑫的《日本网络信息安全保护的政策法规研究及启示——以日本关键信息基础设施保护的政策法规为视角》等。后者在文中指出,日本经过多年的发展,逐步形成体系完善、层次分明的关键基础设施保障制度,我国应吸收借鉴这些先进经验。二是针对组织机构的研究。例如,张向宏、耿贵宁等的《美日俄信息安全体制机制研究》,惠志斌的《全球网络空间信息安全战略研究》,栗硕的《日本网络安全建设析论》等。栗硕在文中,从中央机构、省厅机构、法人机构等三个层次介绍了负责日本网络安全事务的各级机构的基本情况,以及各机构间的隶属关系、运行机制等。三是安全合作机制的研究。例如,张景全、程鹏翔等的《美日同盟新空域:网络及太空合作》,吴海的《CSIS发布〈美日网络安全合作〉报告》,韦玮的《美专家谈日本推进网络空间安全建设》等。张景全、程鹏翔在文中详细论述了近年日美在整合、提升双边网络合作机制上所做的努力,表现出起点高、跨机构、机制化、功能明确的鲜明特点①,同时面临许多挑战,例如战略设计、法律界定、技术合作以及互信确立等。此外,李奎乐的《日本政府网络安全领域跨部门情报共享机制剖析》分析了日本政府网络安全领域跨部门情报共享的组织结构方式、作用方式和运转模式,并在此基础上提出对我国的启示。

4. 针对某一年份或一定时期日本政府在网络安全领域的具体措施进行梳理

例如,工业和信息化部电子情报所网络与信息安全研究部的《2009年日本网络与信息安全发展战略情况概述》,董爱先的《2013年日本信息安全建设主要举措与特点》,印曦、王思叶等人的《2014年日本信息安全现状分析》,国防大学战略研究所的《国际战略形势与中国国家安全(2014 - 2015)》,余洋的《世界主要国家网络空间发展年度报告.2014》,夏文成的《2013年外军网络空间发展回顾》,戴旭东的《浅析日本应对网络攻击的措施》,等等。

---

① 张景全,程鹏翔. 美日同盟新空域:网络及太空合作 [J]. 东北亚论坛,2015 (1).

5. 围绕日本自卫队网络作战能力建设问题进行研究

例如，刘世刚的《日本网空作战能力建设情况》，东鸟的《2020，世界网络大战》，杜朝平的《美日合练网络战攻击中俄》，衣秋静、单晨光的《浅析日本自卫队 C^4ISR 系统的网络防御能力建设》，毛炜豪、孙东亚、李炬的《日本自卫队推进网络空间作战体系建设的主要做法》等。刘世刚在文中，从政策法规、组织机构、理论研究等方面对自卫队网络作战能力建设情况进行深入分析。衣秋静、单晨光在文中重点围绕自卫队 C^4ISR 系统应对网络攻击所采取的具体措施，及其发展趋势进行论述。毛炜豪、孙东亚、李炬在文中，系统梳理了近年来自卫队在强化网络空间作战能力建设方面的具体举措，包括政策指导、编制体制、武器研发、日美合作、演习演训等。此外，还有部分成果是对国外学者研究成果的翻译引介。例如，陈宏达摘译自日本《军事研究》杂志 2012 年第 1 期的《自卫队的网络战、太空信息战与海外派遣作战》，郭一伦摘译自日本《军事研究》杂志 2010 年第 12 期的《赛博攻击与赛博防御》等。

（二）国外研究现状

根据收集到的资料，日本围绕其网络安全相关问题的研究成果，主要包括以下几类。

1. 专著类

例如，伊东宽在《"第5战场"网络战威胁》中，首先设想在遭受严重网络攻击时，日本将如何一步步走向混乱，然后从技术角度探讨网络是如何被战场化的，而世界各国又是如何对待这个新战场的，最后从法律层面探讨了日本网络战略的现状、存在的问题、问题产生的深层原因等。作为日本自卫队系统防护队的首任队长，伊东宽认为，按照现有法律框架，在日本的基础设施遭受网络攻击时，自卫队无法保护日本安全。伊东宽在《网络情报》中，首先从科学技术发展的角度探讨了情报发展史，然后探讨了网络战和情报的关系、日本网络情报存在的缺陷，最后得出结论：创建网络情报相关机构十分重要。土屋大洋在《网络恐怖主义：日美 vs 中国》中，首先回顾了近年日本在应对网络战方面采取的主要举措，然后论述了网络空间作为全球公共领域的脆弱性，强调日本周边海底电缆安全的重要性，最后模拟日本遭受严重网络攻击时的情形，以及日本目前面临的重要课题，包括危机管理、信息共享、战略调整等。江畑谦介在《信息恐怖主义：网络空间战场》和《信息战争》中，分别阐述了信息战的七大类型，并指出日本作为高度依赖信息的国家，存在内在脆弱性，然后分别围绕针对信息基础设施的恐怖主义攻击（物理攻击、电子攻击）及其对策进行了论述。由土屋大洋编修的《虚拟战争的结束》，收录了 12 位网络问题研究学者的共 9 篇研究成果，主题广泛，包括：网络攻击和防御的基础知识、攻击主体的分类以及防御人才应该具备的能力、网络犯罪的历史变迁以及日本网络犯罪对策发展的历史经纬、关于网络战国际法适用的争论、网络威慑实施的难度、网络安全领域国际合作现状等。

2. 官方文件类

针对日本网络安全问题，日本政府、执政党、相关机构，近年来陆续发布用以指导和规范日本网络安全建设的官方文件，是本书的重要依据和基础支撑。此类文件无论是在数量上还是在类型上都十分庞杂，需要重点提及的有：3 份法律（《禁止非法访问法》《高水平信息通信网络社会形成基本法》《网络安全基本法》）、7 份基本战略（《保护国民的信息安全战略》《为了防卫省和自卫队稳定有效利用网络空间》《网络安全国际合作举措方针》《网络安全战略（2013）》《网络安全战略（2015）》《网络安全战略（2018）》《网络安全战略（2021）》，以及若干份基本计划（《第 1 次信息安全基本计划》《第 2 次信息安全基本计划》和数版网络安全研究开发战略、网络安全人才培养计划、强化网络安全意识和行动计划等等）、每年的年度计划和年度评估报告、高水平信息通信网络社会推进战略本部信息安全基本问题委员会关于调整政府在信息安全问题方面机能和任务的两次建言、自民党相关调查会关于强化网络安全体制和对策等问题的若干建言，等等。此外，还包括日本政府各年度在网络安全领域的预算概算、信息安全对策推进会议、信息安全政策会议和网络安全战略本部的会议决议、对重大网络攻击事件和网络安全相关演习训练的事后总结报告，等等。

3. 学术论文类

此类研究成果根据研究内容又可分为以下几种：第一，关于网络安全、网络战等基础理论的研究。例如，河野桂子的《网络战和国际法》《网络安全和塔林手册》、高桥郁夫的《网络战争的法理分析》、土屋大洋的《网络空间统治》、原田有的《围绕网络空间统治问题的争论》、盐原俊彦的《网络空间和国家主权》等。第二，对日本政府网络安全政策的解读分析。例如，谷胁康彦的《我国的网络安全》、西川徹也的《关于我国信息安全战略的考察》、三角育生的《我国网络安全政策的现状和未来》、关启一郎的《网络安全基本法的成立及其影响》等。第三，学术团体或个人对于完善网络安全战略的意见和建议。例如，日本经济团体联合会关于强化网络安全对策的两次建言，等等。第四，对网络安全组织机构的梳理分析。例如，横山恭三的《我国信息安全对策相关组织及其活动》等。第五，聚焦自卫队网络安全、网络战能力的研究。例如松崎美由纪的《防卫省和自卫队的网络安全举措和课题》、保罗·卡伦德的《防卫省和网络安全》等。第六，关于网络安全官民合作的研究。例如，赵章恩的《关于网络安全共同体的日韩比较研究》、山口嘉大的《强化网络防卫的官民合作》。第七，关于网络空间国际合作的研究。例如，田中达浩的《备战网络战》。第八，关于网络安全与情报之间关系的研究。例如，林纮一郎的《网络安全事故信息共享方式》、菊池浩的《确保防卫企业弹性基础的信息共享》、土屋大洋的《网络安全和情报机关》、田川义博和林纮一郎的《网络安全信息共享和核心机关的应有状态》等。第九，关于网络威慑问题的研究。例如，川口贵久的《网络空间安全的现状和课题》等。①

　　整体上看，上述研究成果存在一些缺憾：一是期刊论文居多，要么就日本网络安全某一方面主题的点状研究，囿于研究视角的局限，缺乏整体把握和系统分析；要么试图尽可能进行全面研究，但受限于篇幅，每个问题只能浅尝辄止。从发展脉络、战略理论、力量构成、政策法规、基础建设举措等整体层面把握日本网络安全问题的专著并不多见。二是梳理日本政府、自卫队历年在网络领域具体实践的居多，而探讨日本对于网络战、网络威慑等理论问题的理解、推进网络安全建设的突出特点、未来趋势以及思考和启示的成果偏少。三是从国际关系视角研究的成果居多，而将关注点聚焦国防安全、自卫队网络空间作战能力建设、启示等成果相对较少。

三、概念界定和研究范畴

（一）概念界定

　　所谓国家安全是指国家政权、主权、统一和领土完整、人民福祉、经济社会可持续发展和国家其他重大利益相对处于没有危险和不受内外威胁

---

　　① 其他研究成果还有很多。例如，分析网络攻击特征的有：《网络攻击现状及我国应对课题》《应对新型网络攻击》《国内目标型攻击的形态及对策》《从现场看到的网络攻击形态及有效对策》。分析网络空间安全环境整体状况的有：《遭受网络攻击时控制损失的人为对策》《网络危机管理和安全保障》《信息安全的未来》《面对网络威胁为了保护自身的情报活动》《网络安全政策的最新动向》《大量信息泄露和信息安全管理》，等等。

的状态，以及保障持续安全状态的能力。① 在不同的历史时期，不同的国家，对国家安全涉及的领域和构成要素都有不同的理解和界定。但从整体来看，对大体发展趋势的认识是一致的，即国家安全的外延正在随着时代的变迁而不断拓展。进入 21 世纪，随着网络与计算机技术的迅猛发展与大规模应用，网络安全问题开始逐渐走入大众视野，越来越多的国家认为网络安全正在引起国家安全领域的重大变革，网络安全开始同政治安全、军事安全、经济安全、文化安全一样，成为国家安全的重要组成部分和重要维度，在国家安全中的地位日渐突出。作为国家安全的下位概念，我国出台的《中华人民共和国网络安全法》也从状态和能力两个方面对网络安全做出如下定义：所谓网络安全是指通过采取必要措施，防范对网络的攻击、侵入、干扰、破坏和非法使用以及意外事故，使网络处于稳定可靠运行的状态，以及保障网络数据的完整性、保密性、可用性的能力。②

与网络安全相似的概念还有信息安全。关于二者关系，笔者认为，信息安全和网络安全关系密切，信息安全早于网络安全出现，网络安全从信息安全中发展出来，可以说是互为表里、二位一体的关系。同时也要看到，两个术语在内涵上有重叠之处，但绝非涵盖与被涵盖的关系。例如，信息安全侧重的是信息本身的安全，其中不仅包括记录在互联网等虚拟网络空间上的信息（数据），也包括广泛存在于实体空间的各类信息，例如记录在书面、移动存储介质等载体上的信息、个人隐私信息等。另一方面，网络安全更关注的是网络空间的安全，该安全不仅包括网络空间中的"信息（数据）"安全，也包括信息系统和信息通信网络以及与之密切相关的重要基础设施安全等。需要特别说明的是，在日本，2013 年以前发布的官方文件和研究成果中较多使用的是"信息安全"（情报セキュリティ），同时在防卫省的重要文件中还出现了"信息保证"（情报保证）的说法，与信息安全的内涵基本相同。因此，本书在标题以及大部分论述性文字中，选择使用随着互联网广泛普及和拓展性应用而被世界各国普遍认可和

---

① 中华人民共和国国家安全法 [EB/OL]. (2015 – 07 – 01) [2020 – 07 – 06]. http: //www. gov. cn/zhengce/2015 – 07/01/content_2893902. htm.

② 中华人民共和国网络安全法 [EB/OL]. (2016 – 11 – 07) [2019 – 06 – 01]. https: //ltc. jhun. edu. cn/6c/8a/c3059a93322/page. htm.

广泛使用的网络安全①一词（サイバーセキュリティ：cyber security），但在应用和解读一些日文文献时，为忠实原文和当时用语，依然使用信息安全和信息保证的说法。②

（二）研究范畴

网络安全问题研究是一个历史与现状、理论与实践相结合的复杂课题，涉及政治、经济、军事、文化、法律、科技、哲学等多个领域。综合考虑我国对日斗争准备关注重点、推进我国网络安全建设实际需要，同时囿于日本政界、学界、防卫省公开资料的局限，本书将研究范畴限定在以下方面：第一，日本网络安全建设的发展脉络。日本的网络安全建设大致起步于 2000 年。20 多年的发展历程，大致可以分为信息安全阶段和网络安全阶段，每个大的阶段区间又因为政策关注重点等要素的不同得以进一步细分。对于历史的细致了解，既有利于把握现状，也有利于挖掘政策延续或变化背后的内在规律，同时也为预测未来发展的可能性提供必不可少的客观依据。第二，日本网络安全战略和相关作战理论。网络安全战略泛指日本关于网络安全问题"全局性、高层次、长远的方针和策略"③。在论及日本网络安全战略的两层（国家、自卫队）基础理论框架时，将重点围

---

① 关于相关术语，除了网络空间、网络安全，国内也有学者主张使用赛博空间、赛博安全的概念，即英文 cyber 的音译。例如，杨帆等人的《网络电磁空间与赛博空间区别分析》、杨明的《赛博空间词源及研究发展分析》、寿步的《网络安全法基本概念若干问题》等。然而，从当前我国相关重要政策文件看，网络空间、网络安全使用得更为广泛，具备一定权威性。例如，《中华人民共和国网络安全法》。《中国人民解放军军语》也收录了许多以"网络"为接头词的术语，例如网络安全监测、网络防护、网络攻击等，例如"网络电磁空间"对应词条 cyber - electromagnetic space，并未收录以"赛博"为接头词的术语。此外，我国国家互联网信息办公室与网络安全和信息化委员会办公室等重要部门的英文翻译也同样使用了 cyberspace 一词。因此，本书选择使用近年已经普遍被大众所接受的网络空间、网络安全的说法。

② 日本学者在研究网络安全问题时，也经常把这两个概念视为相同概念。例如 2012 年土屋大洋在其著作《网络恐怖主义 日美 vs. 中国》中就写道，"国外较多使用网络安全，日本政府使用信息安全。本书将双方视为相同的（概念），使用时不做特别区别"。详见：土屋大洋.サイバー・テロ日米 vs. 中国 [M].東京：文藝春秋，2012：19.

③ 《中国人民解放军军语（全本）》[M].北京：军事科学出版社，2011：50.

绕战略目标、战略方针、战略手段等基本要素进行归纳总结。① 此外，作为一种新型战争形态，网络战由于其特有的隐蔽性、不对称性等特点，使得当今许多国家将其视为保障国家网络安全、捍卫国家网络空间利益的绝佳选择。因此，如何认识网络战，也是近年日本政府要员、军地学者关注的热点问题，包括网络战的概念、组织实施、分类、行动样式等。理论、思想指导实践，这些理论研究、思想争鸣，对于日本制定网络安全政策、提升网络作战能力提供了内在支撑、行动指南。第三，网络安全战略力量。战略力量是战略实施的重要依托、实力基础，是实现战略目标的关键因素。同样，网络安全战略的有效实施，离不开合理的网络安全力量构成和科学的网络力量建设方向。日本国家层面网络安全力量基本构成、领导体制、政府部门之间、官民之间、军民之间的协调机制，包括作为日本维护国家安全最为重要的武装力量的自卫队网络力量都是日本网络空间实力的重要体现。第四，网络安全政策法规。合理、完善、成体系的网络安全政策法规是网络安全的法理基础，是实施网络安全工作的法律依据和制度保证。日本经过多年的建设发展，已经建立起一系列兼具系统性和可操作性的网络安全政策法规，呈现出形式多样、内容多元等特点。第五，网络安全基础建设举措。强化网络安全人才队伍建设、加速网络安全研究与技术研发、推进网络安全国际合作是日本提升整体网络安全能力水平、保障网络安全工作顺利实施的重要途径和手段。这些举措对于推进中国特色的网络安全建设也具有一定借鉴意义。②

四、研究整体框架和研究方法

（一）整体框架

本书拟采用纵横结合的方式展开研究。在纵向上，以时间线为轴，按照历史、现状、未来的逻辑，首先回顾日本网络安全建设的发展脉络，在此基础上细致分析日本当前网络安全工作的整体面貌，最后对其未来发展趋势进行科学预判。在横向上，主要体现为对日本网络安全整体面貌的研

---

① 战略的基本要素是战略的基本成分，是战略主要内容的具体体现。关于战略的基本要素，基于不同的分析角度，不同国家、不同背景的研究者有着不同的观点，论述也各有侧重。但战略目标、战略方针、战略手段在任何一种战略中都是最基础的要素，是一个国家在制定和实施战略时必须首先明确的内容。

② 除上述主题外，诸如安全标准、具体的安全技术等其他关于网络安全的主题并不作为本书研究的重点内容。

究，既包括战略理论的研究，也包括力量构成、政策法规、基础建设举措的研究；既包括对国家层面的分析，也包括对自卫队层面的解读等。基于上述研究思路，本书设想分为以下八个部分：绪论，主要介绍选题缘由和研究意义、国内外研究现状、核心概念界定、研究思路和研究方法、研究重点、难点和创新点；第一章，按照政策侧重点的不同，分阶段梳理日本网络安全建设的历史脉络；第二章，重点考察日本政府和自卫队网络安全战略的理论框架和核心内涵，以及日本网络战理论、网络威慑理论的主要内容；第三章，着重分析日本政府和自卫队网络安全力量的构成及其内在协调机制；第四章，重点考察日本政府和自卫队出台的重要网络安全政策法规；第五章，分别论述日本政府和自卫队正在大力推进的网络安全人才培养、研究开发、国际合作等基础建设举措；第六章，归纳总结日本推进网络安全的突出特点，并预测未来发展趋势；第七章，基于研究成果，尝试围绕如何推进网络安全工作提出思考和启示。

（二）研究方法

第一，文献研究法。文献研究法是本书研究的基本方法。截至目前，国内围绕日本网络安全问题整体研究的专著数量屈指可数，只能以日本官方发布的数量庞杂的原始文献资料及学术团体、个人的研究成果作为研究基础。通过全面收集、梳理、印证，确定文献意义，探寻材料间的内在逻辑关系。第二，比较分析法。本书在研究过程中，将注重两个向度的对比研究。在纵向上，注重日本网络安全建设发展脉络中不同历史时期的对比。在横向上，将以其他国家的网络安全工作为参照对象，与日本的网络安全工作进行对比分析，探讨其建设特点，为推测未来发展趋势提供依据。第三，图表法。日本网络安全问题的形成和发展是一个高度综合、高度复杂的动态过程，所涉机构众多、内容繁杂。本书在研究过程中，为了取代过于冗长、烦琐的文字内容，将尝试借助各种图形、表格等更为直观的表达方式来呈现。

五、研究重点、难点和创新点

（一）研究重点

本书尝试全面、系统地解析日本网络安全问题。立足日本国家和自卫队两个层面，对其网络安全建设历史脉络、战略理论、战略力量、政策法规、研究开发、人才培养、国际合作在内的基础建设举措等广泛主题进行深入考察，并在此基础上归纳其建设特点，预测发展趋势，最终得出思考及启示。

（二）研究难点

第一，国内对该问题的整体研究成果并不丰富，因此日文文献资料，尤其是日本官方出台的大量文件就成为观点提炼、结论挖掘的主要依据和基础，这需要对大量日文文献进行收集、梳理和摘译，工作量大。第二，观点的提炼和结论的挖掘，不能拘泥于文本，还要力图跳出文本，既要借助科学的理论和研究方法，又要对其他国家，尤其是美国相关领域的建设研究状况有详细了解，否则结论很难得出。第三，研究对象与计算机网络技术密切相关，需要具备相关专业背景知识做支撑。第四，由于对我国相关领域的情况掌握不够充分，可能会影响启示部分的针对性和有效性。

（三）创新点

第一，全面性。网络空间的对抗并非局限于防卫当局，而是国家与国家之间整体网络安全力量的综合性对抗。因此，本书拓展研究范围，首度尝试从国家和自卫队两个层面而非单一层面、突出理论与实践相结合而非单单倾向实践、兼顾我国对日斗争准备关注重点和推进我国网络安全建设实际需要，全面解析日本网络安全问题。第二，系统性。目前国内关于日本网络安全问题的研究成果相对零碎、松散，形式以期刊论文居多，鲜有涉及面较广的研究专著。囿于篇幅所限，上述成果明显呈现主题单一、难成体系的特点。因此，本书尝试从历史沿革、战略理论、力量构成、政策法规、基础建设举措等诸多角度展开系统研究，尤其在网络战和网络威慑理论、政策法规、建设特点、发展趋势以及思考和启示等方面，填补了以往研究主题的缺项。在一定程度上力图超越国内同类研究，冀以发挥重要的参考作用和咨询价值。第三，权威性。从研究素材的选择上看，本书注重还原真实、结论准确，因此一方面尽可能多地收集国内外该领域最全、最新的研究成果，一方面更倾向于利用日本政府、防卫省等官方发布的更权威、更新的一手原始文献作为主要依据，力图在源头上把握素材的准确性、全面性、时效性，以确保最终数据和结论的有效性、可信性。

第一章

日本网络安全建设的发展脉络

互联网的起源是 1969 年美国国防部高级研究计划局（ARPA）① 出于军事目的而启动的 ARPAnet，自 1986 年起由全美科学财团（NSF）继承。在日本，1974 年出售第一台计算机，互联网源自 1984 年启动的 JUNET（Japan University/Unix NETwork），这原本是连接庆应义塾大学、东京工业大学和东京大学三所大学用以研究的网络。1988 年开始，日本启动名为 WIDE（Widely Integrated Distributed Environment）项目的网络技术实验，民间企业也参与其中，其技术和方式被当今互联网所继承。当时由政府和研究机构运营的上述网络，禁止私人使用和商业使用。互联网的商业利用，是美国 1990 年撤销了加入互联网限制之后才开始的。在日本，早期因为对于维护网络安全的重要性认识不足，网络安全工作起步较晚，但后期发展迅速。互联网在日本自 1993 年开始商业利用，1995 年 Windows95 登场，20 世纪 90 年代后半期通过宽带实现日常连接，互联网使用者急速增加。随着互联网的迅速普及，当时的日本政府逐渐认识到，国民生活和社会经济活动在逐步实现网络化的进程中，连接到网络中的信息通信系统遭受误操作、被停止运行的行为不断增加。例如：利用网络输入他人 ID、密码，非法进入他人计算机的"非法访问"；通过电子邮件，感染计算机引起损失的"计算机病毒"等，所谓的"网络恐怖主义"威胁给国民生活和社会经济活动造成重大影响的可能性已经成为现实②。③ 因此，日本开始逐渐提高对于信息安全的关注度。

---

① 美国国防部高级研究计划局（DARPA）的前身，成立于 1958 年。1972 年改名为 DARPA，1993 年改回 ARPA，1996 年再次命名为 DARPA。

② 総務省．平成 13 年版 情报通信白书［EB/OL］．(2001 - 06 - 15)［2019 - 06 - 01］．http：//www．soumu．go．jp/johotsusintokei/whitepaper/h13．html．

③ 日本首例计算机感染病毒的正式报告公布于 1988 年。NEC 的计算机网络 PC - VAN 经由 BBS 发送的邮件上被添加了病毒。同年，富士通系列的软件公司，也遭病毒入侵，数据遭破坏。

1987 年日本邮政省第 73 号告示《信息通信网络安全和信赖性基准》①中首次提出"信息安全政策"（情报セキュリティポリシー）的概念，但并未对何为信息安全作出明确界定。在此基础上，1995 年通商产业省第 429 号告示《计算机病毒对策基准》②中首次对"安全机能"（セキュリティ機能）的内涵进行了描述，即确保程序、数据等的机密性、完整性和可用性机能。这一关于信息通信领域的安全界定时至今日依然具有影响力。1996 年，计算机紧急响应中心（JPCERT/CC）成立。该机构的职责在于，运行互联网定点观测系统，受理在日本国内发生的网络安全事件，以及提供有关网络安全事件的相关信息等。自该中心成立开始，日本逐渐建立起一系列专门响应网络突发事件的组织。自 1998 年开始，日本在每年的《通信白皮书》中都单列一节围绕实现高水平信息通信社会所面临课题以及政府应对策略进行详细阐述，课题涉及安全领域，包括个人信息保护、非法访问对策、信息安全对策等。1999 年 9 月，在内阁设置信息安全相关省厅局长级会议，内阁官房副长官担任主席，负责研讨法律制度、黑客对策、网络反恐对策等。2000 年 1 月，该会议制定《黑客对策等基础建设行动计划》，写明将强化政府举措，包括构建在安全方面具有高信赖度的政府系统，建立并强化监视和紧急应对体制、研讨综合性、体系化的信息安全对策，推进民间举措，强化国际合作等内容。

可见，日本政府在 20 世纪末已经初步意识到信息安全问题，也通过提出概念、设置机构、出台政策等方式，在一定程度上开启信息安全建设进程。然而，从整体来说，当时围绕网络安全这一话题，还局限于单一事件、愉快犯③制造的事件，例如万圣节病毒（1996 年）、感染 Excel 文档的 Laroux 宏病毒（1996 年）、读取地址簿数据大量发送电子邮件的 Melissa 蠕虫病毒（1999 年）等，认为这些病毒会造成巨大实际损害的意识还很淡薄④。至少在 2000 年 1 月以前，围绕网络安全问题，并未在政府层面设置

---

① 郵政省. 情報通信ネットワーク安全・信頼性基準（昭和 62 年郵政省告示第 73 号）[EB/OL]. (1987) [2019 – 06 – 01]. http://www.soumu.go.jp/main_sosiki/joho_tsusin/policyreports/joho_tsusin/ipnet/pdf/071024_2_9 – 4.pdf.

② 通商産業省. コンピュータウイルス対策基準 [EB/OL]. (1995 – 07 – 07) [2019 – 06 – 01]. https://www.meti.go.jp/policy/netsecurity/CvirusCMG.html.

③ 愉快犯，是指以实施各种能让个人、社会团体陷入混乱、恐慌的行为，从中获得以快感为目的的犯罪，或实施上述犯罪的人。

④ 土屋大洋監修. 仮想戦争の終わり [M]. 東京：角川学芸出版，2014：148～149.

履行指挥中枢职能的机构，实际上属于探索期。日本各省厅的信息安全对策，由各自负责计划和实施，针对重要基础设施、企业、个人安全的对策也分别在各个省厅进行，并未制定出综合性的网络安全国家战略。① 局势发生骤变，是在 2000 年 1 月发生政府中央省厅网页遭篡改事件之后。

第一节　应对技术类问题的信息安全时期 （2000～2005）

一、中央省厅的网页接连遭篡改，成为正式推进网络安全建设的契机

日本正式推行网络安全对策是在 2000 年。动因是日本政府中央省厅的网页内容连续遭到黑客篡改。以 2000 年 1 月 24 日科学技术厅网页遭篡改开始，一直持续到 2 月，总务厅、运输省、人事院等省厅、特殊法人等许多机构网页均遭到篡改，文部省、外务省、邮政省也遭到攻击。次年 3 月，文部省、自由民主党主页遭到 DoS 攻击。同年夏 Code Red 病毒爆发，同年秋 Nimda 病毒蔓延。2002 年 Botnet 造成的 DDoS 攻击频发，2003 年春 Slammer 蠕虫、同年夏 Blaster 蠕虫爆发。日本当局称，在此后的数年间，当发生政治性事态，或在具有政治性的纪念日，相似的攻击就会集中爆发。由此，日本认为，威胁已经发生质的变化，其影响不仅涉及个人，对官方机构、企业、新闻机构的实际业务也造成巨大影响。② 根据事后日本警察厅调查结果显示，信息安全意识低下、信息系统管理不善、缺乏统一规划和协调是造成一系列安全事故的主要原因。具体表现在：系统未安装防火墙、系统管理员的 ID 和密码被盗、被利用的大多都是已知的安全漏洞、最初事件发生后并未及时处理导致两周后再度受到攻击，等等。安全事件暴露出政府信息通信系统的脆弱性，日本政府开始认识到，如果攻击者进一步采取行动，就不仅限于发生篡改网页的状况，因此必须尽早采取对策，例如建立统一应对针对信息通信系统攻击的中枢机构。事件发生后的翌月，日本政府便设立了信息安全对策推进会议和信息安全对策推进

---

① 閣啓一郎.サイバーセキュリティ基本法の成立とその影響 [J]. 知的資産創造, 2015 (4)：81.

② 土屋大洋監修. 仮想戦争の終わり [M]. 東京：角川学芸出版, 2014：149.

室，自此揭开了日本对网络安全领域进行统一规划、统筹协调的序幕。

二、成立信息安全对策推进会议等，标志正式启动信息安全工作

受中央省厅网页遭篡改事件的影响，2000 年 2 月 29 日，日本政府为了从根本上强化黑客网络反恐对策，在内阁官房安全保障和危机管理室里设置信息安全对策推进室，负责计划立案、综合协调官民共同推进信息安全对策。同日，根据高水平信息通信社会推进本部①长（内阁总理大臣兼任）的决定，在推进本部下设置信息安全对策推进会议，由内阁官房副长官担任主席，各省厅局长级人员作为会议成员。随着该会议的成立，1999 年设置在内阁的信息安全相关省厅局长级会议被废止。新成立的两组织之间的关系是，信息安全对策推进室作为信息安全对策推进会议的实体事务性机构发挥职能。会议成立后，决定制定旨在建立信息安全政策的指针，制订网络反恐对策行动计划，实施对政府采购的安全评价，以及推进各省厅安全对策的检查等。根据上述决定，2000 年 7 月，内阁官房信息安全对策推进会议制定《信息安全政策指针》，作为指导整个政府部门信息安全工作的纲领性文件。各省厅参考该指针，在同年制定相应的信息安全政策。

围绕重要基础设施的信息安全，2000 年 12 月，信息安全对策推进会议首次推出《重要基础设施网络反恐特别行动计划》②，对计划制订的目的（面对网络恐怖主义，即那些利用信息通信网络和信息系统、有可能会给国民生活和经济活动造成重大影响的网络攻击，确保重要基础设施安全）、重要基础设施的七大重点领域（信息通信、金融、航空、铁路、电力、天然气、政府和行政服务）进行明确，并提出将在预防损害、建立和强化官民联络和合作体制，官民合作检测和紧急应对网络攻击，构筑信息安全基础、国际合作等方面推进网络反恐对策。可以说，信息安全对策推进会议

---

① 1994 年 8 月，日本政府在内阁成立高水平信息通信社会推进本部，目的是综合推进日本构建高水平信息通信社会相关政策以及积极参与实现信息通信高水平化的国际合作。内阁总理大臣担任会议本部长，内阁官房长官、邮政大臣、通商产业大臣担任副本部长，其他全体阁僚担任本部员。

② 情報セキュリティ対策推進会議. 重要インフラのサイバーテロ対策に係る特別行動計画［EB/OL］.（2000 - 12 - 15）［2019 - 06 - 01］. https：//www. nisc. go. jp/active/sisaku/2000_1215/pdf/txt3. pdf.

与内阁官房信息安全对策推进室在自 2000—2004 年的 5 年间，作为网络安全工作的核心部门，履行着分析网络安全态势、出台网络安全相关政策法规、对各省厅实施的网络安全事务进行统筹协调等职能，发挥着日本政府信息安全指挥中枢的作用，标志着日本正式启动网络安全政策。然而，这一时期，这种作用的发挥还十分有限。尽管实际业务执行得还算顺畅，但由于决策层级不高，仅限于事务层级，无法进行高级别的战略决策，而且依然尚未形成综合性的网络安全国家战略构想。①

三、出台 IT 基本法和"电子日本"战略，明确信息安全重要地位

为了保证国民能够享受 IT 革命的好处并实现具有国际竞争力的"IT 立国"目标，2000 年 7 月，日本政府在内阁设置信息通信技术战略本部（IT 战略本部），本部长由内阁总理大臣担任。同时为了集聚官民之力，有重点地进行研讨，成立了由 20 名有识之士组成的 IT 战略会议。同年 11 月，IT 战略本部汇总出《IT 基本战略》，提出将在 5 年内把日本打造成世界最先进 IT 国家的基本战略目标，并通过《高水平信息通信网络社会形成基本法》（《IT 基本法》），以全面统筹日本的信息化建设。尽管《IT 基本法》中并未出现网络安全的字眼，但许多条目中都已显现出网络安全的意识。2001 年 1 月，根据《IT 基本法》规定，在内阁成立高水平信息通信网络社会推进战略本部（最初简称 IT 战略本部，2013 年 3 月改称 IT 综合战略本部），信息安全对策推进会议改隶其中。同时制定"电子日本战略"（"e - Japan 战略"）作为 IT 国家战略，提出要"确保信息通信网络的安全性及可靠性"，并要求制定相关政策以防范网络犯罪、强化国民信息安全意识相关研究、开发信息安全技术。2001 年 3 月，根据《IT 基本法》，提出了将"e - Japan 战略"具体化的"e - Japan 重点计划"。该计划围绕信息安全提出了 8 个方面举措，例如建立信息安全相关制度和基础、政府内部信息安全对策等。但总体而言，该计划讨论的主题并不完备：一是欠缺从国家安全保障方面的考虑；二是缺少针对网络战、网络威胁进行法律建设和政策修订的内容。具体而言，该计划并未对日本重要基础设施防护问题进行研究，也

---

① 関啓一郎 . サイバーセキュリティ基本法の成立とその影響 [J]. 知的資産創造，2015（4）.

并未尝试从认定网络攻击为战争的角度加以分析。①

2001年10月，信息安全对策推进会议制定了《确保电子政府信息安全行动计划》，指明为了推进建立电子政府，要确保信息安全政策的实效性、建立信息系统监视体制，建立应对紧急事态的国家小组（national team），重点推进密码标准化和完善紧急处理体制；并要求各省厅从中长期发展目标出发，加强信息安全基础技术研究，建立研究成果共享机制。根据该行动计划，2002年4月在内阁官房信息安全对策推进室内成立紧急应对支援小组（NIRT），负责围绕那些针对电子政府和重要基础设施从业者信息系统实施网络恐怖主义活动而有可能对国民生活造成重大影响的案件，对各省厅信息安全对策进行必要的调查和建议。案件发生时，准确把握事态、预防损失扩大，修复和预防再度发生，研讨技术对策，实施支援对策，检查各省厅信息系统的脆弱性等。这一时期，日本在网络安全国际合作方面也取得了实质性进展。2001年11月，日本签署并批准了《网络犯罪条约》（俗称《布达佩斯公约》），希望开展国际合作，打击网络犯罪的刑事犯罪。2003年8月，日本政府还首次加盟聚集全球计算机安全事件响应小组（CSIRT）的事故响应与安全小组论坛（FIRST），开始广泛推进国际性的信息搜集和合作。

四、出台《个人信息保护法》，确立全方位个人信息保护制度体系

日本认为，随着信息通信技术的发展，通过网络大量处理电子化信息成为可能，其积累、检索、使用也变得容易，因此保护个人信息的必要性同以前相比急速提升。同时，为了推进网络社会电子商务的发展，信息自由流通不可或缺，如何保护个人信息成为当务之急。实际上，日本对个人信息保护的意识始于20世纪60年代政府办公自动化时期，1970年开始进入地方实践期，在个人信息保护制度建设上，先是以地方政府和自治体为中心，相继制定《个人信息保护条例》②。在国际上，从20世纪70年代欧美开始推进个人信息保护法制建设。1980年从协调各国法规内容的观点出发，经济合作与发展组织确立《隐私保护和个人数据的国际流通指针》，

---

① 伊东宽.「第5の战场」サイバー战の脅威 [M].东京：祥伝社，2012：215～216.

② 池建新.日韩个人信息保护制度的比较与分析 [J].情报杂志，2016（12）.

提出八项原则，奠定了国际组织乃至各国立法的基本原则框架。根据八项原则，日本开始建立个人信息保护相关法规。

在国家层级，日本1988年12月制定《行政机关计算机处理的个人信息保护法案》，规范了政府机关处理个人信息的基本事项，决定创设个人信息公开的申请权。对于民间部门，则主要通过行政指导和行业自律等措施进行规制。该法案制定后，由于未考虑到民间企业在利用个人信息时的风险，导致个人信息外泄事件频发。在此背景下，日本政府开始将民间企业纳入到个人信息保护的调整范围内加以规制。1998年11月，日本高水平信息通信社会推进本部出台《推进高水平信息通信社会发展的基本方针》，强调除了继续通过政府监管、民间自律的方式推进个人信息保护外，还需要进一步加强相关的立法工作。为此，日本政府于1999年7月在高水平信息通信社会推进本部设置个人信息保护研讨部会，围绕政府整体的个人信息保护和利用方式进行综合研讨。同年11月，汇总出中间报告《日本个人信息保护系统应有状态》，指明制定基本法，"确立官民的基本原则，围绕保护必要性高的领域制定个别法，民间业界和从业者采取自主规定等自律行为，借此构筑最适合的系统"。2000年10月，根据1999年11月汇总的中间报告，信息通信技术战略本部个人信息保护法制化专门委员会，向总理大臣递交《个人信息保护基本法制大纲》。日本政府据此汇总出《个人信息保护相关法律案》，提交至第151次通常国会。2003年先后出台《个人信息保护法》《关于保护行政机关所持有个人信息的法律》《关于保护独立行政法人等所持有个人信息的法律》《信息公开与个人信息保护审查会设置法》《伴随保护行政机关持有个人信息的法律施行而推进法律建设相关法律》（《建设法》）等法律，统称个人信息保护相关五法。日本全方位个人信息保护制度体系得以正式确立。

五、防卫厅积极构建网络作战理论，调整网络部队体制编制

日本中央省厅网页遭篡改事件同样影响着自卫队的网络安全对策。2000年版《防卫白皮书》首次提出"计算机安全（コンピュータ・セキュリティ）"的概念，并写明"防卫厅使用计算机的各类指挥通信系统，一旦数据遭篡改，将会对日本的防卫造成重大妨碍，因此计划在该年度推进计算机安全相关举措"。自2001年版《防卫白皮书》开始，使用"信息安全"的概念，取代"计算机安全"。2002年版《防卫白皮书》则首次将应

对网络攻击作为与应对核生化武器、间谍船、武装分子并列的紧急事态，并展开论述。此外，该时期防卫厅出台的许多信息化建设的指导文件中也对强化网络安全提出了具体要求。例如，2000 年，防卫厅防卫政策课研究室推出《信息军事革命手册》，认为信息技术给未来战争带来了许多新特点①，网络攻击将成为进攻拥有先进信息系统军队的有效手段。同年发布的《关于防卫厅、自卫队应对信息通信技术革命的综合方针政策推进纲要》②，则提出将大力推进防卫信息通信基础设施建设，同时考虑到信息技术双刃剑的特性，必须拥有能够保护己方信息通信系统的最先进的能力与体制。

在作战理论方面，2001 年 8 月，日本防卫研究所原主任研究员中村好寿上校出版了题为《军事革命（RMA）——信息改变战争》一书，提出"瘫痪战"作战理论。他认为，21 世纪的战争将不再是炸弹与高技术武器的对抗，而是大量运用信息进行作战，战争的形态正由工业化时代的"消耗战"向信息化时代的"瘫痪战"转变，特别是信息技术的发展为打"瘫痪战"奠定了基础。作为一种新的作战理念和模式，"瘫痪战"主张以信息技术构成的各种战争手段，摧毁敌方抵抗能力与意志，"瘫痪"其战争机器，以最低限度的军事代价获取最大的政治效果和利益。其中，信息是"瘫痪战"的基础和核心，是决定战争胜负的主要因素，而电子战、计算机网络战、心理战，是"瘫痪战"的重要作战方式。③ 很明显，"瘫痪战"作战理念的提出，为自卫队大力发展网络作战能力提供了更明确的理论支撑。

为了强化网络作战能力，早在 2000 年 10 月，日本防卫厅就决定，为了建立防备网络攻击的防御系统，要独立进行试验用计算机病毒和黑客技术的研发。军事专家认为，这些病毒和技术未来可能成为具有破坏他国信息系统能力的网络武器。2002 年，负责生产防卫装备的企业发生了信息泄露事件，泄露的信息涉及自卫队的信息系统。以此为契机，日本防卫厅意

---

① 郭庆宝. 日本加速推进新军事革命的主要做法 [J]. 外国军事学术，2005 (2).

② 防衛庁. 防衛庁・自衛隊における情報通信技術革命への対応に係る総合的施策の推進要綱 [EB/OL]. (2000 - 12) [2019 - 06 - 01]. http：//www. jda. go. jp/j/library/archives/it/youkou/index. html.

③ 姚云竹主编. 冷战后美俄日印战略理论研究 [M]. 北京：军事科学出版社，2014：290 ~ 292.

识到必须迅速采取措施，以确保在采购信息系统的合同履行过程中所生成的信息安全。因此，防卫厅设置了研讨委员会，决定吸纳国际标准，制定信息安全管理基准，并要求负责制造防卫厅信息系统的企业根据该基准实施对策。此外，2001—2005 年，自卫队先后编成陆、海、空自卫队系统通信队、陆上自卫队系统防护队等网络战部队，担负监视并搜集计算机病毒、黑客入侵及其他网络攻击相关数据并研究反制措施的任务。① 此外，自卫队和防卫厅（省）在这一时期还积极参与日本政府的信息安全建设，例如派员参加中央省厅的信息安全相关会议，与相关省厅共同围绕黑客对策、网络反恐对策等内容进行广泛研讨；对总务省和经济产业省掌管的密码技术评价委员会（CRYPTREC）提供支援；将自卫队积累的信息安全知识尽可能分享给外部机构等。

第二节 自"零风险"转向"案件响应"的信息安全时期（2005～2013）

一、IT 战略本部提出两份建言，为首轮信息安全政策调整指明方向

日本第一轮信息安全政策调整，最初基于对一连串重大信息安全事故的反省。其中，影响较大的有：2003 年 3 月，215 次航班因航空管制系统故障而停航；2003 年 12 月，东京都内 128 个信号灯因交通管制系统故障而发生混乱；2004 年 1 月，由于医疗系统计算机程序失误，造成有望进行肾脏移植的等待患者无法进行移植；2004 年夏以及翌年春天，中央省厅服务器多次遭受 DoS 攻击。通过这些案件，日本认为，IT 故障的大规模化以及给国民生活和经济活动造成的直接打击日益凸显，DoS 攻击等网络攻击和网络恐怖主义的威胁已经增大。因此，政府当局开始深切体会到围绕信息安全问题建立政府中枢机构、制定综合性战略的重要性。因此，2004 年 7 月 27 日，在 IT 战略本部信息安全专门调查会下设立信息安全基本问题委员会，听取专家意见，围绕信息安全问题制定国家级战略和实施对策进行研讨。历时 9 个月，委员会先后提出两份建言报告。日本第一轮信息安

① 刘世刚. 日本自卫队信息化建设特点及发展趋势［J］. 外国军事学术，2007 (5).

全政策调整就此拉开帷幕。

第一次建言，题为《调整政府在信息安全问题上的作用和机能》。方案指出，从近年相继发生的重要信息泄露事件和重要基础设施系统发生故障案件可以看出，国民对于信息安全关心度提高的同时，包括政府在内的信息安全政策十分滞后，虽然警察厅、总务省、经济产业省纷纷从各自省厅的角度制定了信息安全方面的整体构想，政府层面的中央机构也采取了一定措施，但仍然欠缺跨越部门的、统一的、国家层级的信息安全基本战略，政府、企业、个人等各层级的责任所在和行动方针也不明晰，社会整体工作协调不够。解决方案是建议在 IT 战略本部下设置信息安全政策会议，在内阁官房设置国家信息安全中心。① 第二次建言，题为《强化重要基础设施信息安全对策》。方案依次围绕强化重要基础设施信息安全对策的原因、重要基础设施信息安全强化的方向和基本理念进行了分析。针对现状存在的问题点，提出应该采取的具体举措。例如，按照重要基础设施领域制定安全准则和指针、强化信息共享机制、完善信息安全人才培养模式、实施综合演习用以检验和提高信息安全防护能力等。②

二、成立信息安全中心和信息安全政策会议，升格协调机构为管理机构

按照《调整政府在信息安全问题上的作用和机能》提议，内阁官房于 2005 年 4 月成立信息安全中心（NISC），同年 5 月在 IT 战略本部成立信息安全政策会议。信息安全中心以内阁官房副长官助理（安全保障和危机管理担当）为首，其主要职责是信息安全政策相关基本战略的立案、政府机关综合对策推进、政府机关案件处理支援、重要基础设施信息安全对策等。信息安全政策会议则以内阁官房长官为主席，IT 担当大臣为代理主席，成员包括国家公安委员长、总务大臣、经济产业大臣、防卫大臣（后追加了外务大臣）以及民间有识之士。它是日本信息安全问题相关事项决定的母体，与此前相比，普遍期待它能够发挥更高级别的领导职能。信息

---

① 情報セキュリティ基本問題委員会. 第 1 次提言 情報セキュリティ問題に取り組む政府の機能・役割の見直しに向けて [EB/OL]. (2004 - 11 - 16) [2019 - 06 - 01]. https：//www. nisc. go. jp/conference/kihon/teigen/pdf/1teigen_hontai. pdf.

② 情報セキュリティ基本問題委員会. 第 2 次提言 我が国の重要インフラにおける情報セキュリティ対策の強化に向けて [EB/OL]. (2005 - 04 - 22) [2019 - 06 - 01]. https：//www. nisc. go. jp/conference/kihon/teigen/pdf/2teigen_hontai. pdf.

安全政策会议之下设置数个工作组，进行专门主题讨论。两机构共同形成了日本信息安全的中枢机构。信息安全对策推进会议和信息安全对策推进室随之废止。与此前相比，新会议做出的决议或发布的文件不再只是具有指导性的对策，而是具有政府行政法规效力的政策。内阁官房信息安全中心，也由原来的"信息安全对策协调机构"转型为"信息安全综合管理机构"。两组织共同推进信息安全政策，先后制定出《政府部门信息安全对策统一基准》和《重要基础设施信息安全对策行动计划》等重要文件。

关于政府部门的信息安全对策，自 2000 年 7 月信息安全对策推进会议制定《信息安全政策相关指针》以后，各府省厅依据该指针在各自的责任范围内制定和实施信息安全对策。2002 年 11 月，日本政府对各省厅的信息安全政策实施状况进行评价，并对该指针部分内容进行修订，进而根据 2003 年 9 月召开的信息安全对策推进会议决议，内阁官房对各府省厅的信息系统进行脆弱性检查，从中发现了若干问题：（1）信息安全水准的高低，各省厅存在较大差异；（2）能够实施恰当的信息安全对策的人才整体严重不足。① 为了推进各府省厅分散而立的信息安全对策，实现整合化和统一化，进而强化政府整体的信息安全水准，2005 年 12 月 13 日，信息安全政策会议汇总政府部门信息安全对策当中紧急度较高的对策，制定《政府部门信息安全对策统一基准》，希望通过 PDCA 循环模式②来提升各省厅信息安全对策的最低标准。此外，在这一时期的政府部门信息安全举措中，最值得一提的是政府部门信息安全跨部门监视应急协调小组（GSOC）的正式运行。2008 年 4 月，为了强化政府部门应对来自外部网络攻击的紧急处置能力，GSOC 开始运行，其职责是监视和分析那些通过信息通信网络对政府部门信息系统实施的非法活动。

在关键基础设施信息安全对策方面，2005 年 9 月，信息安全政策会议出台《重要基础设施信息安全对策基本考虑》，指明了面对 IT 故障、确保重要基础设施从业者继续运营事业而应该采取对策的基本方向。12 月，制定《重要基础设施信息安全对策行动计划》，指明"安全基准的建设和渗透""信息共享体制的强化""相互依存性解析""跨领域演习"四大支

---

① 政府機関統一基準─に関する説明資料［EB/OL］.［2019 - 06 - 01］. https://www.nisc.go.jp/conference/seisaku/dai2/pdf/2siryou04 - 0.pdf.

② 所谓 PDCA 模式，是经营管理方法的一种。通过 Plan（计划）、Do（施行）、Check（检验）、Action（改善）的不断循环，实现持续性的改善活动。

柱，开始了由 10 个领域构成的重要基础设施跨领域信息安全对策。在此指导下，重要基础设施从业者开始在各自领域建立负责官民信息共享和分析职能的 CEPTOAR，2009 年 2 月创立了用以 CEPTOAR 间进行信息共享的 CEPTOAR Council（会议）。2009 年 2 月 3 日，信息安全政策会议通过《重要基础设施信息安全对策第 2 次行动计划》，在原有基础上提出五大支柱，新增"环境变化的应对"，将"相互依存性解析"变更为"共通威胁分析"。因应东日本大地震时许多 IT 系统发生故障，2012 年 4 月信息安全政策会议又制定出《重要基础设施信息安全对策第 2 次行动计划改定版》。

三、首次出台国家级中长期信息安全战略规划，政策主动性明显增强

2006 年 2 月 2 日，信息安全政策会议通过俯瞰日本信息安全问题的首份国家级中长期战略——《第 1 次信息安全基本计划》。该基本计划是以信息安全基本问题委员会的两次建言、以及为了有助于基本计划审议而在信息安全政策会议下设置的安全文化专门委员会和技术战略专门委员会出台的两份报告书为基础而制定。文件在确立日本信息安全政策基本理念的基础上，明确了各主体的职能任务，并提出未来 3 年的重点政策以及政策推进体制。日本政府决定根据基本计划，从 2006 年开始每年制定一次年度推进计划。中长期基本计划和年度计划共同构成了日本信息安全问题的基本战略。第 1 次信息安全基本计划的重要成果，被认为是提高了相关责任者对于信息安全管理的意识，相对侧重于针对事故、灾害和攻击能够充分实施预防对策。2009 年 2 月 3 日，信息安全政策会议通过《第 2 次信息安全基本计划》，期限为 2009 年～2011 年。与第 1 份战略的关注重点为信息安全技术研发等"预防措施"不同，该战略提出安全管理的关键词是"事故前提社会"，即突出强调信息安全风险是难以避免的，没有绝对安全，以事故有可能发生为前提，更加重视事故发生时的应对能力。具体而言，应对安全事故，分为事前对策和事后对策两个方面。提倡不仅要在信息安全问题防患于未然的事前对策（例如制定安全方针、构建管理体制、实行安全规则等）上做努力，还要认识到"事故一定会发生"，并在事故发生后能够迅速加以应对、及时修复等事后对策上下功夫。

《第 2 次信息安全基本计划》发布不久，在国际上和日本政坛相继发生两件大事：一是同年 7 月发生美韩网络攻击事件；二是同年 8 月在日本众议院选举中自民党败北，建立了以民主党为中心的联合政府。美韩网络

攻击事件发生时正值麻生太郎内阁末期，处于政治性的混乱当中，因此从表面看，当时日本媒体并未立即对该事件表现出高度关注。然而，毕竟遭受攻击的是日本的同盟国和邻国，到了同年 12 月，平野博文官房长官在记者招待会上表示，日本并不否认未来也会成为网络攻击的对象，应该将网络攻击当作安全保障问题、危机管理问题来对待。这是意义十分重大的信号。实际上，早在 2008 年日本已经开始讨论强化大规模网络攻击应对态势问题，但迟迟未能取得实质性进展，原因是普遍认为信息安全更多的是技术性问题，尽管未来有造成巨大损失的可能性，但并非迫切问题。可以说，美韩网络攻击事件加速了日本整体网络安全体制的强化，因为如果将大规模网络攻击视为危机管理的对象，那就意味着一旦发生此类事件，将同处理大规模自然灾害一样启动危机管理机制，这是比较大的变化。根据日本政府指示，内阁官房信息安全中心和信息安全政策会议，在 2010 年 5 月出台全新的《保护国民的信息安全战略》，提出三大基本方针：关注网络攻击事态发生，强化政策和完善应对体制；根据新的环境变化，确立信息安全政策；从被动的信息安全对策转向主动的信息安全政策。① 与此前的基本战略相比，《保护国民的信息安全战略》着重突出了对网络攻击事态的应对以及对新型网络安全环境变化的应对。自该战略发布实施以来，日本网络安全政策的主动性不断增强，积极防御、进取扩张的态势明显。②

四、防卫省成立网络战专业部队，发布网络空间行动方针

2006 年 3 月日本联合作战体制确立后，自卫队逐渐认识到在部队运用时，信息通信机能除了要具备静态机能（信息系统和网络的建设和维持管理）外，还要具备动态机能（中央和一线部队之间的迅速联络、在广阔地域内部队之间的联络等）。为此，自卫队决定对此前联合参谋部履行的动态机能（中央指挥所（CCP）以及防卫信息通信基础（DII）的维持管理机能以及网络攻击处置机能）进行改编，组建专门部队。作为从信息通信层面支撑联合作战的首支常设联合作战部队，该队将从联合参谋部接管 CCP 和 DII 的维持管理业务，同时通过有机融合陆海空各自的通信基础设

---

① 土屋大洋. サイバー・テロ 日米 vs. 中国 [M]. 東京：文藝春秋，2012：186.
② 王舒毅. 网络安全国家战略研究：由来、原理与抉择 [M]. 北京：金城出版社，2015：128.

施，构筑通信系统的随机应变能力，以及在网络攻击发生时修复通信。①
在此背景下，2008 年 3 月，自卫队正式组建第一支具备网络战能力的专业
部队，即自卫队指挥通信系统队，负责 24 小时监视自卫队通信网络、处置
网络攻击。此外，受美韩网络攻击事件影响，自 2010 年版《防卫白皮书》
开始，日本防卫省在"国际社会课题"中专列"网络战动向"一题，围绕
网络空间和安全保障的关系、网络攻击特征、近年发生的网络战具体事
例、各国围绕网络战采取的应对举措展开论述。2010 年版《防卫计划大
纲》也首次在安全环境中指出，稳定利用网络空间的风险正在成为全新课
题，并首次将应对网络攻击作为与确保周边海空域安全、应对岛屿攻击、
应对游击队和特种部队攻击等并列的自卫队职能任务。

在政策文件方面，2012 年 9 月，防卫省出台《为了防卫省和自卫队稳
定有效利用网络空间》，作为防卫省首部一体化推进网络攻击对策的指针，
提出在强化能力态势、为国家整体举措做出努力、国际合作等基本方针指
导下推进网络安全建设，并首次确认网络空间是与陆海空天一样的军事行
动领域。尽管该文件只将自卫队网络部队的行动范围限定在防御性任务
上，例如"反制"或"制止"网络袭击、确保自卫队在遇到攻击时能够
"快速恢复"，并没有明确应该采取何种行动来预先阻止攻击发生，或是在
面临先发制人的传统（或动态）攻击时，网络部队能发挥怎样的作用，但
是该文件确定了网络安全在日本国家安全，特别是军事安全中的突出地
位，为日本制订网络战计划提供了政策依据。该文件明确赋予自卫队应对
网络攻击的任务，称"发生网络攻击符合行使自卫权第一要件"，即"发
生了针对日本的紧急、不正当攻击事态"。这意味着，日本有可能根据自
身判断，将外来网络攻击定义为"武力入侵行为"，进而采取军事应对
行动。②

此外，在这一时期，自卫队在网络安全建设方面还实施了多项重要举
措。例如，因应 2011 年 9 月部分防卫企业计算机感染非法程序，为了保护
重要信息而与企业修改合同条款；引进防止入侵的系统以提升信息通信系
统安全性；围绕网络攻击应对态势和实施要领制定规则（《信息保证训

① 防衛省. 平成 19 年版　防衛白書［EB/OL］.（2007）［2019 - 06 - 01］. ht-
tp://www. clearing. mod. go. jp/hakusho_data/2007/2007/pdf/index. html.
② 梁宝卫，付红红. 日本新版《网络安全战略》述评［J］. 外国军事学术，
2016（10）.

令》）；设置以防卫副大臣为委员长的网络政策研讨委员会；向国内外相关机构选派职员进修以培养拥有高知识人才；着手研究构筑网络演习环境所需技术；等等。

第三节　基于国家安全和危机管理的网络安全时期（2013~）

一、《网络安全战略》全面替代信息安全战略，防御姿态转向主动管控

2010 年信息安全政策会议发布《保护国民的信息安全战略》以后，日本逐渐认识到，网络空间和实体空间的融合和一体化程度不断发展，同时网络空间风险不断扩大，成为全球性课题。2011 年日本也遭受多起网络攻击事件，促使日本政府对信息安全战略进行新一轮调整。例如，2011 年 9 月 19 日，日本《读卖新闻》报道称，防卫产业巨头之一的三菱重工遭到网络攻击。据悉，三菱重工全国 11 个站点的 45 台服务器、38 台计算机，被通过所谓锁定目标的方式植入病毒，感染的服务器中至少有 20 台不知何时被连接到设置在公司外的网址。同为防卫产业的 IHI、川崎重工尽管没有感染病毒，但也遭受了攻击。以此为契机，许多网络攻击事件接连被曝光。2011 年 10 月 25 日，《朝日新闻》报道称，日本众议院的服务器遭受非法入侵，登录密码被盗。第二天，众议院 480 名议员的登录密码有可能均已被盗。此外，《读卖新闻》还报道称，外务省的驻外公馆也遭到网络攻击，确认感染病毒的包括驻在加拿大、喀麦隆、韩国的驻外公馆。

在此背景下，信息安全政策会议决定，基于国家安全和危机管理、发展社会经济并确保国民安全和安心的考虑，围绕制定《网络安全战略》展开讨论。该战略作为全新战略，以构筑世界领先且强韧有活力的网络空间，实现"网络安全立国"为基本方针，于 2013 年 6 月正式公布。该战略是对 2010 年《保护国民的信息安全战略》的整体升级，提出了国家网络安全战略的基本目标，并确立了维护网络安全的基本原则以及具体举措。需要特别指出的是，为了显示在网络空间推进相关举措的必要性和努力姿态，该战略在名称上用"网络安全"代替"信息安全"，首次命名为

《网络安全战略》。① 对此有评论称，名称上的调整意味着此前网络攻击仅仅被视为犯罪者实施的违法行为，而名称调整后开始将网络攻击作为国家主体或者非国家主体实施的事关国家安全的威胁加以应对。2015 年 9 月，日本内阁会议通过新一版《网络安全战略》。该战略长达 40 页，主要包括"制定宗旨""关于网络空间的认知""目的""基本原则""主要措施"等共七部分内容，强调了网络空间的多元性特征以及多方共同维护网络安全的必要性，特别指出扩大监视对象，并写入"综合强化独立行政法人以及与府省厅共同执行公务的特殊法人对策""推进实战型演训"等内容。与之前版本相比，2015 年版《网络安全战略》的主要特点是，突出网络空间积极防御指导思想、主动参与网络空间国际规则制定、重视网络安全技术研发与人才培养、积极拓展网络安全国际合作范围等。②

二、首次出台《网络安全基本法》，网络安全立法工作取得突破性进展

由于网络空间风险的全球化趋势，为了最大程度享有网络空间带来的好处，各国之间构建信赖关系、合作解决问题不可或缺，因此日本主张强力推进网络安全国际合作，以实现安全、值得信赖的网络空间。③ 基于以上判断，2013 年 11 月，信息安全政策会议根据《网络安全战略》制定《网络安全国际合作举措方针》，整理出网络安全国际合作的基本方针以及重点举措。该方针是日本在网络安全领域制定的首部国际战略，被外界视为日本建设世界一流"信息安全先进国家"的国际宣言。同时，在实践层面，日本在这一时期积极参加双边或多边网络安全国际合作。例如，2011年 6 月 21 日，日美"2 + 2"会谈的成果文书中首次写明两国将在网络安全领域展开合作。2013 年 5 月，日美正式启动"网络对话"机制，协商议题包括交换网络威胁信息、网络战略比较等。2012 年 11 月，日本和印度

---

① 情報セキュリティ政策会議. サイバーセキュリティ戦略－世界を率先する強靭で活力あるサイバー空間を目指して－［EB/OL］.（2013－06－10）［2019－06－01］. https：//www. nisc. go. jp/active/kihon/pdf/cyber－security－senryaku－set. pdf.

② 梁宝卫，付红红. 日本新版《网络安全战略》述评［J］. 外国军事学术，2016（10）.

③ 情報セキュリティ政策会議. サイバーセキュリティ戦略－世界を率先する強靭で活力あるサイバー空間を目指して－［EB/OL］.（2013－06－10）［2019－06－01］. https：//www. nisc. go. jp/active/kihon/pdf/cyber－security－senryaku－set. pdf.

正式启动网络磋商机制，围绕网络犯罪应对举措、信息安全系统防护等问题交换意见。此外，日本还与欧盟、东盟之间通过磋商、演习等形式强化了网络安全合作。

这一时期，日本在网络安全立法层面取得重大突破。2014 年 11 月，日本以议员立法的形式通过《网络安全基本法》，以加强政府与私营部门在该领域的协调运作，为日本推进网络安全相关举措确立了法律依据。《网络安全基本法》与 2001 年施行的《高水平信息通信网络社会形成基本法》不同，它是为了应对伴随互联网普及产生的安全问题而施行的全新法律。它通过法律的形式，对于网络安全基本概念、战略基本理念、各级主体应该担负的职责等内容进行明确，促进了网络安全从信息安全中得以进一步分离。关于各主体义务，该法指出，政府负有制定实施网络安全政策措施的责任和义务，并从事维护网络安全的监控和分析，各省厅有提供信息的义务，电力、金融等关键基础设施从业者、IT 企业及相关团体有配合政府举措和提供信息等义务。

三、新设网络安全战略本部和内阁网络安全中心，首次被赋予法律权限

根据《网络安全基本法》，2015 年 1 月，日本在内阁设置网络安全战略本部，同时在内阁官房设置内阁网络安全中心，承担网络安全战略本部事务局职能，负责国家整体网络安全政策的计划、立案、推进，当政府部门、重要基础设施发生重大网络安全事故时履行指挥中枢职能。网络安全战略本部和此前的信息安全政策会议的区别体现在：信息安全政策会议是根据 IT 基本法设置的 IT 综合战略本部的下位会议体组织，并未被赋予面向各府省的明确的法律权限，只是凭借作为主席的官房长官的权威以及内阁官房一般的计划、联络、综合调整权限履行政策。与此相对，网络安全战略本部是基于基本法设置的机构，从 IT 战略本部的下属部门升格为与 IT 战略本部同等的部门，更大的区别就是被赋予了法律权限。第一，内阁网络安全中心不再局限于遂行内阁官房一般性的计划、立案、综合协调事务，而是获得了面向各府省的监察、原因调查等权限，这是政府整体网络安全对策方面取得的较大突破。第二，由内阁官房长官担任主席，在认为有必要之时可以向相关行政部门首长提出劝告，并要求其实施整改措施。这种管制力比以往得到了大幅提升。第三，相关行政部门首长根据主席要求，必须向本部提供资料、信息、说明及其他必要合作。强调"必须"，

可见本部被赋予了很大权力。其他具有相同强制力权力的例子，还有国家安全保障会议设置法等。网络安全战略本部成立后，还将与IT综合战略本部和国家安全保障会议紧密合作，制订网络安全战略草案，围绕重要事项推进战略实施。

四、防卫省新编网络空间防卫队，签署日美网络防卫合作联合声明

日本防卫省和自卫队在政策制定、部队运用、人事管理、宣传、开发研究等所有业务层面都在使用网络空间，确保网络空间的稳定利用已经成为事关其任务遂行成功极其重要的因素。因此，在这一时期防卫省和自卫队继续推进网络安全建设，重点体现在体制建设方面。第一，新编网络空间防卫队。2014年3月，自卫队新编网络空间防卫队，负责24小时监视防卫省和自卫队网络，以防卫信息通信基础网（DII）为主体；以及一旦发生网络攻击事件，负责解析病毒和日志、遮断攻击、与相关部门合作应对。由于新编网络空间防卫队，此前分散在各自卫队的搜集网络攻击威胁情报和调查研究业务能够实现一元化整合，其成果也可以在整个防卫省共享。与此同时，还可以活用这些成果，为提升政府整体安全水平做出更积极的贡献。根据2020年度的预算概算要求，网络空间防卫队计划增员至290名。第二，设置网络防护合作协议会。为了强化防卫省与民间防卫产业的网络安全合作，2013年7月，在二者之间设置网络防护合作协议会。该框架以对网络安全关心程度较高的10家左右的防卫产业为核心成员，通过灵活运用相关部门的知识技能，以提升防卫省和防卫产业的网络攻击应对能力、修复能力以及培养两者之间的信赖关系。第三，成立日美网络防卫政策工作组。2013年10月，为了强化日美两国防卫当局在网络安全问题上的全方位合作，在日本防卫大臣小野寺和美国国防部长哈格尔的指示下，日美防卫当局成立日美网络防卫政策工作组（CDPWG）。该框架主要围绕网络政策磋商、信息共享、联合训练、联合培养人才等问题进行讨论。2014年2月在防卫省召开了首次会议，经过三轮会晤，在2015年5月发表了联合声明，指明了未来合作方向。

2018年以来，日本政府先后发布两版《网络安全战略》、修订《网络安全基本法》、首次出台《网络安全研究和技术开发举措方针》，防卫省发布新版《防卫计划大纲》、聚焦"网络防卫"出台《研究开发愿景》，产学官各界继续共同推进网络安全建设。与以往相比，这些文件所体现的网

络威胁应对姿态更加强调积极、威慑与合作，预示着日本网络安全政策即将进入新的历史发展阶段。

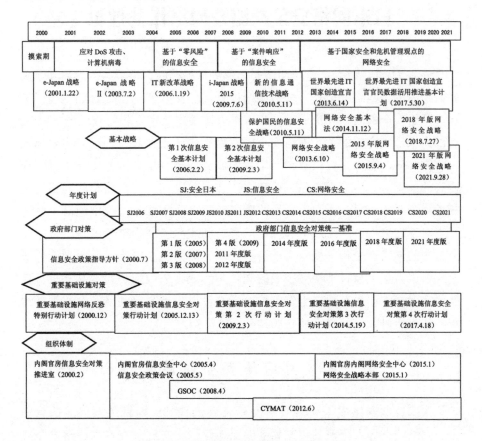

图 1-1　日本网络安全政策的历史变迁①

————————

① 以日本网络安全对策推进会议 2015 年 2 月 13 日会议资料为基础，结合近年发展动向绘制而成。详见：サイバーセキュリティ対策推進会議. 新・サイバーセキュリティ戦略について［EB/OL］.（2015 - 02 - 13）［2019 - 06 - 01］. https：//www. nisc. go. jp/active/kihon/pdf/cyber - security - senryaku - set. pdf.

第二章

日本网络安全战略及网络作战理论

进入 21 世纪以来，全球网络安全形势日趋严峻，世界各国政府和学界开始纷纷围绕网络安全这一全新课题展开广泛深入研讨，出台和发表大量相关网络安全的战略理论成果。日本作为抽象理论思维相对较弱的国家①，目前尚未形成完整的关于网络安全的战略理论体系，其核心观点主要体现在官方文件、智库报告以及知名学者的研究成果当中。因此，在本章研究内容的选择上，一方面立足分析和解读日本政府和自卫队公布的网络安全相关战略文本，另一方面关注那些我国在对日斗争准备过程中急需了解的日本对于网络战、网络威慑等理论的理解和主张。值得提及的是，日本官方公布的网络安全相关战略文本自不必说，网络战、网络威慑等理论的研究成果也大多出自日本相关领域的知名学者或者前政府、自卫队官员，这些研究者经常作为有识之士受邀参加日本各界为了制定网络安全政策而组织的各类研讨会，其观点和立场具有广泛影响力。

第一节　日本对网络安全相关术语的理解

依据日本网络安全领域现有文献资料的描述，对网络空间、信息安全、网络安全等术语及其相互关系做深入探讨，有利于在日本网络安全战略理论研究的逻辑起点上具有较为理性、清晰的认知。

一、网络空间

当今世界各国广泛使用的网络空间一词，在日语中对应的是"サイバースペース"，即 cyberspace 的外来语。众所周知，cyberspace 是由 cyber 与 space 组合而成，其中 cyber 一词起源于希腊语的"船舶操纵术、掌舵术"。1948 年，美国应用数学家诺伯特·维纳（Norbert Wiener）在《控制论——关于在动物和机器中控制和通讯的科学》（*Cybernetics or Control and*

---

① 姚云竹主编. 冷战后美俄日印战略理论研究 [M]. 北京：军事科学出版社，2014：211.

Communication in the Animal and the Machine）中，创造了 cybernetics（控制论）一词，用以指代一门研究动物（包括人类）及其内部控制和通信的一般规律的学科，该学科涉及心理学、生物学、物理学、数学等多种科学。此后，美国各界开始使用 cybernetics 和 cyber，表达各自内涵。而将 cyber 和 space 拼接而成的网络空间一词，最早由加拿大小说家威廉·吉布森发明，用在 1982 年的短篇小说《整垮珂萝米》（*Burning Chrome*）和 1984 年的《神经漫游者》（*Neuromancer*）当中。吉布森用网络空间表达全球多计算机服务虚拟现实环境①。然而，这一时期的 cyberspace 主要作为虚拟空间（Virtual Space）的同义词被使用。进入 20 世纪 90 年代，随着互联网的普及，网络空间一词开始被更广泛地使用，世界各国开始尝试为其作出各种解释。

在日本，对网络空间一词的使用，以 2010 年为界大致可划分为两个阶段。2000 年以前在笔者搜集到的日本民间发行的主要大型词典中，仅收录了"サイバネティックス"（cybernetics）的词条，用以介绍控制论相关内容，例如小学馆出版的《国语大辞典》和岩波书店出版的《广辞苑》，"サイバー"（cyber）和"サイバースペース"（cyberspace）等词条并未收录②。自 2008 年开始，由日本自由国民社每年出版一册的知识普及型词典《现代用语的基础知识》中，介绍了网络和网络空间③。网络是表达与"电脑、计算机（网络）相关"含义的接头词以及控制论的缩略语④。网络空间是指，将计算机和信息机器通过互联网加以连接、在全球范围内实施交流和信息服务的状况，通过空间性的比喻使其更易于想象的一种表现形式，也有翻译为计算机空间、虚拟空间⑤。由于当时日本关注更多的是信息安全，因此在官方发布的文件以及民间学者的研究成果中，出现了许多以网络为接头词的术语，例如网络恐怖主义、网络攻击、网络犯罪、网

---

① 威廉·吉布森. 神经漫游者 [M]. Denovo，译. 南京：江苏文艺出版社，2013：72~80.

② 新村出. 広辞苑 第五版 [M]. 東京：岩波書店，1998：1041. 国語大辞典 [M]. 東京：小学館，1982：1017.

③ 2006 年版的《现代用语的基础知识》首次收录サイバー戦争（cyber war）词条，即针对信息通信网络或信息通信系统实施电子攻击或者为了防止攻击利用手段实施的作战。

④ 現代用語の基礎知識 [M]. 東京：自由国民社，2008：1599.

⑤ 現代用語の基礎知識 [M]. 東京：自由国民社，2008：870.

络战等①，网络空间一词也开始出现在官方文件中，但尚未说明具体含义。2010 年 5 月，日本内阁官房信息安全中心和信息安全政策会议出台《保护国民的信息安全战略》，首次在战略正文后以附表的形式对网络空间等用语进行解释说明。自此开始，日本政界和学界围绕网络空间的内涵和特征进行了广泛研讨。其中具有代表性的如表 2 – 1 所示。

表 2–1　日本各界对于网络空间的理解

出处类型	时间	发布单位或作者	出处	术语解释
官方文件	2010	信息安全政策会议	《保护国民的信息安全战略》	所谓网络空间，是指利用信息通信技术交换信息的互联网及其他虚拟空间②
	2013	信息安全政策会议	《网络安全战略》	所谓网络空间，是指由信息系统和信息通信网络构成、多种大量信息在此流通的互联网及其他虚拟的全球空间③

---

①　分别对应日语サイバーテロ、サイバー攻撃、サイバー犯罪、サイバー戦。例如，1987 年日本邮政省《信息通信网络安全和信赖性基准》中，将网络恐怖主义定义为，通过网络入侵各国国防、治安为首的各领域信息系统，通过破坏、篡改数据等手段使得国家等的重要系统陷入功能不全的行为。主要的攻击方法有：物理攻击、篡改主页、分散协调型服务拒止（DDoS）攻击、计算机病毒、非法入侵等。2000 年日本政府发布的《重要基础设施网络反恐特别行动计划》中，将网络攻击定义为，利用信息通信网络或信息系统，针对构成重要基础设施基础的重要信息系统发起的电子攻击。2006 年日本政府发布的《第 1 次信息安全基本计划》中，将网络犯罪定义为，利用互联网等高水平信息通信网络实施的犯罪以及以计算机或者电磁记忆体为对象的犯罪等、利用信息技术实施的犯罪。2008 年安保克也在论文《日本国宪法和安全保障——基于网络战的视角》中，将网络战定义为，使用信息通信网络或信息系统实施电子攻击的作战。这些定义可以说是日本较早对以网络为接头词的若干重要概念进行的界定。

②　情報セキュリティ政策会議. 国民を守る情報セキュリティ戦略［EB/OL］. (2010 – 05 – 11)［2019 – 06 – 01］. https：//www. nisc. go. jp/active/kihon/pdf/senryaku. pdf.

③　情報セキュリティ政策会議. サイバーセキュリティ戦略~世界を率先する強靭で活力あるサイバー空間を目指して~［EB/OL］. (2013 –06 –10)［2019 –06 –01］. https：//www. nisc. go. jp/active/kihon/pdf/cyber – security – senryaku – set. pdf.

续表

出处类型	时间	发布单位或作者	出处	术语解释
官方文件	2015	网络安全战略本部	《网络安全战略》	网络空间是人造空间，是能够在无国境意识的情况下自由讨论思想、通过产生出的知识产品和创新活动生产无限价值的前沿①
	2018	网络安全战略本部	《网络安全战略》	网络空间是生产无限价值的前沿，它是不受时间和空间的限制，跨越国境，使在数量和质量上多种多样的信息和数据能够自由地生成、共享和分析的场所，也是流通的场所②
	2021	网络安全战略本部	《网络安全战略》	网络空间是一个可以不受场所和时间的限制，跨越国境，自由生成、共享、分析各种各样信息和数据的空间，是一个流通的空间。作为技术革新和新型商业模式等知识资产生成的场所，为人们提供了能够实现丰富和多样价值的场所，将成为今后经济社会持续发展的基础，同时也是支撑自由主义、民主主义、文化发展的基础③

---

① サイバーセキュリティ戦略本部.サイバーセキュリティ戦略［EB/OL］. (2015 – 09 – 04)［2019 – 06 – 01］. https：//www. nisc. go. jp/active/kihon/pdf/cs – senry-aku. pdf.

② サイバーセキュリティ戦略本部.サイバーセキュリティ戦略［EB/OL］. (2018 – 07 – 27)［2019 – 06 – 01］. https：//www. nisc. go. jp/active/kihon/pdf/cs – senry-aku2018. pdf.

③ サイバーセキュリティ戦略本部.サイバーセキュリティ戦略［EB/OL］. (2021 – 09 – 28)［2021 – 12 – 15］. https：//www. nisc. go. jp/active/kihon/pdf/cs – senry-aku2021. pdf. .

出处类型	时间	发布单位或作者	出处	术语解释
学界	2012	伊东宽	《〈第5战场〉网络战威胁》	网络空间是 cybernetics 与 space 的合成词，一般是指在计算机和计算机网络（互联网＋网络）中扩展的庞大虚拟空间（数据领域）①
	2015	须田祐子	《网络安全的国际政治》	所谓网络空间，是指使用信息通信技术，通过相互连接的网络和基础设施创造出的人造领域②
	2017	伊东宽	《网络战争论》	网络空间是能够传达、处理各种数字化信息的、由计算机和网络构成的虚拟空间③
	2018	村上启	《网络外交政策研究》	与包含互联网在内的计算机网络相连的所有网络集合体构成的人造虚拟空间④
	2018	持永大、村野正泰、土屋大洋	《网络空间支配者》	由计算机（终端）以及将其连接的网络构成，能够进行信息交换、积累的空间⑤

以上关于网络空间的理解，虽然略有差别、各有侧重，但主要内容可以归纳为以下几点：首先，网络空间是信息技术高速发展的产物，是人类历史上第一个人造虚拟空间。其次，网络基础设施（计算机网络、信息系统、信息通信网络等）是构成网络空间必不可少的物质基础和硬件条件。再次，各种各样数据化的信息是网络空间的基本要素，网络空间是用以生成、交换、共享、处理、分析、积累数据化信息的载体和介质。最后，网

---

① 伊東寬.「第5の戦場」サイバー戦の脅威［M］.東京：祥伝社，2012：35.
② 須田祐子.サイバーセキュリティの国際政治［EB/OL］.（2015－02）［2019－06－01］. https：//www.jstage.jst.go.jp/article/kokusaiseiji/2015/179/2015_179_57/_pdf/－char/ja.
③ 伊東寬.サイバー戦争論［M］.東京：原書店，2017：56.
④ 村上啓.サイバー外交政策に関する研究［EB/OL］.（2018－03）［2019－06－01］. http：//lab.iisec.ac.jp/degrees/d/theses/iisec_d32_thesis.pdf.
⑤ 持永大，村野正泰，土屋大洋.サイバー空間を支配する者［M］.東京：日本経済新聞出版社，2018：23.

络空间具有全球属性，它不受时间和空间限制，而且是能够生产出无限价值的前沿空间。由此可见，网络空间的构成要素，既包含实体存在明确的计算机、服务器等"机器"，也包括实体存在不明确的"信息"，而人的立场则是网络空间的利用者、运用者和管理者①。

二、信息安全

信息安全的实践在各国早已存在，但据考证，20 世纪 50 年代"信息安全"一词才开始出现在科技文献中。② 20 世纪 60 年代，美军通信保密和作战文献中开始使用"信息安全"一词，在很长一段时间内基本等同于通信安全。③ 目前，关于信息安全，各国并未给出统一定义。例如我国《辞海》将信息安全定义为：为保护信息在采集、处理、存储、传输和使用过程中不被泄露和破坏，以确保信息的完整性、保密性、可用性和可靠性而采取的措施和行动。④ "CIA"概念的定义可以说是当今国际通行和日本的标准。据考证，这种使用"CIA"（"完整性、保密性、可用性"的英文首字母缩写）的定义，首次登上国际舞台是在 1992 年经济与发展合作组织的《理事会关于信息系统安全指针的劝告及附属文件》中，并使用在 1997 年的《理事会关于密码政策指针的劝告》中。随后，国际标准 ISO/IEC 27001：2005、27002：2005，以及将其日本工业标准化的 JIS Q27001：2006、27002：2006 也采用了这个定义。例如，国际标准 ISO/IEC 27002：2005 将信息安全定义为：保证信息的保密性、完整性和可用性，也可包括真实性、可核查性、不可否认性和可靠性等。ISO/IEC 27000：2009 还特别强调"信息"是广义概念，可能存在于各种介质，例如纸、计算机或人的大脑等。⑤

在日本，如第一章所述，在早期（20 世纪 80 年代到 2000 年）日本政府公布的官方文件中，出现较多的是"信息通信网络安全"和"信息系统

---

① 持永大，村野正泰，土屋大洋. サイバー空間を支配する者 [M]. 東京：日本経済新聞出版社，2018：23 ~ 42.

② 王世伟. 论信息安全、网络安全、网络空间安全 [J]. 中国图书馆学报，2015（2）：72 ~ 84.

③ 王舒毅. 网络安全国家战略研究：由来、原理与抉择 [M]. 北京：金城出版社，2016：26 ~ 30.

④ 辞海 [M]. 上海：上海辞书出版社，2010：2122.

⑤ 王兴起，谢宗晓. 信息安全与赛博时代的到来 [J]. 情报探索，2015（3）：84.

安全"等用语，针对"安全"的具体描述是，确保机密性、保全性和可用性。2000 年 7 月，日本信息安全对策推进会议发布《信息安全政策指针》，首次在政府官方文件中出现"信息安全"的说法。具体描述是，维持信息资产的机密性、完整性和可用性。其中，信息资产是信息和管理信息的框架（信息系统以及关于开发、运用、保证信息系统的资料等）的总称；机密性是指确保只有获得访问信息权限的人员进行访问；完整性是指保护信息和处理方法的正确和完整；可用性是指确保获得访问权限的人员能够在必要之时进行访问。这是根据国际标准化机构（ISO）制定的信息安全标准 ISO7498 – 2：1989 而界定的。① 在信息安全政策会议通过的《政府部门信息安全对策统一基准（2005 年 12 月版全体版初版）》中，信息是指记录在信息系统内部的信息、记录在信息系统外部电磁记忆载体上的信息以及记载在与信息系统相关的书面上的信息。其中，记载在书面上的信息，既包括记载有以电磁方式记录的信息（记载有输入至信息系统的信息的书面、记载有从信息系统输出的信息的书面），也包括与信息系统相关的设计书。信息安全是指确保信息的机密性、完整性和可用性。其中，机密性是指确保只有被授权者才能访问信息的状态；完整性是指确保信息不遭到破坏、篡改或者删除的状态；可用性是指确保被授权访问信息的人员能够在必要时不间断地访问信息及相关资产的状态。② 在军界，防卫省《确保采购装备和勤务过程中的信息安全（通知）》中，对信息安全给出的解释是：所谓信息安全是指维持应该保护的信息的机密性、完全性和可用性。其中，信息包括文书、电子计算机信息以及利用这些信息制成的信息；机密性是指针对不被认可者，不能使用或不能公开信息的特性；完全性是指保护信息正确和完整的特性；可用性是指当被认可者提出要求时，能够访问和使用的特性。③ 在学界，横内律子在论文《信息安全的现状和课题》

---

① 情報セキュリティ対策推進会議. 情報セキュリティポリシーに関するガイドライン [EB/OL]. (2000 – 07 – 18) [2019 – 06 – 01]. https://www. kantei. go. jp/jp/it/security/taisaku/guideline. html.

② 情報セキュリティ政策会議. 政府機関の情報セキュリティ対策のための統一基準 (2005 年 12 月版 全体版初版) [EB/OL]. (2005 – 12 – 13) [2019 – 06 – 01]. https://www. nisc. go. jp/active/general/pdf/k303 – 052c. pdf.

③ 防衛装備庁. 装備品及び役務の調達のおける情報とセキュリティの確保について (通達) [EB/OL]. (2009 – 07 – 31) [2019 – 06 – 01]. http://www. clearing. mod. go. jp/kunrei_data/a_fd/2009/az20090731_09246_000. pdf.

中的解释是：所谓信息安全是指使得数据和信息系统保持正确和完整的状态，以便只有正当的使用者可以在必要之时加以利用。威胁信息安全的主要原因包括：来自外部的威胁，例如非法访问、服务妨碍、计算机病毒等；受害者内部的原因，例如软件安全上的脆弱性等。①

可以看出，日本各界对于信息安全的众多解释中，依据国际标准、从信息安全的标准出发解释的居多，强调维持信息和信息系统的机密性、完整性和可用性。关注点侧重于信息本身的安全。被保护的信息范围很广，既包括记录在信息系统内通过电磁方式记录的数据化信息，也包括记录在外部载体（移动存储介质、书面载体等）上的信息等。

三、网络安全

在关键术语的使用上，2010 年前后可以说是明显转折点。2010 年的"震网"事件和 2011 年的三菱重工事件发生后，西方国家普遍认为网络攻击发生重大变化：一是攻击对象向产业系统拓展；二是攻击方式呈现高级化，开始出现以特定机构为目标的"目标型攻击"；三是攻击目的呈现多样化，例如由国家实施的网络攻击、由罪犯实施的以金钱为目的的攻击、黑客行为主义（hacktivism）造成的以宣扬主张为目的的攻击。因此，2011 年以后，美国开始将网络空间定位成仅次于陆海空天的第五大领域，日本也在 2013 年《国家安全保障战略》中将网络空间防护纳入其国家战略，网络安全开始被视为安全保障的问题。由于以往的"信息安全"一词已无法体现这一全新变化，世界各国的安全文件中开始广泛使用"网络安全"一词。国际标准 ISO/IEC 27032：2012 年《信息技术安全技术网络空间安全指南》中对网络安全的定义是：保持网络空间信息的保密性、完整性和可用性，也可包括真实性、可核查性、不可否认性和可靠性等其他属性。②

在日本，2013 年版《网络安全战略》明确将战略目标由信息安全立国调整为网络安全立国。2014 年通过的《网络安全基本法》，为网络安全赋予了法律地位。该基本法对网络安全的解释是：讨论如何防止那些通过电子、磁力等依靠人的知觉无法感知的方式记录、发送、传送、接收的信息

①　横内律子. 情报セキュリティの现状と课题 [EB/OL]. (2004 - 03 - 10) [2019 - 06 - 01]. https：//www. ndl. go. jp/jp/diet/publication/issue/0443. pdf.

②　谢宗晓. 关于网络空间（cyberspace）及其相关词汇的再解析 [J]. 中国标准导报，2016（2）：27.

发生泄漏、丢失或者损毁及其他为了确保上述信息安全的必要措施，以及为了确保信息系统和信息通信网络安全性和可靠性的必要措施（包括为了防止通过信息通信网络或者电磁方式记录的记录载体对电子计算机实施非法活动造成危害而采取的必要措施），切实对上述状态进行维持管理。① 此外，2014 年 11 月 25 日，日本信息安全政策会议发布《强化网络安全推进体制机能的举措方针》，指出网络安全是一种状态，即确保在构成网络空间的信息系统和信息通信网络上处理的信息，以及实体空间中与上述信息系统和信息通信网络正在一体化融合的重要基础设施等的机密性、完整性、可用性的一种状态。②

由这些解释可以看出，日本对于网络安全这一术语的理解：一是强调需要保护的信息是在信息系统或信息通信网络上处理，由电子、磁力等依靠人的知觉无法感知的方式记录、发送、传送、接收的信息；二是除保护上述信息本身的安全外，还强调要保护信息系统和信息通信网络，以及与之正在一体化融合的重要基础设施的安全。这两点都与信息安全的内涵有着显著区别。

第二节　日本现行国家网络安全战略

如第一章所述，日本网络安全战略是通过一系列官方文件分阶段、分层次地建立并逐步完善起来的。这些文件基于不同历史时期的网络安全环境制定，并依据环境变化进行调整，对日本一段时期内的网络安全建设进行具体规划，对强化网络安全能力起到重要指导作用。经过多轮调整，2021 年 9 月 28 日，日本内阁会议通过新版《网络安全战略》（简称新战略），这是基于日本《网络安全基本法》制定的第 3 版战略。本节以新战略为基础，结合其他网络安全文件以及日本在网络安全领域的具体实践，尝试对日本国家网络安全战略的理论体系及其内涵进行全面系统的解析。

---

① サイバーセキュリティ基本法（平成二十六法律第百四号）［EB/OL］.（2020 - 04）［2021 - 12 - 22］. https：//elaws. e - gov. go. jp/document? lawid = 426AC1000000104.
② 情報セキュリティ政策会議. 我が国のサイバーセキュリティ推進体制の機能強化に関する取組方針［EB/OL］.（2014 - 11 - 25）［2020 - 03 - 24］. https：//www. nisc. go. jp/conference/seisaku/dai41/pdf/houshin20141125. pdf.

一、日本现行国家网络安全战略的出台始末

（一）日本现行国家网络安全战略的出台背景

第一，2018 年版《网络安全战略》执行期限到期的客观驱动。2006年 2 月，日本信息安全政策会议围绕信息安全，制定了首份国家级中长期战略——《第 1 次信息安全基本计划》，确立了信息安全在维护国家安全问题中的定位以及信息安全政策基本理念。自此开始，日本政府为了应对网络安全环境变化和满足自身国家利益需求，多次调整网络安全战略。2018 年 7 月，日本内阁会议通过 2018 年版《网络安全战略》。该战略着眼于 2020 年东京奥运会和残奥会的召开以及远至 21 世纪 20 年代初期这一时间的状况，确定了 3 年左右（2018 年～2021 年）网络安全政策的基本方向，作为相关主体实施行动的依据。由于 2021 年已经是该战略规划的最后一年，日本亟须采取进一步措施以解决网络安全方面的各类问题。

第二，促进日本经济社会向"超智能社会"转移的必然要求。日本认为，为了应对新冠肺炎疫情，人们加速推进数字技术的运用，网络空间正在逐渐成为经济社会活动的基础，而这种变化有望带动实现"超智能社会"（Society 5.0）①。所谓 Society 5.0，是 2016 年 1 月日本政府发布的第 5期《科学技术基本规划》中首次提出的社会发展构想，日本希望通过网络空间和现实空间的高度融合，实现经济发展并解决社会问题的双重目标。21 世纪 20 年代，无论是向 Society 5.0 迈进一大步，从而进入"数字时代"（Digital Decade），还是对于促进实现国际目标——SDGs② 而言，都是重要时期。作为应对上述新形势的重要基础，日本认为网络空间的重要性正在进一步凸显，日本希望能够制定新战略，指明举措方向。③

---

①　继狩猎社会、农耕社会、工业社会、信息社会之后人类历史上第 5 个社会形态。在这个社会形态下，新的价值和服务层出不穷，将极大丰富人们生活。详见：未来投資戦略 2017 — Society 5.0 の実現に向けた改革— ［EB/OL］.（2017 – 06 – 09）［2021 – 12 – 15］. https：//www. kantei. go. jp/jp/singi/keizaisaisei/pdf/miraitousi2017_t. pdf.

②　Sustainable Development Goals 的缩略语。作为 2001 年制定的千禧年开发目标（MDGs）的后续目标，在 2015 年 9 月联合国大会上加盟国一致通过的《2030 年可持续发展议程》中提出的国际目标，即在 2030 年前实现可持续发展的美好世界目标。共包括 17 个可持续发展目标和 169 个具体目标，强调"不会落下世界上任何一个人"（leave no one behind）。

③　サイバーセキュリティ戦略本部. サイバーセキュリティ戦略 ［EB/OL］.（2021 – 09 – 28）［2021 – 12 – 15］. https：//www. nisc. go. jp/active/kihon/pdf/cs – senry-aku2021. pdf.

第三，应对网络空间日益扩大的不确定性的现实需求。围绕网络空间面临的课题，新战略在继续指出网络威胁、经济社会的脆弱性将带来风险的同时，还用更多的笔墨描述当前国际形势的变化也已成为网络空间的风险因素。例如，日本指出网络空间正在成为国家间竞争的场所之一，能够反映出地缘政治方面的紧张局势。围绕网络空间的不确定性随之不断变化且呈现扩大趋势，网络空间蕴含着爆发重大事态的风险。① 组织化、精炼化的网络攻击将有可能引发能够威胁国民安全和安心，甚至动摇国家和民主主义根基的重大事态，存在着发展成为国家安全保障课题的风险。新战略的提出正是针对上述不确定性而采取的应对措施。

（二）日本现行国家网络安全战略的出台过程

在上述背景下，2021 年 2 月，日本网络安全战略本部第 26 次会议先行确立了新战略的三项基本方针，分别是：依据环境变化和国际形势，制定适宜的应对策略；强化政府职能，明确政策立案的依据；发挥宣传效力，向国内外展现日本立场，正式启动 2021 年版战略的研讨工作。5 月，网络安全战略本部第 28 次会议通过《新版网络安全战略基本框架》。7 月，网络安全战略本部第 30 次会议通过《新版网络安全战略草案》。7 月 12 日－8 月 10 日，通过 NISC 官网、内阁官房官网、电子政府综合窗口（e－Gov）三种渠道面向日本国民广泛征集新草案意见，共收到来自 24 人次 115 条意见。基于征求的意见，9 月，网络安全战略本部第 31 次会议出台最终的新战略草案，并提交内阁审议。这是基于日本《网络安全基本法》（2014 年出台）制定的第 3 版战略。新战略沿用"宗旨和背景""基本理念""网络空间面临课题""政策举措""推进体制"的行文逻辑，明确提出未来 3 年日本在网络安全领域的政策目标及实施方针。

二、日本现行国家网络安全战略的理论框架

基于《网络安全基本法》、2021 年版《网络安全战略》及相关文件的分析，日本现行网络安全战略的理论框架主要由威胁判断、战略目标、实施路径三方面内容构成。

（一）威胁判断

日本指出，不仅要认识到网络空间所带来的"恩惠"，还要切实认识

---

① サイバーセキュリティ戦略本部. サイバーセキュリティ戦略 ［EB/OL］. (2021－09－28)［2021－12－15］. https：//www.nisc.go.jp/active/kihon/pdf/cs－senry-aku2021.pdf.

到这个空间所带来的变化和风险以及考虑如何尽可能控制这些不确定性。在此基础上，新战略从"经济社会的环境变化""国际形势"两个层面，整理出正在面临的风险因素。

1. 经济社会的环境变化带来的风险

日本从两种视角分析了此类风险。第一，威胁的视角。新战略指出，各种新型数字服务层出不穷，人们的生命、身体、财产等相关信息越来越多地出现在网络空间。对于攻击者而言，这些数据将成为网络攻击的对象，其诱惑力将进一步增加，还会出现利用数字服务漏洞而实施的网络犯罪。此外，包括人工智能在内的技术革新成果被攻击方利用的威胁将有可能进一步加剧。第二，经济社会脆弱性的视角。新战略指出，欠缺网络安全素养会导致错误使用机器和服务，经济社会因此显现新的弱点而被攻击者利用。人才短缺则会导致在网络安全产品、服务和技术等方面过度依赖国外。此外，云服务的广泛运用，使得网络安全事故有可能广泛波及许多主体和活动。

2. 国际形势方面的风险

新战略指出，网络空间正在成为国家间竞争的场所，反映出地缘政治的紧张局势。第一，各种具有组织化、精炼化的网络攻击威胁越来越大，包括瘫痪重要基础设施功能、窃取国民信息和知识产权、干涉民主进程等，疑似有国家参与其中。这些网络攻击将引发能够威胁国民安全和安心，甚至动摇国家和民主主义根基的重大事态。围绕具体国家，新战略特别点名中国、俄罗斯和朝鲜。第二，各国围绕网络空间基本价值存在认知差异，针对国际规则制定所形成的对立日渐显现。部分国家主张由国家来强化网络空间管控。随着安全保障的范畴拓展至经济、技术领域，技术霸权之争日益凸显，一些国家正在强化数据收集和管控。①

（二）战略目标

日本基于网络安全形势分析，确立了包括基本理念和基本原则在内的基本立场以及战略目标，并表示将综合利用政治、经济、技术、法律、外交等所有能够采取的有效手段，以遏制恶意主体行为，保障日本国民的安全和权利。

---

① サイバーセキュリティ戦略本部. サイバーセキュリティ戦略 [EB/OL]. (2021 - 09 - 28) [2021 - 12 - 15]. https：//www. nisc. go. jp/active/kihon/pdf/cs - senryaku2021. pdf.

1. 基本立场

首先是基本理念。日本认为在网络安全问题上应该坚持的基本理念是，发展"自由、公正且安全的网络空间"。具体是指，所有希望在网络空间活动的主体，不会受到无正当理由的差别对待和排斥，其表现的自由和经济活动的自由能够得到保障，也不允许发生窃取信息、财产等非法活动。其次是基本原则。日本认为在制定和实施网络安全政策时应该遵守五项基本原则，即"确保信息自由流通""法律约束""开放性""自律性"和"多样化主体合作"。具体而言，"确保信息自由流通"是指确保发出的信息不会在中途受到不当查阅、非法修改的前提下送达目的收信人，保护个人隐私，防止对他人权利和利益造成不正当损害；"法律约束"是指网络空间应该同实体空间一样，受到国内法律规范和国际法的约束；"开放性"是指网络空间绝对不能由部分主体独占，应该向所有主体开放；"自律性"是指网络空间由国家全权承担秩序维持的做法是不恰当、不可能的，只能通过各种各样的社会系统自律性地发挥各自的任务和职能；"多样化主体合作"是指网络空间不仅需要所有主体各自的努力，还要求合作、协作，而国家担负着促进合作、协作的作用。

2. 战略目标

《网络安全基本法》为日本网络安全战略所设定的目标可以概括为：一是提升经济社会的活力和可持续发展；二是实现国民能够安全、安心生活的社会；三是为维护国际社会的和平与安全以及日本的安全保障做贡献。关于网络空间的应有状态，新战略提出"自由、公正、安全"。此外，日本还认为，随着网络空间"量"的扩大、"质"的进化以及与实体空间的融合，所有国民、部门、地区都需要网络安全的时代（Cyber security for All）已经到来。未来，包括此前与网络空间无关的主体，所有主体都将参与到网络空间当中，日本需要与数字化趋势相呼应，实施"不落一人"的网络安全举措。

（三）战略路径

日本当前网络安全战略的核心内容是通过"同步推进数字转型①和网

---

① 数字转型，简称 DX。2018 年 9 月《DX 报告》（2018 年 9 月经济产业省数字转型研究会）中将数字转型定义为："企业一方面应对外部生态环境（顾客、市场）的破坏性变化，另一方面推进内部生态环境（组织、文化、从业者）变革，利用第 3 平台（云系统、移动、大数据分析、社交技术），通过新的商品、服务、商业模式，给顾客带来新的线上、线下体验，借此创造新的价值，确立企业在竞争中的优势地位。"

络安全""保障网络空间的安全和安心""强化安全保障领域措施"三种路径，推进官民举措，以便在不确定性愈发严峻的环境中确保网络空间的"自由、公正与安全"。其中，围绕"同步推进数字转型和网络安全"，该战略指出，当前是日本加快推进数字化进程的最佳时机，而推进数字化和网络安全之间密不可分，所有主体都必须意识到这一点并采取行动。围绕"保障网络空间的安全和安心"，该战略指出，网络空间呈现"公共空间化"倾向，为了确保其安全、可靠，必须从服务提供者的"任务保证""风险管理""参与、合作"等方面推进官民举措。围绕"强化安全保障领域措施"，该战略指出，日本当前安全保障环境日益严峻，网络空间已经成为国家间竞争的领域之一。日本一方面将强化自身防御力和威慑力，一方面将联合同盟国、同志国，灵活运用各种有效手段，采取坚决应对措施。

三、日本落实国家网络安全战略的重点举措

为了实现战略目标，日本根据不同的政策领域，制定了应该采取的重点措施和实施方针。

第一，在提升经济社会活力和实现可持续发展方面。具体包括：改变企业经营层的经营意识、在各地区以及中小企业同步推进数字转型与网络安全、确保能够创出新价值的供应链的可靠性、提升全民的数字化及网络安全素养等。

第二，在实现国民能够安全安心生活的社会方面。具体包括：创造良好的网络安全环境、一体化推进数字改革和网络安全、政府机构、重要基础设施运营商以及大学·教育研究机构采取相应举措、多样主体开展无缝的信息共享和合作、强化大规模网络攻击事态应对能力等。

第三，在为国际社会的和平与稳定以及日本的安全保障做贡献方面。具体包括：在推进网络空间法律管控、制定网络空间规则等方面共同确保"自由、公正、安全"的网络空间；提高日本的防御力、威慑力及态势感知力；在知识共享和政策协调、网络事件共同响应、能力建设援助等方面强化国际合作等。

第四，在跨领域举措方面。具体包括：提高研究开发的国际竞争力、构建产学官生态系统、推进实践性研究开发、将中长期技术发展纳入视野等方面推进研究开发；在完善"同步推进数字化及网络安全"所需人才环境、应对巧妙化、复杂化的威胁、政府机构举措等方面确保、培养和激励

人才；开展协同合作和普及宣传等。

四、日本现行国家网络安全战略的突出特点

从具体内容来看，日本现行战略既有对于此前战略的政策延续，例如强调官民合作、主动性色彩浓厚、研究开发重视中长期技术发展等，也包含了大量与以往战略截然不同的内容。关键词似可归纳为："点名中国、提高优先度、印太战略、数字改革"等。

第一，首次在网络威胁判断中点名中国。实际上，日本近年一直在所谓网络攻击事件溯源问题上抹黑中国。此次新战略重点围绕疑似有国家参与的网络攻击活动，更是直接点名中国、俄罗斯和朝鲜。这是在以往各版《网络安全战略》中从未出现过的表述。其中，"中国"字眼在文本中出现频率高达 10 余处，诬称：中国正在以军队为重点、强化各部门网络能力，中国正在为了窃取军事相关企业、尖端技术企业的情报而实施网络攻击，多个遭日本外交谴责或刑事起诉的网络攻击团体疑似都有中国政府或解放军背景，等等。其目的有二：一是树立假想敌、渲染威胁程度，掩盖其以此为由扩充网络实力的真实企图；二是制造国际舆论、歪曲中国国际形象，为我国在网络空间领域的和平发展制造障碍。

第二，首次指明将提升网络安全在国家安全中的优先度。新战略指出，鉴于来自中国、俄罗斯、朝鲜等国的网络安全威胁，为了确保网络空间的安全稳定，日本将提升网络领域在外交和安全保障问题上的"优先度"至空前高度。为此，日本将积极采取相应举措：从根本上强化防卫省和自卫队的网络防御能力，灵活运用能够妨碍对手使用网络空间的能力，采用包括外交谴责、刑事诉讼在内的各种有效手段加以坚决反击，继续保持和强化日美同盟的威慑力，等等。由此不难看出，日本未来应对网络攻击事态的强硬姿态，以及进一步发展包括防御力、威慑力及态势感知力在内的网络空间整体实力的坚定决心。

第三，首次提出为实现"自由开放的印太"推进国际合作。新战略指出，在网络空间，事态的影响容易超越国境，即便是在别国发生的网络事件也容易波及日本，因此与各国政府、民间等各个层级展开多重合作十分重要。同时进一步指明，合作领域聚焦共享信息和协调政策、事件共同响应、能力构建援助，合作对象涵盖美国、澳大利亚、印度、东盟等。其目的也十分明确，即实现"自由开放的印太"。在国家战略指引下，2021 年以来，日本已在网络安全国际合作方面取得了一定进展。例如，举行日美

"2 + 2"会谈、日美海军派员举行应对网络攻击的联合训练、参加东盟防长扩大会议网络安全专家会谈（ADMM – plus EWG）等。

第四，首次为"数字改革"和网络安全同步发展指明方向。日本在数字经济领域发展十分缓慢，遭长期诟病。在抗击新冠肺炎疫情期间，因行政数字化严重落后所引发的一系列问题更是暴露无遗。为此，2020 年 12 月日本颁布《实现数字社会的改革方针》进行详细规划，并基于"安全安心"原则，对网络安全提出具体要求。此次新战略与之相呼应，也明确指出，所有主体必须基于"同步推进数字转型和网络安全"的共识，全面推进相关举措。此外，作为推进数字改革的"司令塔"，日本已于 2021 年 9 月成立首相直属的"数字厅"。据规划，"数字大臣"将被纳入网络安全战略本部正式成员，两组织将在制定网络安全建设方针等方面展开紧密合作。可以说，新冠肺炎疫情给日本加速行政数字化建设创造了特殊机遇，新版网络安全战略的制定，意在与已陆续展开的"数字改革"系列举措相互助力。

第三节　日本自卫队网络空间战略

围绕防卫当局在网络空间的行动指南，美国国防部曾先后于 2011 年 7 月、2015 年 4 月、2018 年 9 月分别发布《网络空间行动战略》《国防部网络战略》和新版《国防部网络战略》。与之相较，日本防卫省截至目前仅在 2012 年 9 月发布一版名为《为了防卫省和自卫队稳定有效利用网络空间》的战略指导方针，近年并未对该文件进行任何修订。因此，本节在论述日本自卫队网络空间战略时，除了以该文本为主要参考外，更倾向于结合《防卫计划大纲》《防卫白皮书》等重要安全文件中关于网络空间的论述，以及防卫省和自卫队在网络空间的实践活动进行综合分析，归纳其核心内涵。

一、强调防卫省正在面临遭受网络攻击等安全风险

（一）能否确保网络空间的稳定利用直接关系到任务遂行的成败

日本防卫省指出，近年来，随着计算机、手机等信息通信机器在全世界的普及和发展，网络空间逐渐渗透至市民生活的各个角落，可以利用该空间的区域也向全球扩展。防卫省和自卫队在业务的各个层面利用着网络空间，例如政策制定、部队运用、人事管理、宣传、开发研究等。作为支

撑陆海空天等现实"领域"各种活动的基础设施，网络空间不可或缺。能否确保网络空间的稳定利用，是直接关系到防卫省和自卫队任务遂行成败的极其重要的因素。此外，对于防卫省和自卫队而言，网络空间是遂行信息搜集、攻击、防御等各类活动的场所，具有与陆海空天并列的一种"领域"性质。在该领域实施有效活动的成败，与陆海空天领域的活动同等重要。易于掌握攻击手段、很难完全排除软件漏洞等原因，在网络空间，攻击方与防御方相比处于压倒性的优势。由于这种攻击方优势性，攻击主体不担心成为报复的对象，很难让其放弃攻击意图，从而造成很难对网络攻击进行威慑。这些网络空间的特性，为自卫队应对网络攻击带来与以往陆海空传统领域运用方面截然不同的课题。①

（二）新兴领域利用的急速扩大正在改变着传统国家安全范畴

日本防卫省认为，随着信息通信领域急速的技术革新，军事技术的发展变得尤其突出。在技术发展的背景下，当前的战争样式不仅包括陆海空，还结合了太空、网络、电磁等新兴领域，各国为了提升整体军事能力，都在追求发展新兴领域能力的技术优势。日本防卫省和自卫队尤其对中国和朝鲜近年在网络领域的发展动向给予高度关注，认为中国为了在本世纪中叶实现"一流军队"的建设目标，正在广泛且急速地强化军事力量的质量和数量；尤其重视确保新兴领域优势，包括正在快速发展能够导致指挥系统混乱的网络与电磁进攻能力等。而朝鲜作为非对称军事能力，在网络领域拥有大规模部队，正在窃取军事机密情报，开发攻击他国重要基础设施的能力。②

（三）防卫省正在面临遭受网络攻击致使信息泄露或系统瘫痪等风险

日本防卫省认为，防卫省和自卫队的系统和网络，从平时就遭受着各式各样的网络攻击，面临着防卫重要信息遭到窃取以及妨碍实施有效指挥控制和信息共享的危险。另外，还存在所谓的供应链风险，即在装备设计、制造、采购、设置阶段就被植入恶意软件等。战时，对手有可能针对防卫省和自卫队的系统和网络实施各种网络攻击，对手的这种攻击还有可

---

① 防衛省. 防衛省・自衛隊によるサイバー空間の安定的・効果的な利用に向けて [EB/OL]. (2012 – 09) [2019 – 06 – 01]. https：//www. mod. go. jp/j/approach/defense/cyber/riyou/adx1. html.

② 防衛省. 平成 31 年度以降に係る防衛計画の大綱について [EB/OL]. (2018 – 12 – 18) [2019 – 12 – 07]. https：//www. mod. go. jp/j/approach/agenda/guideline/2019/pdf/201812 18. pdf.

能针对其他政府部门、民间部门的系统和网络实施。另一方面，自然灾害或事故造成的机器损坏、正常使用者误操作系统等行为，也会引起信息泄露。此外，由于职员在定期更改密码、应对恶意邮件等安全行为规范上出现疏忽，也会使得防卫省和自卫队的系统和网络面对网络攻击变得更加脆弱。①

二、提出优先发展包括网络在内的新兴领域作战能力

（一）"多域联合防卫力量"构想的核心在于有机融合所有领域能力

日本 2018 年版《防卫计划大纲》首次提出"多域联合防卫力量"建设构想，为自卫队的发展指明了方向。防卫省指出，在日趋严峻的安全环境中，为能够有效慑止并应对高质量、大规模军事力量的威胁，适应太空、网络、电磁等新兴领域和陆海空等传统领域相互交融的战争形态至关重要。为此，今后自卫队将基于联合运用开展机动、持续的活动，在深化前大纲所提出的"联合机动防卫力量"建设方向的同时，构建切实有效的防卫力量——"多域联合防卫力量"，即对太空、网络、电磁等各领域的能力进行有机融合，自平时到有事各阶段能持续开展灵活的战略活动。②

（二）将"全阶段应对太空、网络、电磁领域"定位成自卫队正式任务

日本 2018 年版《防卫计划大纲》指出，日本的防卫力量为了塑造有利的安全环境，慑止并应对威胁，必须无缝、多重地发挥下列作用：平时应对"灰色区间"事态、应对针对岛屿等领土的攻击、各阶段应对太空网络电磁领域、应对大规模灾害、基于日美同盟的日美合作、推进国际安全合作。其中，针对新兴领域的职责具体如下：第一，在平时，为了预防发生能够妨碍自卫队活动的行为，实施常态化监视、搜集和分析信息。第二，当上述行为发生时，迅速判定事态性质，采取必要措施减少其危害，并迅速修复损伤。第三，鉴于全社会对太空和网络空间的依赖程度越来越高，自卫队将加强与相关机构的合作，明确各自的任务分工，为政府的综

---

① 防衛省. 防衛省・自衛隊によるサイバー空間の安定的・効果的な利用に向けて［EB/OL］.（2012 – 09）［2019 – 06 – 01］. https：//www. mod. go. jp/j/approach/defense/cyber/riyou/adx1. html.

② 防衛省. 平成 31 年度以降に係る防衛計画の大綱について［EB/OL］.（2018 – 12 – 18）［2019 – 12 – 07］. https：//www. mod. go. jp/j/approach/agenda/guideline/2019/pdf/20181218. pdf.

合应对做出贡献。①

（三）提出优先发展新兴领域能力作为跨域联合作战所需能力之一

日本 2018 年版《防卫计划大纲》围绕强化防卫力量，列举出若干需要优先发展的事项。防卫省对此指出，为应对安全环境的急剧变化，必须以前所未有的速度强化防卫力量。考虑到人口减少、少子老龄化快速发展以及严峻的财政状况，必须更加高效地利用预算和人员。不固守原有的预算和人员分配制度，而是灵活而有重点地分配资源，并对其进行根本改革。因此，防卫省将进一步推进陆、海、空自卫队在各领域的联合行动，优化组织和装备，避免各行其是。特别是在太空、网络、电磁等新兴领域能力以及综合导弹防空、损伤修复、运输、维修保养、补给、警备、教育、卫生、研究等广泛领域推进联合。基于以上考虑，防卫省在强化跨域作战所需能力的优先事项中，特别将"强化和获得太空、网络、电磁领域能力"列为首位，提出"为了实现跨领域作战，日本将通过优先分配资源并充分利用其先进的科学技术，获得并加强太空、网络、电磁领域的能力"，紧随其后的是海空领域能力、防区外防卫能力、综合导弹防空能力和机动展开能力。其中，特别围绕网络领域能力，防卫省指出，利用网络领域进行信息通信是自卫队在各种领域活动的基础。针对网络领域的攻击会给自卫队有组织的活动造成严重干扰。因此，为防患于未然，自卫队将不断强化能力迅速采取措施，对自卫队指挥通信系统和相关网络进行常态化监视以及减少危害、修复损伤等。此外，自卫队还计划从根本上强化网络防御能力，例如发展能够在有事时妨碍对方使用网络空间的能力。为此，自卫队将大幅增加拥有专业知识和技术的人才，同时还要为政府整体应对做贡献。②

三、通过三种途径确保尽早获得网络领域优势地位

日本防卫省认为，为了实现保护国民生命、身体、财产及国家领土、领海、领空安全和主权独立这一国家安全战略目标，应对急速变化、日益复杂的安全环境，自卫队必须迅速、灵活地推进相关举措，其中包括尽早

---

① 防衛省. 平成 31 年度以降に係る防衛計画の大綱について［EB/OL］.（2018 - 12 - 18）［2019 - 12 - 07］. https：//www. mod. go. jp/j/approach/agenda/guideline/2019/pdf/20181218. pdf.

② 防衛省. 平成 31 年度以降に係る防衛計画の大綱について［EB/OL］.（2018 - 12 - 18）［2019 - 12 - 07］. https：//www. mod. go. jp/j/approach/agenda/guideline/2019/pdf/20181218. pdf.

获得太空、网络、电磁等新兴领域的优势。在强化防卫力量建设问题上，防卫省还进一步指出，获得包括太空、网络、电磁在内新兴领域的优势地位至关重要。① 为此，防卫省和自卫队将在强化防卫省和自卫队能力和态势、推进与政府机关和民间的合作、与包括同盟国在内的国际社会展开合作等三个层面做出努力。

（一）强化防卫省和自卫队能力态势

日本防卫省认为，为了遂行保护日本安全等任务，必须在网络空间拥有最先进的能力。鉴于网络攻击难以确定攻击源、难以实施威慑的特性以及确保信息优势的网络空间重要性，首先必须强化防卫省自身系统和网络的防护能力。因此，防卫省将强化威胁信息的搜集和分析能力、系统和网络的监视和应对能力。同时，鉴于完全确保网络空间安全并不现实，防卫省将发展修复能力，以保证即便是在网络攻击造成损伤的情况下，也能确保自卫队遂行任务。关于自卫队的运用，为了能够在平时一体、有机地利用网络空间及其他领域，防卫省还将想定网络攻击，实施实战化训练，完善应对要领。针对网络攻击，为了自卫队能够有效排除，防卫省还将留意妨碍对手利用网络空间的可能性。其次，为了强化支撑上述努力的人力基础，围绕防卫省和自卫队负责应对网络攻击的人才，防卫省将考虑自卫官、技术人员、事务官各自的适应性，基于有计划、长期的观点培养和确保人才，并提升每位职员保护信息、保护秘密的意识，使其牢记在网络空间所有信息都有被窃取、被操控的可能性。②

（二）推进与政府机关和民间的合作

日本防卫省认为，防卫省和自卫队的活动依赖于电力、交通、通信等社会基础设施，装备的开发和发展同样依赖于民间部门，因此确保整个社会稳定利用网络空间，对于防卫省来说也极其重要。③ 一直以来，防卫省

① 防衛省．平成 31 年度以降に係る防衛計画の大綱について［EB/OL］．(2018 - 12 - 18)［2019 - 12 - 07］. https：//www. mod. go. jp/j/approach/agenda/guideline/2019/pdf/20181218. pdf.

② 防衛省．防衛省・自衛隊によるサイバー空間の安定的・効果的な利用に向けて［EB/OL］．(2012 - 09)［2019 - 06 - 01］. https：//www. mod. go. jp/j/approach/defense/cyber/riyou/adx1. html.

③ 防衛省．防衛省・自衛隊によるサイバー空間の安定的・効果的な利用に向けて［EB/OL］．(2012 - 09)［2019 - 06 - 01］. https：//www. mod. go. jp/j/approach/defense/cyber/riyou/adx1. html.

和自卫队根据国家《网络安全战略》，与政府机关和民间企业展开着合作。2018 年版《防卫计划大纲》对此也指出，为了正面应对前所未有的安全环境、切实达成防卫目标，防卫省将在所有阶段参与政府整体举措，与地方公共团体、民间团体等展开合作，构建整合所有力量的综合防卫体制，特别是加速推进太空、网络、电磁、海洋、科学技术等领域的举措和合作。鉴于社会基础设施的重要性，2018 年版《防卫计划大纲》还特别指出，防卫省将采取必要措施，以保护电力、通信等对于国民生活来说至关重要的基础设施和网络空间。①

（三）与包括同盟国在内的国际社会展开合作

日本防卫省认为，与同盟国美国在网络空间进行合作，对于防卫省和自卫队遂行任务具有极其重要的意义。因此日美将继续推进各种形式的合作，例如政策层面的协商、紧密的信息共享、更具实战性的训练等。② 此外，防卫省和自卫队还将基于网络空间向全球范围扩展的趋势，为了实现网络空间的稳定使用，将通过共享威胁认知、交换网络攻击应对意见、参加多边演习等形式，强化同相关国家的协同与合作；同时积极推进网络领域国际规则的制定。③

第四节　日本网络战相关理论

一方面，现代化军队对于计算机、网络的依赖程度越来越高，从单个武器系统到指挥控制系统，通过使用计算机技术、网络技术，军队可以更早获悉、更早传达、更早决策、更早行动。另一方面，技术越是精妙，系统就越是复杂，其缺陷也越容易被对手发现和利用，被攻击的后果也就愈加严重。因此，如何将网络技术更好地应用在作战行动当中，已经成为世

---

① 防衛省. 平成 31 年度以降に係る防衛計画の大綱について［EB/OL］.（2018 -12 - 18）［2019 - 12 - 07］. https：//www. mod. go. jp/j/approach/agenda/guideline/2019/pdf/20181218. pdf.

② 防衛省. 防衛省・自衛隊によるサイバー空間の安定的・効果的な利用に向けて［EB/OL］.（2012 - 09）［2019 - 06 - 01］. https：//www. mod. go. jp/j/approach/defense/cyber/riyou/adx1. html.

③ 防衛省. 平成 31 年度以降に係る防衛計画の大綱について［EB/OL］.（2018 -12 - 18）［2019 - 12 - 07］. https：//www. mod. go. jp/j/approach/agenda/guideline/2019/pdf/20181218. pdf.

界各国普遍关注的课题，围绕网络战和网络战争相关理论研究由此掀起热潮。如何客观认识网络空间作战行动、尤其是网络战，是网络安全的重要主题，因此了解日本对网络战的研究成果，对于全面把握日本的网络安全问题有一定意义。

一、网络战的定义

目前日本关于网络战定义的研究成果大多集中在民间学术界。例如，安保克也在《日本国宪法与安全保障——基于网络战的视点》一文中指出，网络战是指使用信息通信网络或信息系统实施电子攻击的作战。① 伊东宽在其著作《网络战争论》中指出，网络战是指为了有利于遂行战争而在网络空间实施的作战。伊东宽认为，该定义的重点在于将网络战视为与化学战、电子战一样同为战争中的特殊战斗要领之一，是在计算机和网络中存在的虚拟空间中，即网络空间中实施的作战。即作为战争行为一部分，把握网络战。②

关于在网络空间的对抗行为，日本学术界还存在着"网络战争"（サイバー戦争）的概念。例如，高桥郁夫在《网络战争的法理分析》一文中指出，"网络战争的概念十分广泛，从以国家参与为前提的概念到游击战争式的概念。从以下两种样式考虑是有意义的：其一，作为实际战斗行为中的一环实施。其二，纯粹限定在网络空间，基于特定政治意图实施的炽烈的、持续的全面攻击。前者是格鲁吉亚攻击的类型，后者是爱沙尼亚攻击的类型"。③ 伊东宽在《网络战争论》中认为，网络技术从许多方面改变了战争，例如提供了无限大延长交战距离的新式武器、给战争追加全新战斗方式、提供新的军事革命、追加新的战场、改变战争性质、开启新的战争理论、改变战争本身的概念等。在此基础上，伊东宽尝试给网络战争做出定义："未必伴有明确的武力攻击，利用网络技术在网络上实施的会给对象国造成某种损伤的行为，或者会给本国带来利益的活动。"④ 山口贵

---

① 安保克也. 日本国憲法と安全保障—サイバー戦の視点から— [EB/OL]. (2008 - 12) [2019 - 06 - 01]. https：//www. jstage. jst. go. jp/article/houseiken/15/0/15＿KJ00005132327/＿article/ - char/ja.

② 伊東寬. サイバー戦争論 [M]. 東京：原書店，2017：57.

③ 高橋郁夫. サイバー戦争の法的概念を超えて [EB/OL]. [2019 - 06 - 01]. http：//www. itresearchart. biz/ref/CyberWarPart1. pdf.

④ 伊東寬. サイバー戦争論 [M]. 東京：原書店，2017：41.

久则认为，"网络战争，是最强烈度的网络攻击，实施网络战争的主体是能够确保充足的投资和人才的主权国家。"①

需要特别指出的是，在日本防卫省网站文件检索系统中，并未发现包含网络战和网络战争词条的文件，日本政府公布的网络安全相关政策文件、防卫研究所研究报告中也并未发现对网络战和网络战争的概念界定。然而，这并不意味着日本防卫省不重视网络战研究。相反，近年来，防卫省防卫研究所、联合参谋部、与防卫产业关系密切的财团法人、退役军官纷纷以"网络战"为主题展开研究，形成许多研究成果，涉及内容包括网络战的法律适用、网络战模型研究，等等。

二、网络战的分类

曾担任日本陆上自卫队系统防护队首任队长、退役后长期从事网络安全问题研究的伊东宽在《网络战的概要和动向》报告中，对网络战进行了详细分类。

首先，网络战可以区分为狭义网络战（作为战争行为一部分的网络战）和广义网络战（不伴随战斗行为时的网络战）两种。狭义的网络战是指利用黑客入侵、攻击方式、恶意软件，为了有利于战斗而在计算机网络上实施的作战，包括网络上的攻击、防御以及相关情报活动。战时作为战争行为的一部分进行实施。广义的网络战是指不伴随明确的武力攻击，利用网络技术给对象国施加某种损失或者给本国带来利益的网络上的活动，主要指和平时期的情报搜集、间谍活动等。

其次，网络战还可以区分为战略网络战和战术网络战。所谓战略网络战是指针对对手国的社会和经济基础，即所谓的重要基础设施，使得支撑上述基础设施的网络发生混乱和损坏而达成战略目的的攻击及实施的相应防御等。具体的目标是电力、通信、交通和物流、金融和证券交易、航空管制、原子能发电站等。攻击范围是敌国全域。战术网络战则是指在军事的战术层级实施的网络攻击。具体而言，包括利用网络技术对敌方军队使用的各类系统（指挥控制系统、后勤系统、武器系统等）实施的攻击及相应的防御。主要攻击要领是使敌军系统感染病毒，不能使用系统，或者篡

---

① 川口貴久.サイバー戦争とその抑止［A］.土屋大洋.仮想戦争の終わり［C］.東京：角川学芸，2014：284.

改系统数据或程序，阻碍其正常运行等。①

三、网络战的基本样式

伊东宽认为，网络战按照机能可以分为三种基本样式：情报搜集、网络攻击、网络防御。

（一）情报搜集

情报搜集是指在网络空间搜集各类情报，可进一步区分为"作为情报谍报活动一环的情报搜集"和"为了实施网络攻击的情报搜集"两种。就一般的网络上的活动而言，在前者的情报谍报活动中，主要搜集的情报包括：部队名、密码、命令、报告等主要以邮件形式传送的情报；流通在作战、情报、后勤、人事系统上的各种战术数据等。为了实施上述情报搜集，在物理上通过无线电监听、搭线窃听（wiretapping/在通信线路上连接监听装置实施监听）与系统相连，在软件上使用嗅探器（sniffer）等窃听工具。后者则是为了实施网络攻击而搜集各种必要数据的活动，即搜集敌方系统相关的技术情报，例如软件的种类和版本、通信协议、加密方式、器材的详细情况等。为了获取上述情报，要领之一在于利用互联网的特性。例如，在互联网上向对手系统提出非正当要求时，其设定会自动回复不能满足要求，此时可以根据回复的内容对该系统进行技术分析。获悉敌方系统相关技术情报后，首先能够参照已知的漏洞数据库获取许多系统方面的问题点情报，进而对其进行分析，在必要时制作专门的攻击用软件，为攻击做准备。在战时，还可以直接派遣部队夺取器材，或者通过绑架、逼供等方式获取 ID 和密码等情报。

（二）网络攻击

攻击前准备就绪，判定认为比继续搜集情报、实施攻击价值更高之时，实施攻击，即攻击型网络战。网络攻击的基本目标是致使敌方的网络和计算机瘫痪或妨碍其正常运作，终极目标是致使敌方系统按照己方意图运行，使战争、战斗向有利于自己的方向发展。为此，需要根据目的选定最佳手段。根据作为手段的攻击主体的不同，可以将其分为利用软件的"自动攻击"和由黑客等"人为实施的攻击"两种，有时也会两种类型并用。其中，自动攻击包括：通过蠕虫、病毒破坏系统；DoS 攻击（针对系

---

① 伊東寬. サイバー戦・その概要と動向［EB/OL］.［2019 - 06 - 01］. ht-tps：//drc - jpn. org/annual_report/AR14. J2010. pdf.

统的饱和攻击);发送大量垃圾邮件(业务妨碍)等。自动攻击既有优点也有缺点。作为定时炸弹、网络地雷,攻击前开始布置,在某一个时间点启动,能够同时实施庞大数量的攻击。与此相对,缺乏灵活性,不能保证能在确切的时间点切实运作。另一方面,通过人为攻击方式入侵敌方系统后,可以进行的操作包括:各种错误命令、战术情报资料的插入、替换、篡改;各种数据的替换、误操作的诱发;应用程序的替换;Rootkit 或后门的设置以及入侵痕迹的去除等。

(三)网络防御

网络战中的防御,即防御型网络战,使用的是自动入侵检测系统(IDS)、防火墙等民间基本技术,视情况也会使用远程技术性较高的特殊手段。具体包括:为物理性攻击所预留的备份、无停止系统;单独的通信协议或数据形式,常用高级的加密技术等。网络防御相关的基本实施要领包括:预防攻击、探知攻击、阻止攻击、复原受损系统、反击。其中,预防攻击是指消除系统技术上的漏洞,保持包括人的因素在内机构整体的健全状态。为此的手段包括,通过系统监察发现问题、制定和贯彻保密规则、对人员进行训练和精神教育等。探知攻击是指一般将 IDS 等探测专用器材装入系统,在平时对可疑信息包的出入进行监视。这些探知专用器材,对各种系统上出现的可疑症候进行搜集、分析、整合。一旦发现异常,就立刻向监视员发出警告。这些自动化防护系统的使用,对于防御型网络战不可或缺。但由于敌人有可能以一种意想不到的方式实施进攻,所以仅仅依靠整齐划一的、教条式的自动入侵检测系统是有局限的。因此,为了能够快速应对任何细小征候,在平日培训要员极其重要。阻止攻击是指必须拥有系统不会轻易停止运行的坚固结构。具体包括:隔离受攻击感染的系统以确保整体系统的安全、构建迂回系统以维持系统整体的运行。作为广义防御的范畴,也可以考虑引进备份系统和无断电系统。复原受损系统通常是从备份实施。备份必须分散在网络上保存数据,为应对敌人的多样攻击预做准备。需要特别指出的是,关于反击,伊东宽分析认为,反击或许不属于防御的范畴,但若有可能,查明攻击源、实施反击的姿态是必须的。当然,技术上存在难度,依靠现行日本法律也难以实施,然而保持技术开发,为此完善法律都是极其紧迫的课题。①

---

① 伊東寛.「第5の戦場」サイバー戦の脅威 [M]. 東京:祥伝社,2012:87 ~ 94.

四、网络战的突出特征

与通常的战斗相比，网络战具有如下特征。

（一）隐秘性和灵活性

网络战的一大特征在于，计算机或网络即便出现问题，却很难判断出是故障抑或确实遭受了攻击，这被称为隐秘性。攻击者可以最大限度地利用该特征实施攻击。此外，即便知晓遭受了攻击，也极难确定从何时、从何地、由谁发起的攻击，因为看不到敌人。因此，攻击者可以自由选择攻击时间，在被发现之前能够长期持续攻击，在短时间内发起攻击后也可以直接消除自身痕迹，既可以狙击目标也可以引起广范围的巨大混乱。换言之，网络战与此前的作战方式相比，其攻击要领的自由度极高，能够灵活攻击敌人。

（二）费效比高

在此之前，无论是核武器还是化学武器，制造武器都需要巨额费用。然而在网络战中，只要拥有具备优秀才智和创造力的黑客，就能对敌人中枢系统发出攻击，造成巨大损失，因此费效比超群。黑客创造的攻击方法，极有可能远远超过凡人平日构筑的防御。韦斯利·克拉克（原 NATO 最高司令）和 Peter Levin（DAFCA 公司 CEO）曾就这一点进行过极端描述："实施网络攻击所必需的成本与其引起的经济和物理上的损失相比极其微小。计划和实施的成本非常小，而且不会直接对实施者造成物理性的危险，因此网络攻击无论势力大小，在攻击对手方面是极具魅力的选项。"优秀的黑客在平日便可以进行选拔和培训，因此即便是武器技术落后的国家，也比较容易在网络战方面做出努力。在网络空间的攻防方面，国家的网络化进展和主要基础设施对网络的依存度等，将成为决定成败的重要因素。大国由于对网络的过度依赖，具有意想不到的弱点。未来，无论是在技术上还是在经济上都无法与大国展开竞争的小国，可能会拥有意想不到的能力。

（三）一过性和不完全性

网络战除了上述优点外，也有缺点。例如，传播某种病毒，如果对方制作出相应的杀毒软件，使用该病毒的攻击方式将很有可能无法实施第二次。因其性质将被彻底解析，并制定相应对策。因此，费力制作的病毒很容易成为一过性的病毒。此外，某种病毒一旦使用，将无法使用第二次，因此在使用之前必须尽可能隐藏其存在。即便事先测试该病毒的试验品，敌人也有可能由此获得其存在的线索。于是不得不在未经测试的情况下使用该病毒。此时并不能知晓该病毒是否会对敌人的系统产生效果。因此，在将其视为武器方面，这一点是致命的。如果事先无法预测效果，信赖度则无法得到担保。无法将部下的性命托付给此类武器。可见，网络战具有一过性和不完全性的巨大弱点，若无法将其消除，网络战将很难成为主要的攻击要领。

(四) 非对称性

在网络战中，攻击者能够隐藏身份，但成为目标的一方则不能。使用病毒感染上万台计算机，但很难查明真正的攻击者。既然攻击者不明，则无法实施反击。因此，网络战中攻击者处于绝对优势。此类作战被称为非对称作战，在网络战中这是常态，这在历史上尚属首次。相似的非对称作战，还有游击战和恐怖行动，但可以说网络战是终极的非对称作战。①

第五节　日本网络威慑相关理论

当今时代，随着信息技术的不断革新，不仅大国，即便是常规战力相对处于劣势的国家、恐怖主义集团、有组织犯罪团体、个人都可以拥有网络攻击能力。网络攻击已经成为夺取目标机密情报、扰乱通信和指挥控制、破坏物理基础设施，甚至达成某种特定政治目的和意图的重要手段，网络战争已是现实存在的风险。然而，如何预防网络战争，如何在网络空间构建秩序、维持和平却是极其困难的课题。一直以来，关于国际秩序的构建，许多思想家、学者、外交官探索出各式各样的方法。例如由世界政府进行统治、通过国际法进行管理、由霸权国家进行统治、通过力量达到均衡、通过自由贸易和相互依存促进繁荣、普及民主制等。其中，通过威慑实现和平，可以说是秩序构建问题上颇具说服力的理论之一。进入21世纪，如何将威慑理论继续应用到网络空间，是包括日本在内的世界主要国家都在密切关注和着力研究的课题。日本研究网络威慑问题，主要集中在原有威慑模型的局限性以及在网络空间应用的可能性上，进而在此基础上得出日本应该建设什么样的网络威慑理论主张。

---

① 伊東寛. サイバー戦争論 [M]. 東京: 原書店, 2017: 95～104.

一、威慑理论的基本原理

实际上，威慑的概念在第二次大战以前就已经存在，对其进行理论化却是与冷战时期核战略的发展密切相关。这是由于核武器的诞生，安全政策的重点从"取得战争胜利"向"不引发战争"转变。冷战时期，由核武器和常规武器共同构成的威慑机制，给美苏两国对立结构带来了一定的稳定性，历史学家约翰·刘易斯·加迪斯甚至将其称为"the long peace"。威慑理论和政策，可以称为第二次世界大战后国际安全的核心。日本学者认为，网络安全对于各国的安全和社会经济繁荣不可或缺，同时网络空间处于国家的排他性管辖权之外，具有"全球公域"的特性，因此网络空间需要各个国家和民间组织共同构建自律的秩序，而威慑理论对于构建和维持自律的秩序十分有效。①

川口贵久在《网络战争及其威慑》一文中对威慑进行了解释：安全政策上的威慑是指向对手传递消极信息，使之放弃原本的行为。② 从其解释便可以看出，威慑的形态不仅只有冷战时期建立的惩戒式威慑这一种。两个行动者之间，威慑能够成立的前提是对于"攻击失败的代价"的预估值高于"攻击成功的利益"的预估值。为了实现这种状态，一般有两种方法：一是提升"攻击失败的代价"的所谓惩戒式威慑；二是否定"攻击成功的利益"的所谓拒止式威慑。例如，假定 A 国试图向 B 国发起导弹攻击。对此，（1）B 国暗示将进行报复式的导弹攻击，此为惩戒式威慑；（2）B 国为了迎击 A 国导弹而完善自身导弹防御系统，此为拒止式威慑。（1）中，B 国的报复使 A 国放弃攻击。（2）中，是让 A 国认为攻击不会成功而放弃攻击。在网络空间威慑论中，学术界的讨论焦点主要是在惩戒式威慑上，因为"否定网络攻击者利益"的"拒止式威慑力"是相对可以实现的。

二、构建网络威慑机制的必要性

首先，日本学者在网络威慑问题上的基本主张，主要体现在他们普遍认为针对重大的网络攻击必须构建网络威慑机制。例如，陆上自卫队通信

---

① 川口貴久．サイバー空間における安全保障の現状と課題［EB/OL］．［2019 - 06 - 01］．http：//www2．jiia．or．jp/pdf/resarch/H25 _ Global _ Commons/03 - kawaguchi．pdf．

② 川口貴久．サイバー戦争とその抑止［A］．土屋大洋．仮想戦争の終わり［C］．東京：角川学芸，2014：282．

学校原校长、现任富士通系统联合研究所首席研究员的田中达浩，2017 年 10 月 13 日参加笹川和平财团举办的网络安全月例研讨会上曾明确表示，网络攻击同样会给人类带来巨大灾难，必须对重大网络攻击实施威慑。他称，"为了规避网络攻击造成的悲剧，我们有责任共同应对。为了履行职责，必须超越所谓网络安全仅仅指的是网络空间内发生的恶意行动及其应对这一视角，而是从国家安全乃至国际安全的视角，将其视为国家战争层面的网络战，考虑该如何应对"。① 川口贵久也认为，防止发生网络战争，在网络空间构筑和维持和平与秩序，不仅是一个国家的利益，还是全球的公共利益。访问和稳定使用网络空间，对于各国的安全保障和社会经济繁荣不可或缺。因此，希望网络空间能够维持开放，确保所有人能够访问。然而，在网络空间发生战争的可能性正在提升。这种战争十分广泛，从信息窃取、系统妨碍、破坏活动、与军事行动的合作等作为"国际法上的战争"概念的网络攻击，到真正有事前的"灰色事态"。因此必须构建能够威慑上述网络战争的机制。② 然而，一直处于国际安全机制核心的威慑理论，在网络空间面临着巨大问题。

三、威慑理论应用到网络空间的局限性

冷战时期确立的惩戒式威慑模型，不适合网络空间。这是 2010 年末以前，美国国防部关于网络威慑的见解。美国网络司令部司令官基斯·亚历山大在 2010 年的参议院听证会上针对网络威慑的难度进行了直接阐述："网络领域的威慑和其他领域不同，无法履行冷战时期的那些职能。我们必须从更广泛的视角，着手研究鼎新威慑理论。"③ 日本防卫省 2012 年 9 月公布的《为了防卫省和自卫队稳定有效利用网络空间》也认为："无论是惩戒式威慑还是拒止式威慑，对网络攻击达成威慑并不容易。"④ 原因在

---

① 田中達浩.サイバー抑止 [EB/OL]. (2017 - 10 - 13) [2019 - 06 - 01]. https: //www. spf. org/publications/records/24412. html.

② 川口貴久.サイバー戦争とその抑止 [A]. 土屋大洋. 仮想戦争の終わり [C]. 東京：角川学芸，2014：284.

③ 川口貴久.サイバー戦争とその抑止 [A]. 土屋大洋. 仮想戦争の終わり [C]. 東京：角川学芸，2014：306.

④ 防衛省.防衛省・自衛隊によるサイバー空間の安定的・効果的な利用に向けて [EB/OL]. (2012 -09) [2019 -06 -01]. https: //www. mod. go. jp/j/approach/defense/cyber/riyou/adx1. html.

于，将冷战时期的惩戒式威慑应用在网络空间，主要面临两个问题。

（一）归属问题

归属的定义是，确定行为的原因和因果关系。而在网络空间，实施攻击的物理场地、使用的计算机终端、服务器的所有者、实际的攻击者可能跨越国境，确定归属十分复杂。归属问题涉及互联网的构造、应用和程序的设计、攻击者的社会属性（与特定国家的关系）。可以简单地将其划分为技术上的归属问题以及社会和政治上的归属问题两个层面。首先是技术上的归属问题，与互联网的构造紧密相关。所谓互联网是指相互连接的计算机之间，将信息细分，并发送至任意地址的全世界的大网络。因此，将数据准确送达的构造（通信协议）不可或缺。保障数据传输的标准化规则是 TCP/IP，每个终端的固有的识别号码是 IP 地址。然而，网络攻击中经常伪装发信源的 IP 地址。近年日趋表面化的攻击方法"僵尸网络"（bot-net）使归属问题更加复杂。"僵尸网络"是使用恶意软件所"劫持"的计算机的总称。"僵尸网络"经由若干中转服务器接收攻击者的指令，对对象实施攻击。对于受害者而言，确定攻击者将更加困难。僵尸网络的规模有时会多达数万个 IP 地址。僵尸网络的发展，促使网络攻击的归属问题比以往更加复杂。其次是政治和社会上的归属问题。"互联网之父"之一、麻省理工的 David Clark 曾断言，归属问题并非技术上的问题，问题的解决在技术领域之外。换言之，归属问题必须确定在终端前操作的人员的社会和政治属性，这需要政策方面的解决。即便明确了攻击者（个人或终端），也很难确定其与相关国家和组织的关系。若不明确攻击者的社会和政治属性，那么针对攻击源实施的报复或惩罚将难以发挥作用。

（二）攻击方处于优势地位

日本学者认为，另一个难以在网络空间实现威慑的原因是网络空间攻击方处于优势地位的特性。网络空间，特别是互联网设计的目的是让信息能够容易、自由地传达和扩散。互联网自由、效率性等设计理念，并非将风险管理和安全作为最优先考虑事项，最终形成了对攻击者有利的构造。在互联网空间中流通的信息，都未经过善恶等价值判断，所有的交流基本上都被视为同等重要。因此，很难区分哪些是被允许的交流，哪些是不明确或者不希望的交流。在以自律且分散的构造为基本原理的互联网空间，其结果是形成了对攻击者的优势，而且这是极难修正的特征。在网络空间，如果攻击方和防御方被赋予同等资源，则攻击方胜。攻击方只要从无数的程序中发现一个或几个弱点，就能达成目的。但防御方必须网罗和验证所有的弱点，持续提升安全能力，保持24小时全年的态势，对攻击进行检测和监视。换言之，攻击方可以用极小的成本和资源击溃防御方，攻击和防御的成本差极大。可见，在攻击方处于优势地位的环境中，也就是在防御和报复处于劣势的环境中，威慑也很难实现，尤其是针对那些重大网络攻击。

四、基于美国网络威慑论的变化对日本网络威慑战略的思考

尽管在很长一段时间学术界围绕网络空间威慑的研究，都认为冷战时期的惩戒式威慑模式在网络空间难以发挥作用，但是这种主张已经发生变化。如今，美国的安全政策已经跨越这些局限，摸索建立能够确定攻击源、暗示报复和惩罚的惩戒式威慑力，而且已经具备一定程度的能力。

(一) 美国网络威慑论的变化

这一变化，集中反映在2011年美国议会提出的《国防部网络空间政策报告》(Department of Defense Cyberspace Policy Report) 中。该文件指出，网络空间的威慑与其他领域一样，要立足两个基本机制，即否定敌人的目的，必要时让进攻方付出代价。关于最大悬案的归属问题，已经显露出一定的方向性。2012年美国国防部长帕内塔的演讲成为巨大的转折点。"在保护国防部网络的同时，我们要支援针对攻击者的威慑。如果攻击者认识到，我们能够追溯网络攻击者、或者网络攻击会因为坚固的防御能力导致失败，那么他们攻击我们的可能性就会降低。国防部在确定攻击源的问题上持续取得进展。最近两年，国防部在解决归属问题的取证方面做了巨大投资。而且正在取得与投资相称的成果。"帕内塔口中"进展"的具体内容并不十分明朗，但可以从《网络空间政策报告》中窥探到举措的方向性。具体而言，包括追踪攻击的物理发信源的方法、利用基于行为的算法来评价攻击者、网络取证（当发生网络攻击时使用计算机或网络等的记录保护证据和调查攻击源）、以情报共同体以及CYBERCOM为中心培养专家、与国土安全部展开合作等。此外，美国还认为，信赖度高的网络空间威慑力，不仅局限在网络空间，针对攻击实施的报复和惩罚是跨域（cross - domain）的。实际上，针对网络攻击，美国暗示了陆海空天各领域内的物理性报复，即可以使用所有必要手段，既包括国防部的网络能力，也包括物理上的能力。当然，也有意见认为，上述"物理上的能力"也包括核能力。

（二）日本学者关于建立网络威慑战略的思考

围绕网络威慑问题，日本学者进行了广泛讨论，其中具有代表性的有两种。

1. 建立日本的网络威慑战略

田中达浩认为，网络威慑战略并非只是网络领域的威慑，还应该是利用国家的综合实力、使威慑更具实效性的综合安全保障战略的一部分；日本安全保障战略的威慑战略部分，应该按照这个思路制定。在此方针指导下，田中达浩提出日本的网络威慑战略应该包括如下内容：第一，政治性宣称网络领域是战争领域。宣称针对重大网络攻击（相当于武力攻击），日本将行使自卫权。为了威慑达到效果，日本必须对能够行使自卫权的重大网络攻击，进行单独定义。第二，确保网络物理系统安全。此为拒止型威慑，其中包括强化政府整体系统的防护、强化重要基础设施的防护和政府的支持（信息共享、对策、人才培养等）以及针对网络战、电子战、物理破坏攻击的防护等。第三，为惩戒式威慑做好实效性准备。日本必须保持行使自卫权的手段（对抗措施等），因为没有能力就无法实现威慑。具体内容包括，通过国内法律进行司法、行政上的应对，应对"灰色区间"事态相关措施的准备和合法化，关于相当于武力攻击的重大网络攻击的定义和报复的准备等。第四，强化情报能力。尤其是归属情报和预测情报等。必须通过发布早期预警信息，努力不发生实际损害；积累细小情报，构建情报共享、情报分析评价框架等。第五，国际合作和网络军备管理。借此，对非国家主体的攻击实现威慑，推进国际规则共识的制定等。此外，还值得一提的是，田中达浩还就网络军备控制问题提出了自己的主张。他主张通过对网络的军备管理达成国际威慑和对非国家主体的威慑。具体的政策如下：第一，相互确认国家网络部队的存在。将其与常规战力同等对待。围绕国际法、国际规范的适用，达成国家主体间的共识。第二，孤立非国家主体。例如，围绕非国家主体的组织和攻击的管理达成国际共识，针对非国家主体的活动实施信息共享，借此对非国家主体的网络攻击实现威慑。第三，构建网络空间的国际秩序。即网络威慑、预防外交、增进信任、军备管理（防止技术扩散等）。为了规避未来可能的网络祸患，必须在主要国家以及大多数国家间形成国际规范（框架和共识）。①

---

① 田中達浩. サイバー抑止 [EB/OL]. (2017 - 10 - 13) [2019 - 06 - 01]. https://www.spf.org/publications/records/24412.html.

2. 发展基于同盟关系的延伸式网络威慑

川口贵久则主张，网络攻击跨越国境，仅靠一国之力难以应对，因此不应该将网络威慑力局限于本国，应该同时提供给同盟国或者伙伴国，这被称为延伸式威慑。他认为，在近年美国网络空间安全政策发生变化、追求构建惩戒式威慑力的大背景下，日美同盟必须呼应这种动向，携手强化网络威慑力。为了提升网络空间惩戒式威慑力，日美同盟需要在政策、法制、运用等方面进行调整：第一，政策方面，必须对由中国发起的网络攻击进行"全谱"评价。川口贵久认为，谈及日美同盟中的网络威慑，必须不能脱离日美同盟的核心，即与"努力依靠实力改变现状"的中国的关系，还必须探讨平时和战时、中间领域、灰色区间的风险管理。换言之，必须在平时、战时、中间领域针对由中国发起的网络攻击进行"全谱"评价，并明确延伸式威慑力的适用范围。第二，在法律基础方面，必须明确何种情况下允许行使武力。第三，在运用层面，必须确保拥有能够理解两种"世界和语言"的人力资源。川口贵久认为，日美同盟强化网络安全，必须确保同时拥有"suits"（官僚、军人等政策决策者）和"geek"（信息技术专家）等能够理解两种"世界和语言"的人力资源。①

---

① 川口貴久. サイバー空間における安全保障の現状と課題 [EB/OL]. [2019 - 06 - 01]. http: //www2. jiia. or. jp/pdf/resarch/H25 _ Global _ Commons/03 - kawaguchi. pdf.

第三章

日本网络安全力量构成

日本网络安全力量主要由中央统筹机构、政府省厅力量以及民间力量三大类构成。各类力量分工明晰，各司其职，共同实施成体系、全面的网络安全政策，保障着日本网络安全战略的顺利实施。与此同时，政府各部门之间、官民之间、军民之间，又通过设置不同形式、不同规格的节点组织，实现了以中央统筹机构为中枢的政府跨部门、官民跨部门、军民跨部门网络安全联络和协调机制。其中，设置在内阁的网络安全战略本部和内阁网络安全中心主要负责制订各类业务实施计划、出台统一安全基准、联络协调各部门业务，并通过"政府部门信息安全跨部门监视和应急调整小组"针对以政府部门为目标的网络攻击实施监视，是日本网络安全事务的核心部门。防卫省作为网络安全战略本部正式成员之一，除了维护自身信息通信系统安全之外，还积极向政府相关举措提供支援，在维护日本整体网络安全方面发挥着重要作用。

第一节　日本国家网络安全力量构成

如前所述，在日本国家网络安全力量体系中，处于中央统筹地位的是设置在内阁的网络安全战略本部和内阁网络安全中心。根据日本《网络安全基本法》规定，网络安全战略本部和高水平信息通信网络社会推进战略本部、国家安全保障会议保持着十分紧密的合作关系。例如，制定网络安全战略时，网络安全战略本部必须听取高水平信息通信网络社会推进战略本部和国家安全保障会议的意见；在处理网络安全重要事项时，网络安全战略本部需要与高水平信息通信网络社会推进战略本部和国家安全保障会议展开合作。在日本政府各省厅中，与网络安全直接相关的包括：（1）作为网络安全战略本部正式成员的有警察厅（取缔网络犯罪）、总务省（通信和网络政策）、外务省（国际合作）、经济产业省（信息政策）及防卫省（国家安全）；（2）作为重要基础设施主管省厅的有金融厅（金融）、总务省（信息通信、地方公共团体）、厚生劳动省（医疗、供水）、经济产业省（电力、天然气、化学、信用、石油）和国土交通省（航空、铁路、物流）；（3）负责网络安全人才培养的是文部科学省。由于大部分网络安全问题很难单单依靠某一个部门加以应对，因此各省厅之间经常展开合作。例如，原则上总务省负责通信安全，经济产业省负责软件和硬件安全。针对同时与通信和软件相关的 IoT 等边界领域以及密码等基础领域，总务省和经济产业省一面施行各自政策（例如经济产业省的网络物理安全对策框架、总务省的 IoT 安全综合对策），一面相互协调采取共同举措（例如制定 IoT 安全指针、电子政府推荐密码列表等）。与网络安全相关的民间机构主要有：经济产业省管辖的独立行政法人信息处理推进机构（IPA）、总务省管辖的国立研究开发法人信息通信研究机构（NICT）、国立研究开发法人产业技术综合研究所（AIST）、总务省和经济产业省共同管辖的一般财团法人日本信息经济社会推进协会（JIPDEC）、日本银行金融研究所信息技术研究中心（CITECS）、金融信息系统中心（FISC）、日本网络安全协会（JNSA）、CRYPTREC、JPCERT 协调中心、Telecom – ISAC – Japan 等（参见图 3 – 1）。

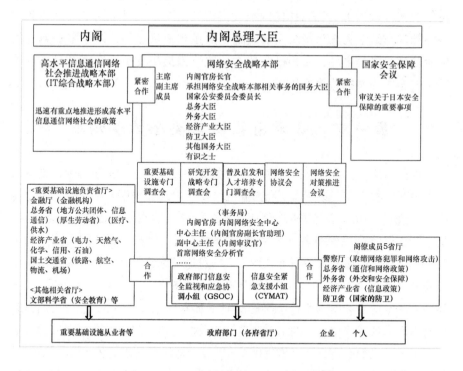

图 3 – 1　日本政府整体网络安全推进体制①

---

①　日本新版《网络安全战略》提出，将与新设的数字厅一起，在制定建设基本方针等方面开展紧密合作，并计划将数字大臣编入网络安全战略本部成员。

一、中央统筹机构

日本网络安全问题的指挥中枢职能由内阁承担，核心机构是网络安全战略本部及其事务局内阁网络安全中心。最早的前身是 2000 年成立的信息安全对策推进会议和信息安全对策推进室。伴随《网络安全基本法》的通过，网络安全战略本部和内阁网络安全中心在 2015 年 1 月分别设立，不仅规格得以升级，也被赋予了更高、更明确的法律权限。

（一）会议体——网络安全战略本部

网络安全战略本部是依据《网络安全基本法》设置在内阁的会议体机构，由主席、副主席及成员组成。其中，主席由内阁官房长官担任，副主席由国务大臣担任，成员包括国家公安委员会委员长、总务大臣、外务大臣、经济产业大臣、防卫大臣以及根据需要内阁总理大臣指定的其他国务大臣、网络安全有识之士（任期 2 年、非在编、10 人以内）。① 该机构负责事务包括：（1）制定和实施网络安全战略议案；（2）制定国家行政部门、独立行政法人和指定法人的网络安全政策基准，推进基于基准的政策评价（包括监察）；（3）对国家行政部门、独立行政法人和指定法人发生网络安全重大事态时的应对措施进行评价（包括调查原因）；（4）当发生网络安全事态时与国内外相关部门进行联络协调；（5）围绕网络安全政策重要事项的计划进行调查审议、制定跨省厅计划以及相关行政部门经费估算的方针以及政策实施指针、政策评价及其他相关事务。②

网络安全战略本部下设多种层级的会议体：第一，网络安全对策推进会议。该会议根据《网络安全战略本部令》设置，由主席［内阁官房副长官（事务）］、副主席（内阁危机管理总监和内阁信息通信政策总监）、成员及观察员［政府行政部门的最高信息安全责任人（CISO）］组成。主要职责是，研讨政府信息系统信息安全基准，同时针对各省厅以信息安全报告书形式上报的基准实施情况进行细查等。庶务由内阁官房处理。第二，专门调查会。根据《网络安全基本法实施令》，为了调查某一专门事项，在必要时设立由相应专业领域专家（非在编）组成的专门调查会，调查结

---

① サイバーセキュリティ基本法施行令［EB/OL］.（2019 – 03 – 13）［2019 – 12 – 07］. https：//elaws. e – gov. go. jp/search/elawsSearch/elaws_search/lsg0500/detail？lawId = 426CO0000000400.

② サイバーセキュリティ基本法（平成二十六法律第百四号）［EB/OL］.（2020 – 04）［2021 – 12 – 22］. https：//elaws. e – gov. go. jp/document？lawid = 426AC1000000104.

束后该调查会将予以废止。① 目前活跃的专门调查会主要有重要基础设施专门调查会、研究开发战略专门调查会、普及启发和人才培养专门调查会。第三，网络安全协议会。根据《网络安全基本法》，为强化多样主体在网络攻击信息上的共享合作，2019 年 4 月 1 日新设网络安全协议会。人员组成除了网络安全战略本部主席、国务大臣外，根据需要还可以包括其他政府部门负责人以及经过申请获得会议运营委员会批准的民间团体。例如，地方公共团体、重要基础设施从业者、网络相关从业者、大学等教育研究机构等。《网络安全基本法》赋予了会议成员提供资料、陈述意见、保密等义务。协议会事务局由内阁官房内阁网络安全中心和 JPCERT 协调中心承担。

（二）事务局——内阁网络安全中心

内阁网络安全中心是内阁官房下属的"三室一中心"之一。除履行网络安全战略本部事务局职能外，该中心负责的事务还包括：（1）监视和分析通过信息通信网络或者电磁记录介质对行政各部门信息系统实施的不正当活动；（2）围绕有可能或已经对行政部门网络安全造成障碍的重大事件查明原因、向行政部门的网络安全问题提供必要建议、信息、监察以及其他支援；（3）为保持行政部门网络安全政策的统一性，进行计划、立案和综合协调等。在人员配置方面，包括中心主任（1 名）、副中心主任（2 名以上）、首席网络安全分析官、网络安全运用专门官、信息系统专门官（首席）、网络安全参赞（非在编）、政策调查员（非在编）、计划官（1名）、网络安全监察官（6 名）等②。其中，中心主任 1 名，负责协助内阁官房长官、内阁危机管理总监以及内阁信息通信政策总监，执掌内阁网络安全中心事务，由内阁总理大臣从内阁官房副长官助理中任命。③ 副中心主任从内阁审议官中任命，其中 1 名由危机管理审议官担任。在具体业务实施方面，该中心下辖 7 个小组，分别为基本战略组、国际战略组、政府

---

① サイバーセキュリティ基本法施行令 ［EB/OL］. (2019 – 03 – 13) ［2019 – 12 – 07］. https：//elaws. e – gov. go. jp/search/elawsSearch/elaws_search/lsg0500/detail？lawId = 426CO0000000400.

② 内閣サイバーセキュリティセンターに副センター長等を置く規則 ［EB/OL］. (2019 – 03 – 28) ［2019 – 12 – 07］. https：//www. nisc. go. jp/law/pdf/kisoku2. pdf.

③ 内閣官房組織令 ［EB/OL］. (2019 – 03 – 27) ［2019 – 12 – 07］. https：//elaws. e – gov. go. jp/search/elawsSearch/elaws_ search/lsg0500/detail？ lawId = 332CO0000 000219_ 20180401_430CO0000000076.

部门综合对策组、信息综合组、重要基础设施组、事件响应分析组、东京2020组。各组职责如表 3 - 1 所示。

表 3 - 1　日本内阁网络安全中心内部架构

名称	职责
基本战略组	网络安全政策基本战略立案，围绕研究开发、普及启发、人才培育等主题与各府省厅展开合作，调查和分析技术动向等
国际战略组	网络安全国际战略立案，与外国政府部门在网络安全对策方面展开合作
政府部门综合对策组	制定行政部门、独立行政法人、指定法人的网络安全统一基准方案、推进基于基准的政策评价（包括监察）等
信息综合组	搜集汇总网络攻击最新信息，负责运营 GSOC。GSOC 负责全天候搜集政府跨部门的信息、分析和解析攻击、向各政府部门提出建议、促进各政府部门的相互合作和信息共享等
重要基础设施组	根据重要基础设施行动计划，推进信息安全对策官民合作
事件响应分析组	搜集网络攻击信息，分析政府部门接收到的目标型邮件和恶意软件。围绕针对政府部门的网络攻击，根据需要实施解析日志、取证等调查分析
东京 2020 组	为确保 2020 年东京奥运会网络安全，与相关部门合作，促进有可能对大会举行造成影响的重要服务从业者的危机管理，完善以构建和运行网络安全响应调整中心为首的响应态势

二、政府跨部门协调机制

（一）实时监控——政府部门信息安全监视和应急协调小组（GSOC）

为了强化政府部门针对网络攻击的紧急响应能力，日本政府构建了政府部门信息安全监视和应急协调小组（GSOC：Government Security Operation Coordination team），负责 24 小时全年对网络攻击等可疑通信进行实时的跨部门监视、对不正当程序进行分析以及威胁信息的搜集，并准确迅速地向各机构共享信息。2008 年 4 月开始，在 NISC 内设立"第一 GSOC"。2017 年 4 月开始，在 NISC 的监督下，独立行政法人信息处理推进机构（IPA）内设立了针对独立行政法人和基本法指定的指定法人的"第二

GSOC"。第一 GSOC 和第二 GSOC 合称"GSOC"。GSOC 利用监视系统，对以政府为目标的网络攻击实施监视。设置在各省厅的 GSOC 传感器收集到的各省厅的安全日志，经由政府通用网络汇总到 GSOC。GSOC 对相关信息加以分析，并反馈结果。

（二）事故响应——计算机安全事故响应小组（CSIRT）

为了在省厅内发生网络损失或者网络攻击时，能够切实遂行最早的响应活动，2012 年 1 月，最高信息安全责任人（CISO）联络会议分科会得出结论，在省厅的部门内设置 CSIRT（Computer Security Incident Response Team）。各省厅最高信息安全责任人从职员当中选任具有专门知识的人员组成 CSIRT，并设置责任人。该小组负责该部门信息系统的建设和运行，同时在发生网络攻击造成损失的事件时，从发挥信息系统管理者职能的角度出发，为了防止损失扩大、尽早恢复、原因调查、防止复发而采取相应对策。当各省厅职员意识到有可能发生信息安全事故时，向各省厅 CSIRT 报告窗口上报。CSIRT 对报告内容进行确认，对是否是信息安全事故进行判断。一旦确认，CSIRT 责任人则向最高信息安全责任人迅速报告，并要求与事故相关的信息安全责任人采取应急和恢复措施。与此同时，CSIRT 将该情况迅速上报至 NISC。当确认该事故有可能是网络攻击时，根据事故内容，通报至警察部门。当该事故有可能或已经对国民生命、身体、财产或者国土造成重大损害时，将依据《大规模网络攻击事态的初动响应》进行上报。此外，CSIRT 还负责掌握事故处置情况、记录处置内容、与相关部门共享信息等。

（三）支援建议——信息安全紧急支援小组（CYMAT）

为了打破各省厅之间条块分割的局面，2012 年 6 月 29 日，日本根据《信息安全对策官民合作的应有状态》在内阁官房正式设立机动支援体制，以便在发生针对政府部门信息系统的网络攻击时进行有效应对。该组织的正式名称为信息安全紧急支援小组（CYMAT），由各府省厅派遣的具有信息安全技能和知识的人员构成，定员 40 名左右。政府最高信息安全责任人担任综合责任人。该组织的职责在于，在 NISC 领导下：（1）准确把握发生的事态；（2）提供技术性支援和建议，以防止损失扩大、复原、预防再度发生；（3）平时实施研修、训练等活动以提升应对能力。支援对象主要包括政府部门、国会、法院等 CISO 联络会议的观察员部门、独立法人等（参见图 3 - 2）。

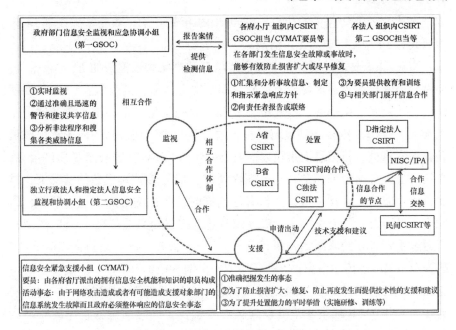

图3-2 日本政府部门网络安全信息汇总和支援机制①

三、官民协调机制

(一) 信息共享——CEPTOAR

及时把握信息系统的故障、征兆、事故等信息，有利于防止重要基础设施服务障碍事件的发生、扩散以及快速修复，也有利于分析和验证原因，继而杜绝事件的再度发生。因此，日本认为有必要强化体制，以确保政府部门能够适时、适当地为重要基础设施从业者提供信息，并确保重要基础设施从业者之间以及相互依存的重要基础设施领域之间信息共享。在日本，NISC 和民间重要基础设施之间的信息共享框架，有 CEPTOAR（Capability for Engineering of Protection, Technical Operaiton, Analysis and Response）和 CEPTOAR Council（协议会）等形式。CEPTOAR 这一形式是基于 2000 年《重要基础设施网络反恐特别行动计划》而确定。为了推进跨领域信息共享，2009 年设立 CEPTOAR Council，由各重要基础设施领域内成立的 CEPTOAR 代表组成，负责体制调整和管理，以提供那些与重要基

---

① サイバーセキュリティ戦略本部. サイバーセキュリティ2019 ［EB/OL］. (2019－05－23) ［2019－12－07］. https：//www. nisc. go. jp/active/kihon/pdf/cs2019. pdf.

础设施从业者密切相关的信息。截至 2019 年 9 月末，重要基础设施 14 个领域共有 19 个 CEPTOAR 在活动。

NISC 和重要基础设施从业者之间信息共享的大致框架如下。第一，重要基础设施从业者通过主管省厅向内阁官房上报信息的流程：（1）重要基础设施从业者根据标准、判断事态及其原因的类型，上报至重要基础设施主管省厅；（2）重要基础设施主管省厅按照分管领域任命的内阁官房职员兼任的联络员，将信息上报至内阁官房；（3）内阁官房恰当管理该信息，在信息上报源指定的信息共享范围内处理；（4）在特别紧急的情况下，重要基础设施从业者在上报给主管省厅的同时，向内阁官房上报。第二，内阁官房经由重要基础设施主管省厅向从业者提供信息的流程：（1）内阁官房通过主管省厅的联络员提供信息；（2）主管省厅的联络员向 CEPTOAR 的窗口（PoC）传达信息；（3）CEPTOAR 向构成 CEPTOAR 的重要基础设施从业者传达信息；（4）早期警戒信息，在特别紧急的情况下，内阁官房直接向 CEPTOAR 或重要基础设施从业者提供，同时向主管省厅的联络员提供。此外，NISC 从负责相应重要基础设施的省厅获取的损害信息，还可以根据情况与防灾部门、案件处置部门、信息安全部门进行共享。①

（二）事件响应——计算机网络应急响应处理中心（JPCERT/CC）

自 20 世纪 90 年代中期以来，日本已经逐步建立起一系列专门响应网络突发事件和危机事件的组织，自 1996 年 10 月计算机紧急响应中心起步开始。该团体虽然并非政府部门，却是在实质上站在最前线承担日本网络防御任务的组织。2003 年 3 月，该组织以"一般社团法人 JPCERT 协调中心"的名称正式注册，简称 JPCERT/CC，英文全称 Japan Computer Emergency Response Team Coordination Center。该团体为独立的非营利组织，服

---

① 在日本，除了上述基于重要基础设施基本计划的官民信息共享框架外，还运行着许多信息共享框架。例如 NISC 的信息共享体制（协议会、东京奥运会残奥会 CSIRT）、以 JPCERT/CC 为中心的早期警戒信息提供系统 CISTA（Collective Intelligence Station for Trusted Advocates）、以 IPA 为中心的网络信息共享倡议 J – CSIP（Initiative for Cyber Security Information sharing Partnership of Japan）、日本网络犯罪对策中心（JC3）的信息共享框架以及民间事业者的 ICT – ISAC（Information Sharing and Analysis Center）、金融 ISAC、电力 ISAC 等。2018 年 10 月 29 日，网络安全战略本部重要基础设施专门调查会召开第 16 次会议，议题之一是讨论以 NISC 为中心的官民信息共享体制的现状与课题。随后，调查会又分别于 2019 年 1 月、3 月，分别围绕改进的方向、改善后的信息共享体制和流程进行了研讨。最终于 2019 年 4 月，开始试行改善后的信息共享体制。

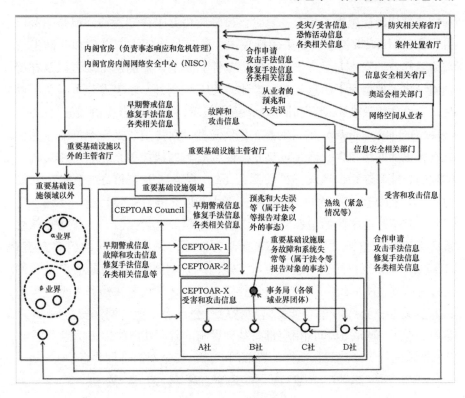

图3-3 日本重要基础设施网络安全信息共享机制①

务于政府部门和私人部门。主要针对那些通过互联网实施入侵、妨碍服务等计算机安全事故，从技术的角度接受事故报告、支援响应、掌握状况、分析手法、讨论预防再度发生的对策以及提出建议。除此之外，该组织负责的业务还包括与国内外的事故响应组织进行合作，接受计算机安全事故的委托调查，围绕相关技术的调查研究、普及教育等。

（三）军民合作——网络防卫合作协议会（CDC）

日本防卫省和自卫队的活动依赖于电力、交通、通信等一般社会基础设施，在装备的开发和建设方面也依赖于民间部门。民间部门，特别是防卫产业发挥正常功能，是防卫省和自卫队遂行任务的重要前提。然而，2011年8月，三菱重工遭受网络攻击，报道称包括潜艇、导弹在内的研发

① サイバーセキュリティ戦略本部. 重要インフラの情報セキュリティ対策に係る第4次行動計画［EB/OL］.（2020-01-30）［2020-02-23］. https://www. nisc. go. jp/active/infra/pdf/infra_rt4_r2. pdf.

和制造部门确认感染了病毒。同时，尽管感染并未得到确认，但是三菱电机、IHI 及川崎重工也遭受了同样攻击。该事件表明，有必要加强防卫省与防卫产业的网络安全合作，以便防范针对防卫产业的网络攻击以及在受到网络攻击的情况下信息共享。为此，2013 年 7 月，防卫省公布《关于网络防卫合作协议会的设置和措施》，指出设置网络防卫合作协议会（CDC：Cyber Defense Council）的目的是，围绕那些针对防卫省及防卫产业实施的具有特征的网络攻击，确立对双方来说都有利的伙伴关系，利用相关者多样化的技能和知识，达成三种目标：（1）提高防卫省和自卫队的应对能力；（2）提高防卫产业的功能、维持能力和恢复能力；（3）进一步建立防卫省与防卫产业之间的信赖关系。该组织的职责包括：（1）为了防止信息被窃促进相互合作；（2）以防卫省为轴心，促进企业间的信息共享；（3）共享关于网络攻击的最佳应对实践；（4）实施共同训练以提升双方网络攻击应对能力；（5）围绕防卫省和防卫产业之间的未来合作关系进行研讨等。关于参加 CDC 的企业，防卫省对外公布为"关注网络安全的 10 家防卫产业"，但并未公布企业名称。

第二节　日本自卫队网络力量构成

早在 2000 年日本《关于防卫厅和自卫队应对信息通信技术革命的综合方针政策推进纲要》中，就强调必须在发展高水平防卫信息通信网络的同时，注意防护信息网络免遭攻击。自 2000 年 12 月 15 日日本通过《中期防卫力量发展计划（2001 年度~2005 年度）》明确提出发展目标开始，自卫队重点推进建立贯穿整个自卫队的高级网络环境（防卫信息通信基础、计算机系统通用操作基础、陆海空自卫队的各类指挥系统等）、确保信息安全（应对针对自卫队系统的网络攻击）等举措，以适应信息通信技术革命。防卫省和自卫队当前的网络安全基础是 2010 年版《防卫白皮书》中记载的关于网络防御的"六个支柱"，即确保信息系统安全性、由专业部队应对网络攻击、完善应对网络攻击的态势、研究最新技术、人才培养、与其他机构协作。作为支柱之一，防卫省和自卫队的网络力量建设基本按照由保障到作战、由兼职到专业、由防御到进攻的步骤不断推进。按照职能划分，当前该力量主要由政策协商会议、网络基础建设、网络作战三大类职能机构组成。其中，网络基础建设是指围绕网络建设和网络服务，而实施的网络基础设施建设与维护、信息技术和装备的研发、网络装备的采购等，属军政层级。网络作战就是网络力量的运用，属军令层级。①

一、网络政策协商会议

（一）网络政策研讨委员会

为了综合研讨和实施防卫省和自卫队的网络政策，2013 年 2 月日本防卫省设立以防卫副大臣为首的网络政策研讨委员会。代理委员长为防卫大臣指名的防卫大臣政务官，副委员长为事务次官。委员包括：防卫审议官、大臣官房长、防卫政策局长、建设计划局长、人事教育局长、网络安全和信息化审议官、各自卫队参谋长、情报本部长、防卫装备厅长官。为了实施具体研讨，委员会下设四个研讨小组。第一，政策和编成小组（组长：防卫政策局战略规划课长），负责研讨网络攻击处置方针等政策上的课题以及自卫队部队处置网络攻击的组织和编成。第二，信息通信小组（组长：建设计划局信息通信课长），负责研讨处置网络攻击的相关事业。第三，人力基础小组（组长：建设计划局信息通信课长和人事教育局人事计划和任免课长），负责研讨处置网络攻击的人才培养和确保。第四，防卫产业和采购小组（组长：建设计划局信息通信课长和防卫装备厅装备政策部装备政策课长），负责研讨在处置网络攻击时与防卫产业展开合作、应对供应链风险。②

（二）信息保证对策委员会

为了围绕各部门之间的协调、联络、技术项目等问题进行集中讨论，以及审议修改《信息保证训令》，日本防卫省内设置有信息保证对策委员会。该委员会由防卫省建设计划局信息通信课长担任委员长，负责召集会议，总理会务。委员则由信息保证责任人指定人员以及委员长指定人员构成。委员会庶务由建设计划局信息通信课处理。委员长可以要求相关防卫省职员，提供资料、陈述意见以及其他必要配合。在此基础上，依照防卫省信息保证对策委员会的模式，防卫省下属的部队层级，也分别设置有相应层级的信息保证对策委员会，例如联合参谋部信息保证对策委员会、陆上自卫队信息保证对策委员会、防卫研究所信息保证对策委员会等。以陆

---

① 李健，温柏华编著. 美军网络力量 [M]. 沈阳：辽宁大学出版社，2013：68～70.
② サイバー政策検討委員会設置要綱について（通達）[EB/OL].（2016 - 03 - 31）[2019 - 12 - 07]. http：//www. clearing. mod. go. jp/kunrei_data/a_fd/2012/az20130205_01309_000. pdf.

上自卫队为例，委员长由陆自参谋部指挥通信系统和情报部长担任，委员包括陆自参谋部防卫部防卫课长、装备计划部通信电子课长、指挥通信系统和情报部指挥通信系统课长、情报课长等。①

二、网络基础建设职能部门

日本防卫省网络基础建设组织体系涵盖面广，涉及单位多，主要包括网络基础设施建设职能部门，信息网络技术和装备的研发、采购相关职能部门等。

（一）网络基础设施建设职能部门

1. 防卫省网络基础设施建设职能部门

在日本防卫省内局，作为整个自卫队在网络基础设施建设和管理方面最重要的职能领导部门，当属建设计划局。该局局长身兼防卫省行政信息化综合责任人以及防卫省信息保证综合负责人。在内部组织方面，建设计划局下辖防卫计划课、信息通信课、设施计划课、设施整备官、提供设施计划官和设施基础管理官。信息通信课（课长兼任防卫省信息保证对策委员会委员长）的职责包括防卫省信息系统的建设与管理；指挥通信、无线电管控及其他防卫省通信事宜；施行通信工程的委托和实施，等等。进一步细分，该课下辖通信协调班、信息化推进室（负责信息系统的建设与管理）和网络安全政策室（负责信息系统的网络安全事务）。设施计划课，统管建设计划局负责事务相关的建设工程，下辖的契约制度计划室主要负责建设工程中信息系统的建设和管理等。设施整备官负责通信工程的委托和实施等。此外，在网络政策立案方面，防卫省内局之一防卫政策局战略规划课主要负责推进基于中长期观点的政策计划和立案，该课下辖的网络政策班，配备网络国际合作主管及网络政策主任。②

2. 联合参谋部网络基础设施建设职能部门

在日本联合参谋部，作为联合参谋部网络力量建设和管理方面最重要的职能领导部门，当属指挥通信系统部。该部部长担任联合参谋部信息保

---

① 防衛省の情報保証に関する訓令 ［EB/OL］. (2016 – 03 – 31) ［2019 – 12 – 07］. http：//www. clearing. mod. go. jp/kunrei＿data/a＿fd/2007/ax20070920＿00160＿000. pdf.

② 防衛省本省の内部部局の内部組織に関する訓令 ［EB/OL］. (2019 – 03 – 29) ［2019 – 12 – 07］. http：//www. clearing. mod. go. jp/kunrei_data/a_fd/2007/ax20070825_00053_000. pdf.

证对策委员会委员长。该部下辖指挥通信系统计划课和指挥通信系统运用课。其中，指挥通信系统运用课由指挥通信系统运用班、通信基础维持管理班、指挥通信系统保全班组成。职责包括：制订和管理行动计划必需的通信计划和无线电使用计划、通信基础设施的维持和管理、陆海空自卫队通用密码相关事务等。指挥通信系统计划课由指挥通信计划班、联合通信系统研究班、指挥通信系统开发室和网络计划室组成，职责包括：从联合作战遂行任务的观点出发，制定包括处置网络攻击在内的防卫和警备计划、研究计划所必要的装备体系、开发计划所必要的装备事务，等等。①

3. 军种参谋部网络基础设施建设职能部门

在日本陆海空三自卫队参谋部中，也分别设置有负责网络基础设施建设的职能部门，分别是陆自参谋部指挥通信系统和情报部、海自参谋部指挥通信情报部、空自参谋部防卫部。

陆自参谋部下辖指挥通信系统和情报部，该部部长担任陆上自卫队信息保证对策委员会委员长。该部下辖指挥通信系统课和情报课。其中，指挥通信系统课由计划班和指挥通信系统班组成。职责包括：陆上自卫队信息系统的建设与管理，制定和管理通信相关计划、无线电使用计划，密码和图像相关事务等。情报课由综合情报班、地区情报班、基础情报班、武官业务班和情报保密室组成。职责包括：搜集、整理、发布包括通信在内的防卫和警备计划、技术、地志、气象的重要情报以及保密业务等。②

海自参谋部指挥通信情报部的内部机构大致与陆自参谋部相同，由指挥通信课和情报课组成。其中，指挥通信课由指挥通信班、指挥通信体系班、情报保证班组成。职责包括：通信计划和监察、无线电使用计划和监察及其相关技术指导、计算机系统通用化、指挥通信器材相关装备体系、通信器材等装备标准、信息保证、通信保密、密码计划和监察、信号计划与监察及其相关技术指导等。情报课由情报运用室和情报保密室组成。职

---

① 統合幕僚監部の内部組織に関する訓令 [EB/OL]. (2019 - 03 - 29) [2019 - 12 - 07]. http://www.clearing.mod.go.jp/kunrei_data/a_fd/2005/ax20060327_00024_000.pdf.

② 陸上幕僚監部の内部組織に関する訓令 [EB/OL]. (2019 - 03 - 20) [2019 - 12 - 07]. http://www.clearing.mod.go.jp/kunrei_data/a_fd/1977/ax19780113_00002_000.pdf.

责包括：搜集、整理、发布包括指挥通信在内的必要信息及其相关技术指导，保密业务等。①

空自参谋部防卫部信息通信课由计划班、计算机系统班、情报通信运用班、情报保证班组成。主要职责包括：信息通信事务的综合计划、信息系统和计算机系统的通信计划和监察、航空自卫队信息系统的建设和管理、无线电的使用计划和监察、密码、信号及相关技术指导。空自参谋部运用支援与情报部下辖情报课，由计划班、武官业务班、情报运用室、情报保密室组成，职责包括：搜集、整理、发布包括指挥通信在内的必要信息及其相关技术指导，保密业务等。②

（二）信息网络技术和装备的研发、采购相关职能部门

防卫省内履行信息网络技术和装备研发、采办等业务的职能部门，当属防卫装备厅及其下属部门。防卫装备厅内局由长官官房、装备政策部、项目管理部、技术战略部、采购管理部、采购事业部组成。其中，长官官房的主要职责包括：文书、信息系统建设和管理、涉外、人事、教育、经费、监察等。装备政策部的主要职责包括：装备研发、采办等事务的综合政策立案、制度调整、秘密保全等。项目管理部的职责包括：保证装备研发、采购等事务能够有效实施的方针和计划的制定、管理、调整等。技术战略部的职责包括：装备研发相关制度和基本政策立案、科技相关制度和综合政策立案、科技资料和信息的搜集分析和提供、装备研发计划制订和管理、装备研发评价、装备研发委托等。采购管理部的职责包括：装备采购制度和基本政策立案、装备采购企业的调查、预计价格的制定和必要的信息搜集和基准设定、投标及合同的合理化工作等。采购事业部的职责包括：装备采购的行情调查、合同的合作商和合同方式的确定、合同签订、合同履行的敦促、采购预计价格的制作、成本监察、价格信息的搜集整理、联络协调、检查、采购品的品质试验等。值得一提的是，采购事业部设置通信电力采购官，专门负责通信器材、电力器材、计

---

① 海上幕僚監部の内部組織に関する訓令［EB/OL］.（2018－04－02）［2019－12－07］. http：//www. clearing. mod. go. jp/kunrei_data/a_fd/1988/ax19881213_00032_000. pdf.

② 航空幕僚監部の内部組織に関する訓令［EB/OL］.（2019－03－20）［2019－12－07］. http：//www. clearing. mod. go. jp/kunrei_data/a_fd/1959/ax19590529_00009_000. pdf.

算机及配套器材的采购工作。①

除内局外，防卫装备厅还下辖四个研究所（航空装备研究所、陆上装备研究所、舰艇装备研究所、电子装备研究所）、一个中心（先进技术推进中心）以及三个试验场（千岁、下北、岐阜）。其中，电子装备研究所具体负责通信器材、无线电器材、电力器材、光波器材的设计、调查研究、试验、规格等资料的制作等。该研究所下辖总务课、信息通信研究部、传感器研究部、电子对抗研究部、饭冈支所。其中，核心部门是信息通信研究部。该部由指挥通信系统研究室、通信网络研究室、网络安全研究室、网络情报研究室以及技术分析官、主任研究官组成。指挥通信系统研究室的职责是：信息系统、通信系统和网络系统的方式、性能及其相关器材和电力器材的设计、调查研究、试验、系统评价、规格等资料的制作、相关技术的调整等。通信网络研究室的职责是、通信网络化、通信和反通信干扰相关技术及相关器材的设计、调查研究、试验、规格等资料的制作等。网络安全研究室的职责是：网络信息保密技术、信息保密、解析和评价技术及相应器材的设计、调查研究、试验、规格等资料制作等。网络情报研究室的职责是：网络情报的解析、评价技术、情报处理基础及相关器材的设计、调查研究、试验、规格等资料制作等。②

三、网络作战职能部门

网络作战，即网络力量运用，是指在网络空间或通过网络空间以达成作战目标为主要目的的网络能力使用，属于"军令"层级。在日本防卫省，主要由指挥通信系统队及下属的网络空间防卫队牵头，各军种也拥有自己的网络作战力量。其中，网络空间防卫队作为三军联合部队，负责24小时监视信息通信网络和应对网络攻击。陆上自卫队系统防护队、海上自卫队保密监察队、航空自卫队系统监察队负责监视和防护各军种的信息系统（详见图3-4）。

---

① 防衛装備庁内部部局の内部組織に関する訓令［EB/OL］.（2019-03-28）［2019-12-07］. http：//www. clearing. mod. go. jp/kunrei_data/j_fd/2015/jx20151001_00001_000. pdf.

② 防衛装備庁の施設等機関の内部組織に関する訓令［EB/OL］.（2019-03-28）［2019-12-07］. http：//www. clearing. mod. go. jp/kunrei_data/j_fd/2015/jx20151001_00002_000. pdf.

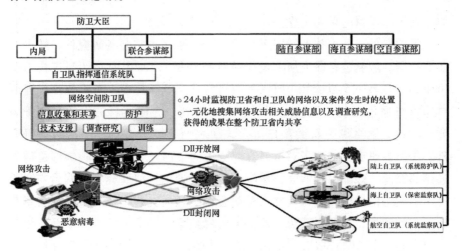

图3-4　日本防卫省和自卫队主要网络作战职能部门①

（一）防卫省直辖——指挥通信系统队及其下属网络空间防卫队

2008年3月，日本自卫队指挥通信系统队成立。作为防卫大臣直辖的信息通信部队，负责全天候监视控制（包括维护管理、运营等任务）防卫信息通信基础设施与中央指挥系统，以及应对网络攻击。该队由来自陆海空三自卫队的自卫官、事务官和技官组成，是自卫队创建以来的第一支常设联合部队。在内部组织方面，指挥通信系统队由队本部、网络运用队、网络空间防卫队、中央指挥所运营队构成。其中，网络运用队主要负责防卫信息通信基础网的维持运营和通信监察。中央指挥所运营队主要负责中央指挥所的管理运营。网络空间防卫队是在2014年4月新编的三军联合部队，负责24小时维护防卫省和自卫队信息通信网络以及应对网络攻击。网络空间防卫队的业务范围涉及情报搜集、共享、防护、技术支援、调查研究、训练、网络监视、事件响应等。由于新编网络空间防卫队，一直以来各自卫队拥有的关于网络攻击等威胁信息，将在整个防卫省内共享。2018年，网络空间防卫队从原先的约110名增员至约150名，并计划在2020年度增员至290名。

（二）陆上自卫队——系统通信团及其下属系统防护队

系统通信团是陆上自卫队陆上总队的下属部队，承担系统通信、图

---

① 防衛省運用企画局情報通信・研究課. 防衛省のサイバーセキュリティへの取組 [EB/OL]. (2014-04) [2019-06-01]. https：//www. nisc. go. jp/conference/sei-saku/ituse/dai2/pdf/siryou0200. pdf.

像、安全等业务。团本部在市谷。在陆上自卫队的通信兵部队中规模最大，除了作为陆自指挥通信中枢，负责全国陆自各驻地间通信运营的统管业务外，还与驻地的海上自卫队系统通信队群以及航空自卫队航空系统通信队、自卫队指挥通信系统队保持紧密合作，共同运营自卫队防卫中枢的各通信部门。该团的内部组织包括：团本部和本部附属队、中央基地系统通信队、中央野外通信群、通信保密监察队、系统防护队、系统开发队、第301映像图像中队。其中，中央基地系统通信队的主要任务是：搭建、维持和运营陆自各部队的基地系统通信组织。中央野外通信群的主要任务是：中央通信系统（野外区间）的搭建、维持和运营，包括防卫综合数字通信网（IDDN）的补充等。通信保密监察队的任务是：通信监察、密码设计等安全业务。系统开发队的主要任务是：陆自系统的开发、评价、改善等。

陆上自卫队负责执行应对网络攻击任务的是系统防护队。具体而言，该队的职责是面对网络攻击、防护陆自计算机系统以及网络相关情报的调查研究等。2005年3月28日成立，相当于陆上自卫队的SOC（Security Operation Center）①。系统防护队的内部组织主要由队本部、防护队、技术队组成。作为强化西南诸岛防卫的一环，于2019年3月26日始负责九州、冲绳地区的陆自西部军区新编第301系统防护队，负责处置那些针对陆自在执行任务现场所使用的无线野外通信系统而实施的网络攻击。该队隶属西部军区系统通信群，也是首次在地方部队成立网络专门部队。

（三）海上自卫队——系统通信队群及其下属保密监察队

系统通信队群作为日本海上自卫队指挥通信中枢，负责整个海上自卫队的通信运营，同时与陆上自卫队系统通信团、航空自卫队航空系统通信队、自卫队指挥通信系统队相互合作，共同维持和管理整个自卫队防卫中枢的通信基础。驻地市谷。由司令部、中央系统通信队、横须贺系统通信队、佐世保系统通信队、吴系统通信队、舞鹤系统通信队、大凑系统通信队、移动通信队、保密监察队组成。其中，中央系统通信队负责统管通信系统、维持和管理基础通信网以及上述业务必要的调查研究等。各区域系统通信队的内部构成和任务大致相同，由队本部和系统通信分遣队组成，

---

① 所谓SOC，是指以顾客或者自身部门为对象，对信息安全设备、服务器、计算机网络等生成的日志进行监视和分析，旨在发现和通知网络攻击的部门。

负责该队所在警备区域内地区通信网的维持管理、警备区域内海上自卫队部队和机关通信业务的支援以及上述业务必要的调查研究等。移动通信队则负责移动通信网的构建和运用等事务。

海上自卫队负责执行应对网络攻击任务的是保密监察队,由队本部和分遣队构成。具体任务包括:通信保密相关举措的实施、通信监察、为海上自卫队部队和机关实施通信保密和通信监察事务提供指导、为掌握通信保密相关知识技能实施教育训练以及上述业务必要的调查研究等。队员由擅长通信技术、密码、安全相关知识的自卫官、事务官、技官组成。

(四) 航空自卫队——航空系统通信队及其下属系统监察队

航空系统通信队作为日本航空自卫队指挥通信中枢,负责整个空自的通信运营,同时与陆上自卫队系统通信团、海上自卫队系统通信队群、自卫队指挥通信系统队相互合作,共同维持和管理整个自卫队防卫中枢的通信基础。该队最早的前身是 1955 年 1 月起步的空自参谋部通信所,当时的通信主体只有电信(莫尔斯电码),随着通信技术的进步,扩充了通信运用、监察、保密和移动通信等职能。2000 年 5 月,作为航空自卫队情报通信的专门部队,改为现名。驻地市谷。如今负责遂行多样化任务,例如应对网络攻击、维持和管理航空自卫队互联网等各种网络系统等。由队本部、系统管理群、保密监察群、移动通信群组成。其中,系统管理群承担空自各种信息通信系统的管理运用和监视、空自互联网的管理运用等,遂行 24 小时态势,下辖中央通信队和中央系统管理队。移动通信群负责处理通信线路中断等不测事态,在日本全国配备了 5 个移动通信部队。保密监察群主要负责通信保密、通信监察、系统监察,下辖通信保密队、通信监察队和系统监察队(航空自卫队负责应对网络攻击的主要部队)。

除上述主要机构外,陆海空三自卫队下属的各级部队,还分别设置有履行通信网络相关职能的部队,以陆上自卫队为例,分别有军区通信群(军区)、通信大队(师)、通信中队(旅、团)、通信小队(连队等),本节不再继续论述。

表3-2　日本防卫省和自卫队主要网络力量

部门 ＼ 类型	网络政策协商会议	网络基础建设	网络作战	
			应对网络攻击	信息系统维护和通信监察等
防卫省	网络政策研讨委员会 防卫省信息保证对策委员会	建设计划局 防卫政策局 防卫装备厅	指挥通信系统队网络空间防卫队	指挥通信系统队其他部门
联合参谋部	联合参谋部信息保证对策委员会	指挥通信系统部		
军种参谋部 陆自参谋部	陆上自卫队信息保证对策委员会	指挥通信系统和情报部指挥通信系统课		
军种参谋部 海自参谋部	海上自卫队信息保证对策委员会	指挥通信情报部指挥通信课		
军种参谋部 空自参谋部	航空自卫队信息保证对策委员会	防卫部信息通信课		
军种部队 陆上自卫队			系统通信团系统防护队	系统通信团其他部门
军种部队 海上自卫队			系统通信队群保密监察队	系统通信队群其他部门
军种部队 航空自卫队			航空系统通信队系统监察队	航空系统通信队其他部门

第四章

日本网络安全政策法规

面对复杂的网络安全环境，推进网络安全工作向前发展，不仅需要坚强的技术力量支撑，还需要成体系的政策法规作保障。网络安全政策法规是筹划网络安全工作的指导方针，是各级部门推进网络安全工作的依据与准绳，因此建立健全网络安全政策法规也是推进网络安全建设的重要一环。近些年，日本积极推进网络安全国家立法、制定网络安全政策实施规划、确立网络安全管理制度规范，基本覆盖了网络安全建设的各个方面，有效保证了其网络安全工作有章可循、有法可依，呈现出形式多样、内容多元等特点。首先，从形式上看，既包括法律（例如《网络安全基本法》）、训令（例如《信息保证训令》），也包括政策文件（例如《网络安全研究开发战略》）、管理规定（例如《确保装备和勤务采购的信息安全》）等。其次，从内容上看，既包括基于网络安全事务全局考虑的顶层战略指导（例如《国家安全保障战略》）、聚焦某一方面能力建设的实施规划（例如《重要基础设施信息安全对策行动计划》），也包括用以安全管理的制度规范（例如《政府部门网络安全对策统一基准》）等。

第一节　日本国家网络安全政策法规

围绕网络安全的政策法规，日本近些年除了对现有法律特别是行政法、刑法进行修订，补充网络安全方面的条款外（以 1987 年修改《刑法》新增计算机犯罪处罚规定为代表），还相继出台各式各样与网络安全相关的法律法规，例如《禁止非法访问法》等取缔网络犯罪的法律，《电子签名认证法》《e–文书法》等支持电子商务的法律，《不正当竞争防止法》等保护商业秘密的法律，《个人信息保护法》等规范处理个人隐私和个人信息从业者行为的法律，《著作权法》等保护著作权的法律，《特定秘密保护法案》等防止泄露国家安全特定秘密信息的法律。尽管这些法律广泛涉及网络安全的诸多方面，从各自角度履行着维护日本网络安全的职能，但在 2014 年之前，日本一直缺少网络安全领域的基本法。《网络安全基本法》的通过，标志着日本网络安全政策法规建设实现了重大突破。从内容来看，日本当前以《网络安全基本法》为首聚焦网络安全的政策法规，可以大致划分为顶层战略指导、能力建设规划、管理制度规范三大类。

一、顶层战略指导

（一）《网络安全基本法》

某一行政领域最上位的法律称为基本法，用以明确该领域政策的基本理念、基本方针，并提出依据该方针应该采取的具体措施。同其他法律法规相比，基本法具有优势地位，发挥着重要的顶层指导作用。日本在《网络安全基本法》出台之前，并没有聚焦信息安全和网络安全的专门法律，实际履行网络安全基本法职能的是 2000 年出台的《高水平信息通信网络社会形成基本法》，用以全面统筹日本的信息化建设。该法第 2 条和第 22 条提出建立"安全""安心"的高水平信息通信网络，意味着确保信息通信网络的安全性和可靠性，但并未明确规定具体的权利和义务。2014 年 11 月，日本首部《网络安全基本法》正式通过，2015 年 1 月 9 日全面施行。日本的网络安全组织体制和管理制度随之发生重大变化。第一，此前信息安全政策会议的定位是 IT 战略本部的下属部门，其法律权限并不明确。然而，随着网络安全基本法的正式施行，网络安全战略本部变成与 IT 战略本部同等级别的部门，不仅地位得到明显升级，其法律权限也被明确规定。同时，各省厅被赋予了向网络安全战略本部提供信息和资料的义务，由此网络安全战略本部汇总各省厅事故信息的职能也得以强化。第二，此前各省厅负责制定各自的安全政策，运行状况一直由自身实施监察。然而，根据该基本法规定，此后将由 NISC 实施第三方监察，能够通过向各省厅信息系统实施疑似攻击（渗透测试），发现弱点，讨论对策，从而形成较为客观的监察结果。第三，此前各省厅在发生重大网络安全事故时，主要由各省厅自行调查，并向 NISC 报告。随着网络安全基本法的正式施行，发生事故的省厅将同 NISC 展开合作，共同调查事故原因。此举能够更好地利用 NISC 的专业知识（详见图 4 - 1）。为了进一步推进网络安全政策，确保 2020 年东京奥运会的顺利召开，日本认为官民多样化主体必须展开更为密切的合作。因此，2018 年 3 月，日本内阁官房将《修订网络安全基本法部分内容的法律案》提交至第 196 次通常国会，当时并未得到通过。直至第 197 次临时国会，众议院和参议院先后通过该法案，并于 2018 年 12 月

12 日作为平成 30 年度法律第 91 号进行公布。修订后的《网络安全基本法》共五章 38 条，阐明了日本网络安全基本理念、各方主体职责等。修订部分的核心内容是，创立网络安全协议会（已于 2019 年 4 月正式成立），以保证官民多样化主体相互合作、共享信息、围绕必要对策进行协商。

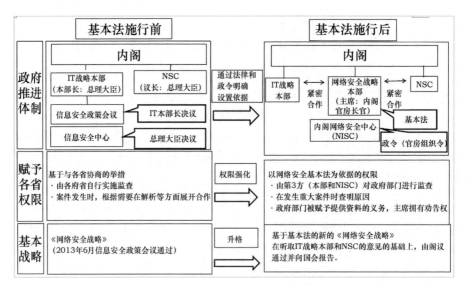

图 4-1　《网络安全基本法》施行前后变化

（二）《个人信息保护法》

2003 年，日本政府先后出台《个人信息保护法》等相关五部法律，全方位的个人信息保护法律体系得以正式确立。构建该法律体系的目的在于，充分考虑使用个人信息的好处和弊端，制定在处理个人信息时应该遵守的规则，防止发生各类利益损害。日本现行个人信息保护制度的多重结构是：顶层是《个人信息保护法》规定公私领域个人信息保护的总原则，中层为民营企业应遵守的规范和专门针对政府机关、特殊行政法人、地方公共团体的个别法，下层为行业主管部门制定的具体指导方针和行规①。鉴于近些年网络信息技术发展带来的新环境和新问题，日本政府于 2015 年 3 月对《个人信息保护法》进行大幅修订，2017 年 5 月 30 日正式全面施行。修订内容可以大致归纳为四个方面：一是个人信息等用语定义的明确

---

① 池建新. 日韩个人信息保护制度的比较与分析 [J]. 情报杂志，2016 (12).

化，包括引进"个人识别符号"的概念、新设"需要注意的个人信息"；二是确保个人信息的有用性，包括新设"匿名加工信息"、放宽变更使用目的的限制；三是确保个人信息进行恰当流通，包括确保可追溯性、严格"退出"（opt - out）规定、新设"个人信息数据库提供罪"；四是新设个人信息保护委员会（已于 2016 年 1 月成立），作为内阁府的外局，负责运营个人信息保护法，由于是独立于各省厅之外的组织，更有利于实现统一管理。修订后的《个人信息保护法》的体例包括：总则、国家和地方公共团体职责、个人信息保护相关举措、个人信息从业者义务、个人信息保护委员会、杂则和罚则等。此外，受 2018 年欧盟全面施行《一般数据保护条例》（GDPR）的影响，2019 年 12 月 13 日，日本第 131 次个人信息保护委员会出台《个人信息保护法 每 3 年修订一次 制度修订大纲》，计划在2020 年再次完成修改个人信息保护法。从中间报告可以看出，修订内容大致集中在：个人信息的个人权利、发生信息泄漏后的报告义务、促进运营商采取自主举措的框架制度、关于使用数据的举措、罚则、法律的域外适用和信息的越境转移。①

二、能力建设规划

（一）《网络安全研究开发战略》

当前指导日本网络安全研究开发工作的主要依据是《网络安全研究开发战略》，由网络安全战略本部发布于 2017 年 7 月 13 日。实际上，在2011 年以前，日本并未聚焦信息安全研究开发问题制定专门的战略性指导文件，而是在一系列关于科学技术发展的法规、政策、计划、战略中，提出包括信息安全在内整体科学技术研究开发事业的具体规划。例如，1995年的《科学技术基本法》、自 1996 年起每隔五年制定的共 4 期《科学技术基本计划》、2001 年开始陆续提出的 e - Japan、i - Japan 等信息技术发展战略等。特别是在 2006 年 3 月阁议通过的《第 3 期科学技术基本计划》更是将信息安全定位成"战略重点科学技术"。2010 年，信息安全政策会议先后出台《保护国民的信息安全战略》和《信息安全 2010》，提出制定全新的信息安全研究开发战略。在此背景下，信息安全政策会议结合《第

---

① 個人情報保護委員会. 個人情報保護法いわゆる3年ごと見直しに係る検討の中間整理 [EB/OL]. (2019 - 04 - 25) [2019 - 06 - 01]. https://www.ppc.go.jp/files/pdf/press_betten1.pdf.

4 期科学技术基本计划》提出的"研究开发能动的、可靠性高的信息安全技术"目标,2011 年 7 月 8 日正式出台了以 2011 年 ~2015 年为对象的《信息安全研究开发战略》。该战略在对当时日本所处信息安全环境的变化以及美国等国家在该领域的主要举措进行细致分析的基础上,提出日本在信息安全研究开发问题上的 7 点基本思想以及 4 部分共 12 个重点建设领域①,并将重点放在能够实现网络攻击无效化、增加攻击者经济负担等开发研究上。2012 年 6 月,技术战略专门委员会在此基础上制定《信息安全研究开发路线图》,进一步细化出 33 个要素课题以及预计实现时间。

一方面,日本 2013 年版《网络安全战略》明确指出网络安全研究开发对于提升网络防御能力、创造出能够促进经济增长的新产业、提升国际竞争力十分重要,并列举出未来必须展开研究的若干课题,例如监测网络攻击、控制系统安全等。另一方面,2011 年版《信息安全研究开发战略》提出的 12 个重点领域,在此期间的落实情况参差不齐,日本认为有必要对原有《信息安全研究开发战略》进行修订。于是,2014 年 7 月 10 日,信息安全政策会议以未来 3 年的情况为对象制定出《信息安全研究开发战略(修订版)》,从研究开发推进方式和提升研究开发效果两方面存在的问题入手,整理出 5 个基本方针、提升研究开发效果的 3 个途径、5 部分共 16

---

① 7 点基本思想:1. 消除网络攻击非对称性的能动性研究(使网络攻击无效、增大攻击者经济负担)。2. 构建具有较强耐灾害性的信息通信系统、风险管理、风险沟通相关研究。3. 结合支撑社会创新的相关研究开发,促进有利于构建高水平信息安全基础的研究开发。4. 包括下一代互联网在内的极具改革性的研究开发。5. 为日本信息安全产业的全球拓展做贡献。6. 研究开发的国际合作。7. 明确官民责任分工、推进官民合作、确保必要预算、为研究开发各阶段提供激励等。4 部分共 12 个重点建设领域:(一)确保信息通信系统整体的能动可靠性。1. 现实世界和计算机内部的虚拟世界实现融合的下一代网络信息安全基础技术。2. 全方面自动确保系统安全设定的技术。3. 构建能够面对障碍自动修复的网络和结构相关技术。4. 为了利用计算机管理生物信息而将 ID 管理和生物信息进行统一的系统设计技术。(二)基于分析攻击者行动的"零日攻击"防御。1. 通过分析攻击者行动实施预防的基础技术。2. 大规模网络广域观测技术和恶意软件动向分析技术的结合。(三)个人信息灵活管理的实现。1. 对运用个人信息起到促进作用的个人信息统管技术。2. 旨在支援犯罪搜查的数据管理和追踪技术。3. 从 IT 风险的理论到实务的体系化。(四)确立研究开发基础和信息安全理论的体系化。1. 信息安全研究的基础体系化。2. 保证安全产品正确安装的品质评价认证技术。3. 具备信息理论层面安全性的密码技术。

个重点建设领域①。2017 年 7 月 13 日，网络安全战略本部研究开发战略专门调查会，再度根据信息通信技术运用的拓展、网络攻击威胁的严重化等环境变化，制定出全新的《网络安全研究开发战略》。该战略指出，信息通信技术的发展已经促使人与信息之间的关系发生重大变革。基于这种认识，该战略提出未来网络安全研究开发要秉持的目标，并从短期和中长期两个层面设计出未来日本网络安全研究开发的基本思路和发展方向。2021 年 5 月 13 日，对上述战略进行了部分修订，增加了"产学官合作推进政策以及构建产学官生态系统"章节。

（二）《强化网络安全意识和行动计划》

为了加深国民对于网络安全的理解、提高网络安全意识，日本早在 2009 年便启动了"信息安全月"（每年 2 月）活动。政府省厅、个人相互合作，通过研讨会、漫画等形式集中实施。NISC 则通过制作基本知识手册、运用 SNS 随时发布紧急信息等方式，对国民和企业进行普及教育。为了更具综合性、战略性地推进相关举措，2011 年 7 月 8 日，信息安全政策会议出台首份《信息安全普及教育计划》，明确了未来 3 年信息安全意识普及活动的基本方针和具体举措。文件指出，普及信息安全意识需要遵循的基本方针是确立"信息安全文化"，即基于各主体对于信息安全的理解所构成的常识、态度以及社会习惯。根据该计划，信息安全政策会议专门设立普及教育和人才培养委员会，并在该委员设立官民合作工作组负责普及教育政策的计划立案。随着网络空间不断渗透至所有年龄层的日常生活

---

① 推进未来信息安全研究开发的 5 个基本方针：1. 提升网络攻击的监测和防御能力。2. 强化旨在防护社会系统的安全技术。3. 有利于提升产业活力的新型服务的安全研究开发。4. 保持信息安全核心技术。5. 强化国际合作研究开发。提升研究开发效果的 3 个途径：1. 推进研究成果返还社会。2. 确保必要的研究开发资源和灵活性。3. 信息安全技术和其他领域的融合。5 部分共 16 个重点建设领域：（一）提升信息通信系统整体安全。1. 网络攻击的检测/防御。2. ID 合作/认证/访问控制。3. IT 服务的安全（智能手机/云等）。4. 新一代网络安全。（二）提升硬件和软件安全。1. 控制系统安全。2. 安全装置。3. 确保软件安全。（三）实现个人信息高水平安全管理。1. 隐私保护/旨在活用个人数据的技术。2. 旨在辅助取证的数据管理和追踪技术。（四）确立促进研究开发的基础和信息安全理论的体系化。1. 信息安全理论的体系化/调查研究。2. 标准化/评价/制度/基础建设。3. 密码基础。（五）确保有发展前景的应用领域安全。1. 医疗健康领域、农业领域所必需的安全技术。2. 新一代基础设施所必需的安全技术。3. 大数据中的信息隐秘化、加密等安全技术。4. 家电、汽车等网络连接所必需的安全技术。

和社会经济活动，以及为了迎接 2020 年东京奥运会，日本开始认为仅仅通过个人、单个机构的普及教育活动远远不够，包括产业界、学校、政府、居民等所有主体必须展开合作，以提升整体国民的信息安全意识。正如日本 2013 年版《网络安全战略》所述，构建具有强韧性的网络空间的政策是"网络空间卫生"，构建有活力的网络空间的政策是提高素养。在此背景下，信息安全政策会议于 2014 年 7 月 10 日出台《新版信息安全普及教育计划》，以未来 3 年为对象汇总出具体举措。

当前指导日本网络安全意识普及活动的主要依据是网络安全战略本部 2019 年 1 月 24 日发布的《强化网络安全意识和行动计划》①。该计划出台的背景来自 2018 年版《网络安全战略》以及 2020 年东京奥运会的即将召开。该行动计划明确了未来行动的基本思路和具体举措。关于基本思路，该文件指出，普及教育实施的最终目的在于提升每个国民和部门的网络安全意识，使其能够自觉实施网络安全对策。为此，该文件指出日本未来将继续从三个视角出发营造良好氛围，通过所谓的"公众卫生活动"来保证个人和各个部门能够自觉实施网络安全举措：（1）持续推进网络安全普及教育活动；（2）针对不同对象通过不同方式提供教育资料和工具；（3）促进相关主体的合作。在此指导思想下，该行动计划针对不同的重点对象（中小企业、年轻人、支援地区举措），罗列出若干具体举措。

（三）《网络安全人才培养计划》

2006 年，信息安全政策会议人才培养和资格体制体系化专门委员会出台了《人才培养和资格制度体系化专门委员会报告书》，阐明政府部门和企业信息安全人才的现状和存在课题，并围绕具体对策提出建言。其中，该报告书将信息安全人才分成三类：（1）先进信息安全技术、产品和先进管理方法的研究开发者；（2）提供信息安全产品、服务和解决方案的企业人才；（3）政府部门、企业等部门的信息安全对策相关者。此后，日本政府依据该报告书推行各类人才培养政策，但由于需求的急剧扩大，人才的质和量都无法充分确保，暴露出许多问题。2010 年，随着《保护国民的信息安全战略》和年度计划《信息安全 2010》的出台，日本开始围绕信息安全人才培养政策的未来方向进行研讨。2011 年 7 月 8 日，信息安全政策会

---

① サイバーセキュリティ戦略本部. サイバーセキュリティ意識・行動強化プログラム ［EB/OL］. (2019 - 01 - 24) ［2019 - 12 - 07］. https：//www. nisc. go. jp/active/kihon/pdf/awareness2019. pdf.

议出台《信息安全人才培养计划》，以未来 3 年为对象，提出政府部门、企业、教育机构等部门在人才培养方面的建设方向，以及通过产学合作和国际合作培养人才的具体措施。2012 年 5 月，普及教育和人才培养专门委员会制定《基于信息安全人才培养计划的 2012 年度以后的课题》，围绕人才培养的政策课题和具体对策提出建言。2013 年 12 月，高水平信息通信网络社会推进战略本部通过《创造性的 IT 人才培养方针》，提出"构建能够享受 IT 便利的社会""培养能够领导日本 IT 社会、世界通用的 IT 人才"两大目标，要求相关省厅研讨具体计划。在上述背景下，信息安全政策会议于 2014 年 5 月 19 日汇总出《新的信息安全人才培养计划》，作为未来三年应该推进的新的人才培养战略，中长期课题也被纳入其中。该计划提出为了解决人才不足问题，不仅要考虑人才供给（教育），也要考虑人才需求（雇用），形成"人才良性循环"；并在此基础上提出推进经营层意识改革、增加人才需求，提升信息安全从业者的质量和数量、增加人才供给等举措。

当前，指导日本网络安全人才培养工作的重要依据是 2017 年 4 月 18 日网络安全战略本部发布的《网络安全人才培养计划》。该计划提出日本有必要继续延续人才培养的基本方针：（1）形成需求（雇用）和供给（教育）的良好循环；（2）强化经营层意识改革和配置桥梁人才①；（3）提升人才质量和增加人才数量。在基本方针指引下，日本提出一方面继续充实此前举措，一方面基于现状实施全新举措。例如，此前举措主要包括部门的网络安全意识改革（认识到网络安全问题不仅是实务者层的问题，必须作为经营问题推进对策）、挖掘和培养具有先进信息安全技术的专门人才。全新举措主要包括经营层意识改革（改变网络安全是不得不做的"花销"这一错误意识，将其定位成为了更积极地经营产业而进行的"投资"，进而积极采取必要举措），培养能够计划立案、指挥实务者层的桥梁人才层，全面培养各部门人才的问题意识和基础知识；培养具有先进网络安全技术、能够实现产业创新的高级人才；充实自初等中等教育阶段开始的信息教育内容，培养儿童学生的信息运用能力；以 NISC 为中心，强化产学官

---

① 桥梁人才，是指在连接企业经营者和网络安全实务者之间履行桥梁义务的人员，根据经营者的经营方针，提出部门整体的网络安全对策，负责部门内相关部局间的综合协调以及指挥网络安全实务者工作。日本 2018 年版《网络安全战略》中将此类网络安全人才改称为"战略管理层"。

合作网络，包括共享网络人才设想、共享人才培养举措相关信息等。

（四）《网络安全国际合作举措方针》

2006 年，日本《第 1 次信息安全基本计划》明确，将包括国际合作在内的"推进合作与协调"作为实现"信息安全先进国家"的四项基本方针之一。根据该计划，日本广泛利用多国论坛等平台对外宣传日本以内阁官房为中心的信息安全举措，并积极参与信息安全相关议题的国际讨论。由于《第 1 次信息安全基本计划》并未详细规划国际合作和国际贡献的举措和方式，《安全日本 2007》对此指出，有必要明确具体事项和合作对象，并制定出基本方针和具体方案。在此背景下，信息安全政策会议于 2007 年10 月 3 日首次汇总出《日本信息安全领域国际协调和贡献相关举措》。该文件提出构建能够安心利用信息技术的国际环境的三类举措和两种方式，以及未来日本推进信息安全领域国际协调和国际贡献的五大方向。① 鉴于形势不断变化，2012 年 11 月 1 日，信息安全政策会议第 31 次会议再度围绕信息安全国际活动现状及未来发展方向进行讨论，并提出应该通过国际合作推进的具体事项，例如共享网络攻击信息、共享信息安全对策最佳实践、推进信息安全对策和技术的国际标准化、通过僵尸网络对策创造纯洁的网络环境、意识启发和人才培养、信息安全相关先进技术研发、制定网络空间规则、扩大网络犯罪条约缔约国、促进建立网络空间互信、为取缔网络犯罪推进法律执行机关合作、高层信息发布以提升日本的存在感等。

2013 年 6 月 14 日，日本内阁决议通过《日本再兴战略》，提出为了实现世界最高水平的 IT 社会，必须构建强韧且有活力的网络空间，为此日本将基于《网络安全战略》强力展开网络安全对策，包括推进国际战略。在

---

① 三类举措：（1）形成和提升 IT 使用者的操守和意识（形成安全文化）；（2）发展 IT 运用环境（制度规则、机器的技术规格等）；（3）应对网络攻击等行为（网络攻击、恶意软件、网络犯罪、非主观因素造成的 IT 故障等）。两种方式：（1）通过国际机构或各国政府相互协调达成共识，进而在全球推进，即所谓的自上而下方式（全球框架）；（2）作为各国国内政策或者一定区域内政策加以实施，进而在国家间或区域间进行调整，最终形成国际共识，即所谓的自下而上方式（区域框架）。五大方向：（1）推进协调和贡献，提升经济关系不断深化的亚洲地区产业环境（安全亚洲产业环境构想），例如向亚洲地区普及信息安全政策相关知识和经验、促进地区内各国自发的意识教育、设置亚洲信息安全会议（暂称）商讨地区内信息安全对策；（2）参与研讨信息安全相关新权利、期望达成国际共识；（3）推进网络攻击、因 IT 产生的威胁相关对策（无风险 ICT 构想）；（4）参与信息安全相关全球规则和标准的形成；（5）积极参加各类国际论坛的提案和讨论。

此基础上，日本提出，计划在 2013 年度内由信息安全政策会议完成制定网络安全国际战略，以强化日本与战略联系紧密的国家和地区间的伙伴关系，加速将日本具有优势的网络安全技术向国际展开。在此背景下，2013年 10 月 2 日，信息安全政策会议正式通过《网络安全国际合作举措方针》①，堪称日本全面提升网络安全能力、实现网络安全强国战略的国际宣言。该方针对日本开展网络空间国际合作的目标、原则、举措以及国家间合作机制建设等内容分别加以明确。日本希望国内网络安全领域的所有风险者，依据该方针推进国际合作和互助，同时为与世界各国共同构筑有机合作关系、实现安全且值得信赖的网络空间积极做贡献。

（五）《重要基础设施信息安全对策行动计划》

国家重要基础设施，是指一旦遭受网络攻击可能对国民生活或社会经济活动造成重大影响的领域，例如金融、电力、铁路等。这些领域的定义和数量因国家而异。日本认为，确保重要基础设施网络安全是重大课题，其目的在于保证重要基础设施能够提供持续性的服务，尽可能降低由于自然灾害或网络攻击造成的 IT 故障，故障发生时也能迅速恢复。早在 2000年，日本便制定了《重要基础设施网络反恐特别行动计划》，将重要基础设施指定为信息通信、金融、航空、铁路、电力、天然气、政府和行政服务 7 个领域，提出"预防损失""确立及强化官民联络体制""官民合作进行攻击检测和紧急应对""构筑信息安全基础"及"国际合作"5 个项目的网络反恐对策。2005 年 12 月，日本制定《重要基础设施信息安全对策行动计划》（第 1 次行动计划），提出"安全基准的建设和渗透""信息共享体制的强化""相互依存性解析""跨领域演习"四大支柱，陆续展开由 10 个领域（信息通信、金融、航空、铁路、电力、天然气、政府和行政服务、医疗、供水、物流）构成的重要基础设施信息安全对策。2009 年2 月，制定《第 2 次行动计划》，继续实施《第 1 次行动计划》的 4 项政策（"相互依存性解析"替换成"共通威胁分析"），并增加第 5 项政策"应对环境（社会环境和技术环境）变化"。2014 年 5 月，延续《第 2 次行动计划》的体例框架，出台《第 3 次行动计划》，将重要基础设施领域由 10个扩展至 13 个，追加了化学、信用、石油，并对《第 2 次行动计划》的

---

① 情報セキュリティ政策会議.サイバーセキュリティ国際連携取組方針［EB/OL］.（2013 - 10 - 02）［2019 - 12 - 07］. https://www.nisc.go.jp/active/kihon/pdf/InternationalStrategyonCybersecurityCooperation_j.pdf.

举措进行修正，提出"安全基准的建设和渗透""信息共享体制的强化""障碍应对体制的强化""风险管理""防护基础的强化"5项政策群。《第4次行动计划》①出台于2017年4月，并于2020年1月30日进行了部分修订，新计划将重要基础设施领域进一步扩展至14个领域（追加了机场），延续了5项政策群作为期限内计划采取的具体措施。

三、管理制度规范

长久以来，日本中央省厅的信息系统原则上由各省厅按照各自行政目的分别采购和使用。由于需要保护的信息很多，从涉及国家安全的信息、国民的个人信息到应该与国民共享的信息，因此各省厅根据自己的特性制定信息安全政策、实施信息资产管理。然而，各省厅的信息安全对策必定存在"温差"，某些部门的弱点有可能将整个政府部门暴露在网络威胁之中，因此为了将各省厅分散而立的网络安全对策进行整合化和统一化，进而强化政府整体的网络安全管理水平，日本自2000年制定《信息安全政策指针》开始，作为信息安全管理的一环，面向政府各省厅陆续出台多版信息安全对策统一基准群，并要求各省厅根据统一基准制定各自的基准。统一基准群不仅涉及中央省厅，而且重要基础设施领域的安全基准制定指针、地方自治体的信息安全政策指针等，也都参考和引用该基准群。最新一版的统一基准群由网络安全战略本部发布于2021年7月7日，包括《政府部门网络安全对策统一规范》《政府部门网络安全对策运用指针》《政府部门网络安全对策统一基准》《制定政府部门对策基准指针》四份重要文件，对日本政府省厅统一的信息安全管理制度和管理规范加以明确。鉴于信息安全管理的重要性以及对我国具有一定借鉴意义的考虑，本节拟对四份文件中所体现的主要管理制度和管理规范的具体内容做简要论述。

（一）网络安全管理制度

1. 信息安全责任人制度

在日本的信息安全领域，建立有成体系的信息安全责任人制度，负责统领整个部门的信息安全事务，有计划地推进信息安全政策。该信息安全责任人体系由最高信息安全责任人（CISO）、最高信息安全副责任人、信

---

① サイバーセキュリティ戦略本部. 重要インフラの情報セキュリティ対策に係る第4次行動計画［EB/OL］.（2020－01－30）［2020－02－23］. https：//www. nisc. go. jp/active/infra/pdf/infra_rt4_r2. pdf.

息安全监察责任人、综合信息安全责任人和信息安全责任人、区域信息安全责任人、课室信息安全责任人、信息系统安全责任人等组成。(1) 最高信息安全责任人和最高信息安全副责任人。各省厅①信息安全责任人体系的顶点是最高信息安全责任人和负责协助最高信息安全责任人工作的最高信息安全副责任人。最高信息安全责任人的具体业务包括：建立信息安全对策推进体制、制定和修改对策标准、制定和修订对策推进计划、为处置信息安全事故②做必要指示等。(2) 信息安全委员会。最高信息安全责任人组建信息安全委员会，委员长和成员由其从下属各部局指定的代表组成。委员会具有协调各部门意见、整合信息安全政策方针的职能，负责审议各省厅信息安全政策基准、对策推进计划以及其他必要事项。在委员会下，组建负责实际业务的下级委员会，通过协调实务层级的详细事项，使委员会的运营更具效率。(3) 信息安全监察责任人。负责对信息安全对策的实施情况实施监察，包括制定监察实施计划、建立监察实施体制、将监察结果上报给最高信息安全责任人等。信息安全监察责任人为了更有效率地实施监察工作，组建监察实施体制，例如设置执行人（监察实施人）、根据需要充分运用外部组织等。(4) 综合信息安全责任人和信息安全责任人。最高信息安全责任人根据业务特性，在那些能够实施同类型信息安全对策的各个组织的单元中，设置信息安全责任人；并从中选任综合信息安全责任人，负责统管所有信息安全责任人。此外，信息安全责任人在各个区域、各个课室分别设置区域信息安全责任人或课室信息安全责任人；根据各个信息系统设置信息系统安全责任人，信息系统安全责任人在必要的各个单元设置信息系统安全管理人。(5) 最高信息安全顾问。最高信息安全责任人，选择具有信息安全专业知识和经验者担任最高信息安全顾问，向其提供建议（详见图 4 – 2）。

---

① 根据日本《制定政府部门对策基准指针》规定，此处各省厅的原文是"機関等"，具体包括国家的行政机关、独立行政法人以及指定法人。为了避免名称过于冗长，只译为各省厅，特此说明。详见：内閣サイバーセキュリティセンター. 政府機関等の対策基準策定のためのガイドライン（令和 3 年度版）[EB/OL]. (2021 – 07 – 07)[2021 – 12 – 24]. https://www.nisc.go.jp/active/general/pdf/guider3.pdf.

② 是指危及业务运营以及威胁信息安全的概率较高的事件。例如，与信息系统相关的信息安全事故包括：错误将包含重要机密信息的电子邮件发至外界、丢失保存过重要机密信息的 USB 存储介质、感染非法程序、服务器或终端遭受来自外部的非法入侵、由于遭受攻击造成信息系统瘫痪等。

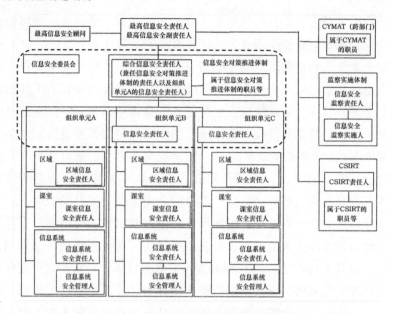

图4-2　日本信息安全责任人制度体系

2. 信息安全等级界定制度

日本认为，对信息进行安全等级界定，是制定和实施信息安全管理规定、确保信息安全的基础性步骤。信息安全等级相对应的是信息的处理权限。等级和处理权限不充分，则信息泄露的风险增加；而为了顺利使用信息，又不能过高界定等级和处理权限，因此两种情况都要尽量避免。为了便于对政府各省厅处理的各类信息进行统一管理，日本将这些信息分别从机密性、完整性、可用性三个标准进行了等级界定。从机密性的角度将信息划分为三等机密性信息、二等机密性信息、一等机密性信息三类；从完整性的角度将信息划分为二等完整性信息、一等完整性信息两类；从可用性的角度将信息划分为二等可用性信息、一等可用性信息两类；重要程度依次递减（详见表4-1）。此外，二等机密性信息和三等机密性信息合称为"要求机密信息"，二等完整性信息被称为"要求保全信息"，二等可用性信息被称为"要求稳定信息"；任一信息符合上述界定中的一项，均被称为"要求保护信息"。为了确保信息的安全使用，原则上在复制信息时，必须延续原有信息安全等级；在认为由于修正、追加、删除等理由必须修改信息的等级和处理权限的情况下，必须向信息等级和处理权限的决定者及其上级进行确认，并依据结果进行修订。

表 4 - 1　日本信息安全等级界定标准①

标准	等级	概念
机密性	三等机密性信息	在业务上处理的信息中，包含那些与《行政文书管理指针》中所规定的"秘密文书"② 相当、要求机密性的信息的信息
	二等机密性信息	除三等机密性信息以外，包含那些很有可能与《关于公开行政部门持有信息的法律》第 5 条中所规定的"不开示信息③"相当的信息的信息
	一等机密性信息	在国家行政部门业务上处理的信息中，不包含那些很有可能与《关于公开行政部门持有信息的法律》第 5 条中所规定的"不开示信息"相当的信息的信息
完整性	二等完整性信息	在业务上处理的信息（书面除外）中，一旦篡改、出错或者破损，有可能侵害国民权利或妨碍业务稳定遂行的信息（影响轻微的除外）
	一等完整性信息	二等完整性信息以外的信息（书面除外）
可用性	二等可用性信息	在业务上处理的信息（书面除外）中，一旦丢失或不能使用，有可能侵害国民权利或妨碍业务稳定遂行的信息（影响轻微的除外）
	一等可用性信息	二等可用性信息以外的信息（书面除外）

3. 信息安全政策自查和监察制度

为了确保信息安全政策的实效性，日本在信息安全领域建立有自查和监察制度，对信息安全相关规程的遵守情况进行检查，以便及时把握和分析结果，进而采取改进措施。（1）信息安全政策的自查。自我检查的目的在于：一是有利于职员自行确认是否根据自身职责实施了应该实施的对策

---

① サイバーセキュリティ戦略本部．政府機関等のサイバーセキュリティ対策のための統一基準（令和 3 年度版）［EB/OL］．（2021 - 07 - 07）［2021 - 12 - 24］．https://www.nisc.go.jp/active/general/pdf/kijyunr3.pdf．

② 根据日本《行政文书管理指针》第 10 条规定，所谓"秘密文书"，是指在那些记录有特定秘密以外、不向外公布的信息的行政文书中，需要保守秘密的行政文书（除了那些记录有作为特定秘密的信息的行政文书）。

③ 根据日本《关于公开行政部门持有信息的法律》第 5 条规定，行政部门长官在收到开示请求时，必须向开示请求者公开相关行政文书，但当这些文书中包含"不开示信息"的情况除外。例如，有关个人的信息，通过该信息中包含的姓名、出生日期等表述能够识别出特定个人或者即便不能识别出特定个人，但一旦公开，有可能损害到个人权益的信息等等。

事项：二是有利于确认政府整体信息安全水平。自查的基本流程如下：第一，综合信息安全责任人制定、修订年度自我检查计划。该计划包括实施频率、实施日期、确认和评价的方法以及自我检查项目等内容。第二，信息安全责任人根据年度自我检查计划，制定各个职员的自我检查表，以及详细的自我检查实施规程，并指示各职员实施自我检查。第三，职员按照自我检查表和自我检查规程进行自查。自我检查的频率，一般要求一年实施两次以上。第四，信息安全责任人对自查结果进行分析和评价。当发现存在应该迅速改善的问题时，采取必要措施，并将评价结果上报给综合信息安全责任人。第五，综合信息安全责任人，从各省厅有无共通问题的观点出发，对自查的结果进行分析和评价，并将评价结果上报给最高信息安全责任人。第六，最高信息安全责任人整体评价自查结果，围绕那些明确的问题点，要求综合信息安全责任人和信息安全责任人加以改善，并听取改善结果的报告。（2）信息安全监察。为了确保信息安全对策的实效性，不仅需要由实施信息安全对策的个人进行自查，还需要通过具有独立性的人员对其实施监察。监察分为定期监察以及在重大信息安全事故发生时的追加监察两种。监察的基本流程如下：第一，信息安全监察责任人制定监察实施计划。监察实施计划包括监察的对象、目标（本次监察重视哪些部分）、方式、实施体制、实施时间等内容。第二，信息安全监察责任人根据监察实施计划，向具体实施监察工作的监察实施人下达指示，并将结果汇总成监察报告书，向最高信息安全责任人汇报。第三，最高信息安全责任人根据监察报告书的内容，要求综合信息安全责任人和信息安全责任人制订改善计划。第四，综合信息安全责任人在最高信息安全责任人下达的改善指示中，围绕那些跨部门的改善事项，在采取必要措施的基础上，制订改善计划，并将措施结果和改善计划上报至最高信息安全责任人。第五，信息安全责任人在最高信息安全责任人下达的改善指示中，围绕那些自身所在的单位特有的改善事项，在采取必要措施的基础上，制订改善计划，并将措施结果和改善计划上报至最高信息安全责任人。①

4. 信息安全教育制度

日本认为，即便制定了信息安全相关规程，职员并不熟知其内容，便

---

① サイバーセキュリティ戦略本部. 政府機関等のサイバーセキュリティ対策のための統一基準（令和 3 年度版）［EB/OL］.（2021 – 07 – 07）［2021 – 12 – 24］. https：//www. nisc. go. jp/active/general/pdf/kijyunr3. pdf。

无法遵守。因此，对所有职员必须实施信息安全教育，以加深对信息安全相关规程的理解，同时提高职员的信息安全意识。为此，日本在信息安全领域建立了定期的信息安全教育制度，并确保职员每年至少参加一次安全教育。信息安全教育的基本流程如下：第一，综合信息安全责任人根据最新的网络威胁动向、部门实际情况以及信息安全事故的发生情况，确定职员应该学习的内容，制作教育资料；立足提高教育实施效率，制定或修订教育实施计划，建立教育实施体制。第二，课室信息安全责任人根据教育实施计划，面向职员开展教育活动，并为此营造职员能够参加活动的环境，例如确保听课时间等。第三，职员按照教育实施计划参加教育活动。第四，课室信息安全责任人负责记录教育实施情况，并向信息安全责任人和综合信息安全责任人报告。第五，综合信息安全责任人对教育实施情况进行分析、评价，并向最高信息安全责任人上报教育实施情况；对教育的实施内容、方法、对象进行持续修正。

（二）网络安全管理规定

1. 旨在确保信息周期中的信息安全管理规定

为了确保某一信息的安全，必须要求处理该信息的所有成员在信息周期的各个阶段都要采取适合该信息的安全措施。为此，日本制定管理规定统一基准，针对"信息的使用和保存""信息的提供和公布""信息的运输和发送""信息的删除""信息的备份"等信息周期中的各个阶段应该注意的事项进行详细规定。其根本原则是禁止在目的以外使用信息，即职员只能在自身担当遂行业务的必要范围内使用信息，不能以遂行业务以外的目的来使用信息。（1）信息的使用和保存。规定要求职员必须按照信息等级和使用权限恰当处理信息。例如，在非涉密场所使用涉密信息①时，必须征得相关安全责任人的许可或者采取诸如删除不必要信息等必要的安全管理措施；对保存的信息必须设置访问权限，涉密信息必须通过保存在不连接互联网的电子计算机或介质中、加密等方式进行保护；而针对记录有涉密信息的电子计算机或介质，必须采取诸如锁在保险柜等物理上的防盗措施。（2）信息的提供和公布。在发布信息时必须确认该信息不属于涉

---

① 日文原文可直译为"要求采取管理对策区域"和"要求保护信息"。所谓"要求采取管理对策区域"是指属于各省厅管理下的区域，为了保护处理的信息，必须采取办公环境相关对策的区域。由此定义可见，与我国的"涉密场所"和"涉密信息"的含义有一定的一致性，为了表述简洁和便于理解，下文均使用"涉密场所"和"涉密信息"的说法，特此说明。

密信息。当有必要将信息提供给阅读权限范围以外的人员时，必须与该信息密级和处理权限的制定者商谈，遵从其决定处理，并向对方切实传达处理上的注意事项。在提供或公开电磁记录或文书时，必须采取必要措施，防止该电磁记录造成不经意的信息泄露或者消除文书的创建者名、组织名及其他记录中所残留的不必要信息。（3）信息的运输和发送。当将记录有涉密信息的存储介质带出涉密场所，或将涉密信息通过电子邮件发送时，必须按照信息的等级和处理权限采取适当措施，例如加密、分割信息通过不同的线路和手段带出或发送等。（4）信息的删除。当不再需要涉密信息时必须迅速删除，前提是其并非按照规定要求必须保存的信息。在废弃记录涉密信息的电磁记录载体或文书时，必须清除相关信息，并确保所有信息无法复原。（5）信息的备份。可以将重要信息备份在外部记忆载体之中。针对信息备份，必须依照密级和处理权限确定保存地点、保存方式、保存期限，进行适当管理。对于超过保存期限的信息，必须使用适当方法予以删除、清除或废弃。①

2. 旨在确保信息系统周期中的信息安全管理规定

所谓信息系统，是指由软件和硬件构成、用以信息处理或通信的系统。日本将其大致分为终端和服务器装置、电子邮件和网页、通信线路三大类。其中，终端和服务器装置类主要包括终端、服务器装置、复合机和特定用途机。电子邮件和网页类主要包括电子邮件、网页、域名系统（DNS）、数据库。通信线路类主要包括通信线路和 IPv6 通信线路。为了在信息系统整个生命周期中切实维持信息安全，日本制定管理规定统一基准，针对信息系统的安全功能要求、信息系统的采购和建设、信息系统的运行和维护、信息系统的更换和废弃等信息系统周期中的各个阶段应该注意的事项进行详细规定。例如：（1）信息系统的安全功能要求。为了确保信息安全，日本认为其信息系统必须具备以下安全功能：主体认证功能、访问控制功能、权限管理功能、日志的获取和管理功能以及密码和电子署名功能。（2）信息系统的采购和建设。在选择器材时，必须确认器材是否符合选择基准。在开发信息系统时，必须从信息安全的观点采取必要措施。在接收器材和信息系统时，必须按照规格书中所确定的检查规程，确

① サイバーセキュリティ戦略本部. 政府機関等のサイバーセキュリティ対策のための統一基準（令和 3 年度版）[EB/OL].（2021 - 07 - 07）[2021 - 12 - 24]. https：//www. nisc. go. jp/active/general/pdf/kijyunr3. pdf

认其是否满足信息安全对策相关要求等。（3）信息系统的使用和维护。当进入信息系统使用和维护阶段，必须定期确认器材参数是否设定正确、管理有关使用和维护系统的作业记录等。（4）信息系统的更换和废弃。在信息系统的更换和废弃阶段，必须避免记录在信息系统里机密性较高的信息在废弃或者再利用过程中泄漏到外部。在信息系统记录有机密性较高的信息时，无法完全掌握其密级或处理权限时，必须采取必要措施，例如将记录的信息完全消除等。

3. 旨在确保信息系统使用中的信息安全管理规定

信息系统的信息安全事故大多发生在使用阶段。为了恰当使用各类信息系统，避免发生信息安全事故，日本围绕各省厅在使用各类信息系统时应该遵守的重要事项制定出相关规定。例如：（1）使用信息系统时的基本对策。规定要求不能出于遂行业务以外的目的使用信息系统；不能将各省厅的信息系统连接至不被许可连接的通信线路上；不能将不被许可连接的信息系统连接至各省厅的通信线路；不能在信息系统上使用被禁止的软件，特殊情况下必须得到相关责任人许可；不能将不被许可的器材连接至信息系统；在离开信息系统的安放场所等有可能发生第三方非法操作可能性的情况下，必须采取保护措施；在将曾经连接过外部通信线路的终端、在涉密区域连接至内部通信线路时，必须采取安全管理措施并获得相关责任人许可；将记录过涉密信息的外部电磁记录载体带出涉密场所时，必须得到相关责任人许可。（2）使用电子邮件和网页。在收发包含涉密信息的电子邮件时，必须使用各部门运营或者外部委托的电子邮件服务器提供的电子邮件服务；在收到可疑电子邮件时，必须按照制定的规程加以处置；在认为有必要修改网络客户端设置时，不能更改那些有可能给信息安全造成影响的设定；在网页客户端运行的服务器装置或终端下载软件时，必须确认软件的发布源；在浏览的网站表格中输入涉密信息并发送时，必须确认发送内容是否加密、该网站是否为准确的收信地址。（3）处理识别代码和主体认证信息时。必须恰当管理自己被赋予的识别代码，彻底管理自己的主体认证信息；在进行主体认证时，不能通过不被赋予的识别代码使用信息系统；当被赋予具有管理者权限的识别代码时，只能在遂行管理员业务时使用该识别代码。（4）使用密码和电子署名时。在为信息加密或添加电子署名时，必须遵循所规定的算法和方法；关于用以解密加密信息或者电子签名的密钥，必须按照密钥管理规程切实管理，并按照密钥的备份规程实施备份。（5）防止感染非法程序。规定要求必须采取措施防止感染非法程序，当认为信息系统有可能感染非法程序时，必须采取例如迅速切断感染信息系统和通信线路的连接等必要措施。

第二节　日本自卫队网络安全政策法规

同国家层面一样，日本自卫队的网络安全政策法规，根据履行职能大致分为三大类：第一，顶层战略指导类。主要包括《国家安全保障战略》《防卫计划大纲》《中期防卫力量发展计划》等，制定目的是为自卫队维护网络空间安全、提升网络空间作战能力明确指导思想以及实施路径。第二，能力建设规划类。主要包括《为了防卫省和自卫队稳定有效利用网络空间》，以及以日美新版《防卫合作指导方针》为代表、规范自卫队和美军之间推进网络空间军事合作的若干规划性文件。第三，管理制度规范类。主要包括《信息保证训令》《确保装备和勤务采购的信息安全》等用以明确自卫队网络安全管理制度和管理规定的重要文件。

一、顶层战略指导

（一）《国家安全保障战略》

战后很长一段时间，日本防卫政策的基础是 1957 年国防会议和内阁决议通过的《国防基本方针》。取而代之的是 2013 年 12 月 17 日国家安全保障会议和阁议通过的《国家安全保障战略》。这是日本战后出台的首份详细阐述日本国家安全战略的官方文件。作为国家安全的重要课题，该战略对网络安全给予了高度重视。第一，在"制定宗旨"部分明确指出，本战略将对海洋、太空、网络空间等国家安全相关领域的政策提供指导方针。可见，日本已将网络空间视为与海洋、太空同等重要的领域地位。第二，在"全球安全环境"部分指出，近年来妨碍网络空间等国际公共领域自由利用的风险愈发扩大。具体表现在，试图窃取国家秘密情报、破坏社会基础设施系统、干扰军事系统的网络攻击等风险正在增加。因此，日本认为加强网络防护是基于国家安全不可或缺的课题。第三，在"构建综合防卫体制"部分，将强化网络安全能力作为建设重点，计划采取措施包括：（1）平时在设计、建设、运用基于风险评估的系统、把握案件、防止危害扩大、分析探明原因、预防发生类似案件等方面推进官民合作；（2）围绕安全人才培养、控制系统防护、供应链风险应对等问题进行综合研究；（3）进一步明确与国家相关部门的合作关系和职责分工，提升网络监控、感知、国际协调等能力以及强化承担上述任务的机构建设；（4）在技术和运用两个层面强化国际合作，扩大与相关国家间的信息共享，推进网络防卫合作。第四，在"强化日美同盟"部分指出，将在包括网络空间在内更广泛的领域推进两国合作，提升日美同盟的威慑和应对能力。第五，在"为国际社会和平与稳定作出积极贡献"部分指出，将以确保信息自由流通为基本立场，同有共识的国家展开合作，积极参与以现有国际法同样适用于网络空间为前提的国际规则制定，并积极向发展中国家提供能力发展援助。①

（二）《防卫计划大纲》和《中期防卫力量发展计划》

日本《防卫计划大纲》和《中期防卫力量发展计划》是一定期限内日本军力的发展规划，是具体规定了自卫队建设目标及职能任务的纲领性文件。关于网络空间能力建设，早在2004年版《防卫计划大纲》便有简短内容。例如，为谋求运用及体制的效率化，将建设可应对网络攻击的指挥通信系统和信息通信网络。2010年版《防卫计划大纲》的相应篇幅明显增多，实现了许多突破。例如：（1）首次在安全环境中指出，关于网络空间稳定利用的风险已经成为国际社会共同面临的课题；（2）首次明确提出将强化网络攻击应对能力，建设综合应对网络攻击的体制；（3）首次提出为了维护网络空间的稳定利用，将在相关国际行动中发挥作用，并推进日美合作；（4）首次在应有状态部分编列应对网络攻击一项，与确保周边海空域安全等项目并列。作为最新版的防卫计划大纲，2018年版《防卫计划大纲》对于自卫队的网络空间能力建设，较之以往表现出更大关注。例如：（1）首次提出网络空间等新兴领域利用的快速扩大促使国家安全此前重视陆、海、空等传统物理领域的应对方式发生根本变化；（2）首次提出包括网络空间在内的新兴领域获得优势地位，对于日本来说是生死存亡的重要课题；（3）首次在安全环境判断中，指出中国和朝鲜正在发展网络空间作战能力的具体措施；（4）首次在防卫基本方针中指出，必须尽早获得网络空间等新兴领域的优势地位；（5）首次提出强化跨域作战所需能力建设优先事项，其中包括网络空间能力；（6）首次提出将发展干扰对方利用网络空间的能力，并建立具有专门职能的网络防卫部队作为共同部队。2018年版《中期防卫力量发展计划》在2018年版《防卫计划大纲》的基础上，

① 国家安全保障战略［EB/OL］.（2013-12-17）［2019-12-07］. https://www. mod. go. jp/j/approach/agenda/guideline/pdf/security_strategy. pdf.

提出若干全新举措。例如，在陆上自卫队陆上总队新编网络部队、扩充网络空间防卫队体制等。①

二、能力建设规划

（一）《为了防卫省和自卫队稳定有效利用网络空间》

2012 年 9 月，日本防卫省发布《为了防卫省和自卫队稳定有效利用网络空间》。这是防卫省首次公开发布应对网络攻击方式的指针，也是一体化推进自卫队网络作战能力建设的专门文件。该文件分析了网络空间的重要性以及面临的风险，进而指出未来举措。例如：（1）在强化能力态势方面，为 DII 网络的各据点增设监视器材以提升情报掌控能力，研究开发实战化模拟环境以提升自卫队员技能，提升网络防护分析装置功能、推进部门间情报共享以强化警戒态势；新设"网络空间防卫队"作为自卫队应对网络攻击的核心机构，提升指挥通信系统队和各自卫队负责系统防护部队能力，强化情报本部等部门搜集和分析国外网络攻击情报的体制，设置最高信息安全责任者体制；建立各系统的最新防护系统，汇总各系统间的监视信息，降低系统脆弱性；培养和确保人才；强化研究开发等。（2）在为国家整体举措做贡献方面，积极参与内阁官房主办的各种训练，积极提供信息，向 GSOC 派遣人才，当发生大规模网络攻击时与相关省厅合作；继续要求合约企业做好信息防护，与防卫产业之间共享技术信息，与防卫产业之间围绕减少供应链风险相关政策交换意见等。（3）在国际合作方面，推进日美网络安全政策协商，强化情报交换，联合训练中加入网络科目，以提升日美共同应对能力；推进与澳大利亚、英国、新加坡、NATO 等国家和国际组织之间的协商和情报共享等。

（二）日美《信息保证与计算机网络防御合作备忘录》

日本认为，仅仅依靠自卫队很难保证网络空间的稳定利用，特别是与同盟国美国之间的网络防卫合作不可或缺。两国防卫当局的网络安全合作可以追溯至 21 世纪初。2006 年 4 月 18 日，作为日美防卫合作的一环，日本防卫厅同美国国防部签署了《信息保证与计算机网络防御合作备忘录（MOU）》。两国防卫当局签署该备忘录的主要目的是，通过情报交换强化

---

① 防衛省. 中期防衛力整備計画（平成 31 年度～平成 35 年度）について [EB/OL]. (2018 - 12 - 18) [2019 - 12 - 07]. https：//www. mod. go. jp/j/approach/a-genda/guideline/2019/pdf/chuki_seibi31 - 35. pdf.

网络攻击响应能力。具体框架是，防卫参事官层级负责整体方针，情报交换窗口是日本联合参谋部和美军太平洋司令部（经由驻日美军）。备忘录还规定了，未经事前书面同意，不可将情报转移给第三方；日美之间不发生资金转让等内容。

（三）新版《日美防卫合作指导方针》

2015 年 4 月 27 日，日美安全保障协商委员会通过新版《日美防卫合作指导方针》。该新指针指出，为了确保日本的和平与安全，日美两国将充实和强化合作，特别是在太空、网络等新兴领域。这是在历版防卫合作指针中首次提及两国网络空间军事合作问题，为合作的优先事项和具体内容指明了方向。双方的基本立场是：当发生针对日本的武力攻击时，为了将其排除并对以后形成威慑，日本自卫队和美军将实施跨域联合作战，而在跨域防卫合作的诸多行动中就包括共同应对网络空间威胁。首先，在确保网络空间安全稳定利用方面，日美两国政府将在适当的时机、以适当的方式适时共享网络空间威胁、漏洞信息以及能够提升网络空间各项能力的信息，包括交换训练和教育的最佳实践信息等。两国政府还将在适当的时机为了保护自卫队和美军遂行任务所需的重要基础设施和服务而展开合作，包括与民间共享信息等。其次，当发生针对日本的网络攻击事件，包括针对以自卫队和驻日美军使用的重要基础设施和服务为目标的网络攻击事件时，日本将作为主体力量加以处置，美国则根据两国间的密切协调对日本适当支援。

（四）《日美网络防卫政策工作组共同声明》

2013 年 10 月，为了强化日美防卫当局在网络安全问题上的全方位合作，在日本防卫大臣小野寺和美国国防部长哈格尔的指示下，日美防卫当局正式启动日美网络防卫政策工作组框架。这是两国军方商讨网络防卫合作问题的专门框架，平均每年举行 2 次会谈。2015 年 5 月 30 日，召开第 3 次会谈后，双方发布共同声明。共同声明在同年 4 月制定的新版《日美防卫合作指针》的基础上，进一步明确了防卫省和美国防部在网络防卫合作问题上的如下共识：第一，在威胁环境的判断上，双方一致认为，网络空间急速的技术革新在为经济增长、人们之间信息的自由流通提供助力的同时，也带来全新形态的风险。而且，试图展示其拥有对信息系统、重要基础设施、服务造成危害意图和能力的恶意网络主体（包括非国家主体、得到国家支持的主体在内）正在提升其能力。第二，关于网络空间集体自卫权行使的问题。双方一致主张，当发生威胁到日美任一国家安全的重大网络攻击事件时，双方密切协商，采取适当的合作行动。特别是美国防部将与日本防卫省协商，在适当的时机通过所有渠道支援日本。第三，明确双方职责。双方一致认为，未来防卫省和国防部将在网络空间持续进行人员配置和资源分配，为了强化网络部队之间运用层面的合作而探讨更多选项。防卫省还将与政府部门展开紧密合作，为政府整体应对网络威胁做出贡献，其中包括以自卫队、驻日美军使用的日本重要基础设施和服务为目标的网络威胁。第四，关于信息共享。双方一致主张，共享演训、教育、能力开发等相关的最佳实践经验，在适当的时机组织现地考察和联合演训。双方保持适时的、经常的双向信息共享，共同构建网络威胁的通用指标和警戒态势。第五，关于重要基础设施防护。双方一致认为，必须确保各自网络和系统的抗毁性。为此，一方面与政府部门加强合作，另一方面共享关于重要基础设施防护的最佳实践经验。①

三、管理制度规范

日本自卫队网络安全管理制度规范主要体现在面向防卫省内部制定的《防卫省信息保证训令》②和面向民间防卫产业制定的《确保装备和勤务采购的信息安全》及其配套文件当中。第一，《防卫省信息保证训令》。2007年9月20日，防卫省和自卫队为了进行严格的信息管理，根据内阁官房信息安全中心制定的《政府部门信息安全对策统一基准》，出台《防卫省信息保证训令》和《防卫省信息保证训令的运用》，确立了防卫省信息安全管理的基本规范。防卫省各部门根据两份文件分别制定了本部门的信息保证相关文件。例如，《联合参谋部和自卫队指挥通信系统队信息保证相关通知》《联合参谋部和自卫队指挥通信系统队信息保证相关通知的运用》《陆上自卫队信息保证相关通知》《海上自卫队信息保证相关通知》《航空自卫队信息保证相关通知》《防卫装备厅信息保证训令》《防卫装备厅信息保证训令的运用》《防卫医科大学信息保证相关通知》《防卫大学信息保证相关通知》《防卫监察本部信息保证相关通知》《防卫研究所信息保

---

① 防衛省. 日米サイバー防衛政策ワーキンググループ（CDPWG）共同声明 [EB/OL]. (2015 - 05 - 30) [2019 - 12 - 07]. https: //www. mod. go. jp/j/press/news/2015/05/30a_2. pdf.

② 防衛省. 防衛省の情報保証に関する訓令 [EB/OL]. (2016 - 03 - 31) [2019 - 12 - 07]. http: //www. clearing. mod. go. jp/kunrei _ data/a _ fd/2007/ax20070920 _ 00160 _ 000. pdf.

证相关通知》等。第二，《确保装备和勤务采购的信息安全》。2002年，承担防卫装备生产订单的民间企业发生了信息系统相关信息外泄案件。以此次案件为契机，防卫省决定围绕信息系统采购中的信息安全问题采取必要措施，并专门设立研讨委员会。经过研讨，防卫省决定吸纳国内外企业正在引进的国际标准，制定装备采购的信息安全管理体系，通过《采购相关信息安全基本方针》《采购相关信息安全基准》《采购相关信息安全监察实施要领》①三份文件加以明确。防卫省通过合约的形式，一方面要求承担军工订单的企业依据文件建立信息安全管理体系，另一方面通过企业自查和防卫省实施的监察等方式对实施情况进行监督。2009年7月，防卫省将《采购相关信息安全基本方针》修订为《确保装备和勤务采购的信息安全》。2011年，三菱重工、IHI、川崎重工相继遭到网络攻击。关于事件的部分内容，防卫省通过大众传媒才获悉，因此防卫省决定再次围绕强化装备采购的信息安全对策修订规则，于2011年12月28日出台了新的《确保装备和勤务采购的信息安全》。此次修订的主要内容包括：（1）如果保存有重要信息的服务器、计算机或与之网络相连的服务器、计算机感染病毒或遭受不正当访问，企业有义务直接向防卫省报告；（2）制作有关责任者、联络负责人的联络系统图；（3）至少一周实施一次杀毒软件的全扫描；（4）针对重要信息是否泄漏而实施24小时监视；（5）重要信息的访问记录必须保存3个月以上；（6）强化加密对策；（7）监察社员的教育训练情况。此后，这些文件在2015年和2019年又进行了两次更新。这些文件中所体现的自卫队网络安全管理制度和管理规定，同样对我国具有一定的借鉴意义。

（一）网络安全管理制度

1. 信息保证责任人制度

日本《防卫省信息保证训令》和《防卫省信息保证训令的运用》的基础内容之一，确立了防卫省和自卫队的信息保证责任人体系，统管网络安全事务。具体包括：（1）信息保证综合责任人。信息保证综合责任人负责综合处理整个防卫省信息保证相关事务，由防卫省内局建设计划局长担任。（2）信息保证综合顾问。信息保证综合责任人指定信息保证综合顾问，负责在技术和专业知识方面辅佐其工作。（3）信息保证监察综合责任

---

① 防衛省. 防衛関連企業における情報セキュリティ確保について［EB/OL］.［2019-12-07］. https://www.mod.go.jp/j/approach/defense/cyber/kigyo/index.html.

人。信息保证监察综合责任人负责综合处理信息保证监察工作相关事务，由防卫省网络安全和信息化审议官担任。（4）信息保证责任人。在防卫省下属的各部门，设置相应的信息保证责任人，负责监督各部门信息保证事务，由各部门最高长官担任（详见表4-2）。（5）信息系统信息保证责任人。针对每个信息系统，信息保证责任人指定相应的信息系统信息保证责任人，负责处理该信息系统从建设、维护到废弃等全寿命周期的信息保证事务。（6）各部队的信息保证责任人。在部队层级，信息保证责任人负责在各个单位（一般在课级单位）指定相应部队的信息保证责任人。（7）信息系统使用人和信息系统信息保证认证人。信息保证责任人负责针对每个信息系统指定信息系统使用人，负责围绕信息系统信息保证责任人制作的实施计划，从信息系统使用人员的立场发表关于信息系统使用方面的意见。信息保证责任人负责针对每个信息系统指定信息系统信息保证认证人，负责围绕信息系统信息保证责任人制订的实施计划，进行综合评价以及提出建议。（8）事件处理综合责任人。事件处理综合责任人在网络攻击的处理方面负责统管部门间的合作，由防卫省网络安全和信息化审议官担任。（9）事件处理负责人。在部门层级，信息保证责任人负责指定事件处理责任人，负责根据相关规定围绕预防和处理针对各个部门信息系统实施的网络攻击，统一管理信息系统信息保证责任人或对其进行技术支援。

表4-2　日本防卫省和自卫队各部门信息保证责任人对应表

部门	信息保证责任人
防卫省内部部局	建设计划局长
防卫大学	防卫大学校长
防卫医科大学	防卫医科大学校长
防卫研究所	防卫研究所所长
联合参谋部及自卫队指挥通信系统队	联合参谋部参谋长
陆上自卫队、自卫队情报安全队、自卫队体育学校、自卫队中央医院、接受陆自参谋长监督的自卫队地区医院及自卫队地方协力本部	陆自参谋长
海上自卫队及接受海自参谋长监督的自卫队地区医院	海自参谋长

部门	信息保证责任人
航空自卫队及接受航空参谋长监督的自卫队地区医院	空自参谋长
情报本部	情报本部长
防卫监察本部	防卫监察总监
地方防卫局	地方防卫局局长
防卫装备厅	防卫装备厅长官

2. 信息保证对策监察制度

为了保证网络安全对策的顺利实施，日本防卫省建立了网络安全对策监察制度，对相关规定的遵守状况进行监察。《防卫省信息保证训令》从职员的自查、监察、特别监察、职员主动上报等方面对相关责任人提出管理要求：第一，自查基本流程。信息保证综合责任人制定自检基本方针；信息保证责任人根据基本方针，每年要求职员进行 1 次自我检查，基于自检结果采取必要措施，并将自检结果上报给信息保证综合责任人。第二，监察基本流程。信息保证监察综合责任人制定监察基本方针；信息保证责任人根据基本方针实施监察，基于监察结果采取必要措施，并将监察结果上报给信息保证监察综合责任人。第三，特别监察基本流程。信息保证监察综合责任人根据需要实施特别监察；信息保证监察综合责任人汇总特别监察结果，并通报给作为特别监察对象的部门信息保证责任人，根据需要采取必要措施；信息保证监察综合责任人通过特别监察发现存在重大问题时，将特别监察结果以及其他必要事项上报防卫大臣。第四，职员主动上报。职员认为已经或有可能发生违反训令相关规定的情况时，可以直接向信息保证责任人报告；信息保证责任人在接收报告后，根据需要采取必要措施。

（二）网络安全管理规定

1. 旨在确保信息系统周期中的信息安全管理规定

日本《防卫省信息保证训令》从信息系统的建设、信息系统的批准使用、信息系统的使用和管理以及信息系统的废弃等方面，对信息系统信息保证责任人等相关责任人提出相应的管理要求。以建设阶段为例，规定要求信息系统信息保证责任人必须为信息系统设置如下功能：认证功能、控制访问功能、痕迹管理功能、加密功能、电子署名功能、应对漏洞功能等；必须事前确认在安装和更新软件时信息系统不会因此出现安全问题；

必须采取措施保证信息系统和其他信息系统或网络连接时不会发生信息安全问题；必须将全部或部分信息系统放置在难以遭受外部入侵、被外墙包围的区域，尽可能排除发生地震、火灾等其他灾害影响的区域；搬运信息系统时必须采取派遣指定人员同行等措施；移出信息系统时，必须得到信息保证责任人同意；信息系统信息安全的具体基准由建设计划局长制定。此外，作为信息系统的重要组成部分，《防卫省信息保护训令》还特别对可移动记忆载体和私人计算机的管理进行了明确规定。例如，自卫队各级部队的信息保证责任人必须对防卫省的可移动记忆载体进行集中保管；职员将防卫省的可移动记忆载体带出职场时，必须得到部队信息保证责任人批准；职员在使用防卫省的可移动记忆载体时，必须在确认安全性的基础上加以使用。关于私人计算机和私人可移动记忆载体的管理，《防卫省信息保护训令》要求，职员严禁将私人计算机带入职场；严禁用私人计算机处理办公数据；严禁在防卫省信息系统上使用私人可移动记忆载体；严禁用私人可移动记忆载体处理办公数据。

2. 旨在确保装备采购中的信息安全管理规定

为了确保装备采购中的信息安全，日本防卫省陆续出台《采购相关信息安全基本方针》《采购相关信息安全基准》《采购相关信息安全监察实施要领》，从组织安全、信息管理、人的安全、物理和环境安全、通信和使用管理、访问控制、信息安全事故管理等诸多方面针对各级信息安全管理者提出管理要求。以人的安全、物理和环境安全、信息安全事故管理为例：第一，人的安全。防卫相关企业必须将重点保护信息的处理者控制在必要最低限度，并要求处理者遵守信息安全基本方针等规定；必须针对与处理者业务相关的组织方针、规程和法令，定期实施教育和训练；必须针对违反信息安全基本方针等规定的信息处理人员，制定处理方针和手续。信息处理者严禁在就职时间内和离职之后，将履行合约过程中获得的重要保护信息泄露给第三方。由于信息处理者的雇用合约结束或者合约内容更改，不再需要接触重点保护信息时，必须将处理者持有的重点保护信息返还给管理者，等等。第二，物理和环境安全。为了保护重点保护信息和处理重点保护信息的信息系统所在的区域，防卫相关企业必须使用物理性的安全边界，例如墙壁、通行证控制的入口、有人的传达室等；必须通过妥善的出入管理规定只允许受到许可的人员进入处理设施；如果没有得到经营者许可，严禁在处理设施内使用通信器材（手机等）和记录装置（录音笔或数码相机等）；在配备重点保护系统时，为了防止不正当访问或被盗，必须采取安装在能够上锁的架子上或者用金属线固定等措施；除了判断认为能够规避由于经营者带出而造成风险的情况下，严禁将重点保护系统带出处理设施以外；在由第三方维护和检查重点保护系统时，必须根据需要采取无法恢复或清除重点保护信息等措施；在废弃重点保护系统时，必须检查重点保护数据无法恢复、物理性破坏记忆载体之后废弃。第三，信息安全事故的管理。在发生信息安全事故时，防卫相关企业必须迅速向防卫省报告，并提前制定上报要领。防卫相关企业，为了处置信息安全事故或征兆，必须确定处置体制、责任和规程。

3. 网络攻击处置要领

日本《防卫省信息保证训令》从制定处置要领、预防网络攻击、网络攻击发生时的应对、报告损害情况等方面，对相关责任人提出处置要求：第一，制定处置要领。信息保证责任人负责与案件处置综合责任人进行协调，制定网络攻击处置要领；信息保证综合责任人可以与案件处置综合责任人进行协调，围绕特殊的信息系统制定各部门通用的处置要领。第二，预防网络攻击。为了预防网络攻击，信息保证责任人负责持续性地搜集网络攻击以及网络攻击处置对策相关信息（安全信息）；信息保证综合责任人负责采取必要措施促进各部门间共享安全信息；信息系统信息保证责任人根据安全信息分析认为有可能发生网络攻击时，负责根据处置要领采取预防措施；案件处置责任人围绕上述信息系统信息保证责任人实施的举措，按照处置要领，指挥信息系统信息保证责任人或者为其提供技术支援；案件处置综合责任人围绕相关举措，与各部门案件处置责任人展开合作，根据需要指挥案件处置责任人。第三，网络攻击发生时的应对。当网络攻击发生时，信息系统信息保证责任人根据处置要领，迅速采取保护证据、预防损害扩大、修复、预防再度发生等举措；案件处置责任人围绕信息系统信息保证责任人的上述举措，根据处置要领，指挥信息系统信息保证责任人或者为其提供技术支援；案件处置综合责任人，与各部门案件处置责任人展开合作，根据需要指挥案件处置责任人。第四，报告损害情况。案件处置综合责任人，在网络攻击造成重大损害时，必须将损害状况及其他必要事项上报给防卫大臣。

第五章

日本网络安全基础建设举措

研究开发、人才培养、国际合作是日本推进网络安全基础建设的重点举措。关于研究开发，日本认为在网络空间和实体空间一体化的进程中，必须推进实践性的网络安全研究开发，同时密切关注中长期技术和社会发展趋势，采取相应对策。为此，日本近年确立网络安全研究开发基本目标，产学官各界共同推进网络安全研究开发工作，取得了一定进展。关于人才培养，日本认为面对网络威胁的不断扩散，不能单单依靠安全专家确保网络安全，每个行为主体都必须基于自身职责采取积极对策。为此，日本近年制定网络安全人才分层建设规划，确立网络安全人才培养基本方针，并在促进经营层意识改革、确立战略管理层、培养实务者层和技术者层等诸多方面加紧网络安全人才培养。关于国际合作，日本认为由于网络空间的全球化特性，发生在海外的网络事件也可能对日本造成影响，因此需要通过各层级的国际合作共同维护网络安全。为此，日本近年出台网络安全国际合作战略，基于四项基本原则和四项基本方针，在通过国际协商交换信息建立互信、强化应对网络事件的国际合作机制、援助发展中国家网络安全能力构建等重点领域大力推进网络安全国际合作。[①] 防卫省和自卫队作为日本维护网络安全的重要力量，也正在政府基本立场和建设规划的基础上，积极推进网络安全相关的研究开发、人才培养和国际合作，为实现日本国家整体的网络安全战略目标提供重要支撑。

第一节　日本网络安全研究开发

网络信息领域是先进技术高度密集的领域，网络信息技术的发展决定着网络安全和信息化建设水平，也是大国网络博弈的主要方面。日本也认为，面临超高龄化社会以及严峻的国际竞争，为了实现经济持续增长，最

---

① サイバーセキュリティ戦略本部.サイバーセキュリティ戦略［EB/OL］.(2021-09-28)［2021-12-15］. https：//www.nisc.go.jp/active/kihon/pdf/cs-senry-aku2021.pdf.

大限度利用信息通信技术，实现网络空间和现实世界的融合，进而创造出新型价值不可或缺。① 因此，近年日本产学官各界展开密切合作，共同推进网络安全研究开发，取得相当进展。2011 年 7 月 8 日，信息安全政策会议首次发布《信息安全研究开发战略》，随后对其进行多次修订，最近一次是在 2021 年 5 月 13 日。上述文件分别围绕一段时间内日本推进网络安全研究开发的基本方针和重点领域进行了规划。在研讨机制方面，网络安全战略本部于 2015 年 2 月 10 日下设研究开发战略专门委员会，专门负责围绕网络安全研究开发以及成果利用等问题进行研讨。这些政策文件和会议成果为准确把握日本当前推进网络安全研究开发的整体面貌提供了重要参考。

一、日本国家网络安全研究开发

（一）当前面临的网络安全研究开发环境

随着网络空间风险的不断增加，世界各国对于网络安全产品和服务的需求也明显提升。② 然而，在日益严峻的网络安全形势下，日本认为其当前面临的网络安全研究开发环境并不十分乐观，有待进一步改善。这种不乐观至少表现在三个方面：第一，日本的网络安全产品在全球市场的所占份额偏低。据 2018 年日本贸易振兴机构预测，全世界提供网络安全产品和服务的市场在 2022 年将达到 2300 亿美元，日本的网络安全市场也在稳步持续扩大。然而，从数据上看，日本的安全产品在全球市场上所占份额较低，日本企业的存在感有限。例如，2016 年日本企业在杀毒软件市场的所占份额为 14.7%，网关安全市场的所占份额仅有 1%，与美国和其他发达国家之间存在较大差距。此外，在信息系统和通信网络器材方面，欧美和中国企业所占份额一直保持较高态势。③ 第二，外资企业相继涌入日本市场。近些年，外资企业涌入日本市场这一现象呈现递增趋势。据不完全统计，2015—2018 年，至少有 18 家与网络相关的外资企业与日本企业在贩

---

① 総務省. 令和元年版情報通信白書［EB/OL］.（2019 – 07）［2019 – 12 – 30］. https：//www. soumu. go. jp/johotsusintokei/whitepaper/ja/r01/pdf/index. html.

② サイバーセキュリティ戦略本部研究開発戦略専門調査会. サイバーセキュリティ研究・技術開発取組方針［EB/OL］.（2019 – 05 – 17）［2019 – 12 – 07］. https：// www. nisc. go. jp/conference/cs/kenkyu/dai12/pdf/kenkyu_torikumi. pdf.

③ 日本貿易振興機構. 拡大するサイバーセキュリティ市場［EB/OL］.（2018 – 12 – 26）［2019 – 12 –30］. https：//www. jetro. go. jp/biz/areareports/2018/1fb2ecd606c590e5. html.

售、技术生产等业务上展开合作，或者在日本成立子公司。这些国家包括
美国（7家）、英国（4家）、以色列（3家）、新加坡（1家）、捷克（1
家）、法国（1家）、斯洛伐克（1家）。其中，在杀毒软件世界份额占据第
1顺位的 avast（捷克）公司，2017年在东京设立第一个亚洲据点。据悉，
外资企业进军日本的理由之一在于，在日本的竞争企业少，网络安全领域
的需求却很高。① 第三，企业研究开发投资额占比不高。据不完全统计，
在近些年全球企业研究开发投资金额排名中，美国许多ICT企业始终占据
上位，许多情况下研究开发投资额均占销售额的10%以上。例如，Ama-
zon、Alphabet两家公司在2018年的排名中，分别位列第一和第二，研究
开发投资额占销售额比例是12.7%和14.6%。② 中国的ICT大型企业近年
的研究开发投资额也在不断增加，例如阿里巴巴、腾讯、百度从2013年以
后，该比例始终保持在10%左右。③ 与之相对，日本企业在研究开发投资
额排名中，投资额占销售额的比例大多不超过10%，呈现较低态势。④ 日
本总务省发布的2019年版《信息通信白书》也对此指出，整个平成时代，
ICT的投资与欧美相比始终呈现持续低迷的状态。分析称，造成日本应对
数字经济迟缓的原因之一在于，企业疏于自行开发内部的信息系统，普遍
依赖于外部企业进行开发，这使得日本无法出现美、中那样的IT巨头，擅
长的制造业也因智能手机的出现而丧失竞争力。⑤ 另外，据统计，在网络
安全领域活跃的全球企业排名调查中，美国和以色列的企业占据上位。日
本则在政府的支持下开始出现一些提供网络安全产品和服务的新兴网络企

① 日本貿易振興機構. 拡大するサイバーセキュリティ市場［EB/OL］.（2018 – 12 –
26）［2019 – 12 – 30］. https：//www. jetro. go. jp/biz/areareports/2018/1fb2ecd606c590e5. html.

② PWC Strategy&. 2018年グローバル・イノベーション1000調査結果概要［EB/
OL］.（2018 – 10 – 30）［2019 – 12 – 30］. https：//www. strategyand. pwc. com/jp/ja/
media/innovation – 1000 – data – media – release – jp – 2018. pdf.

③ サイバーセキュリティ戦略本部研究開発戦略専門調査会. サイバーセキュリティ
研究・技術開発の動向および検討の方向性について［EB/OL］.（2019 – 01 – 30）［2019 –
12 – 07］. https：//www. nisc. go. jp/conference/cs/kenkyu/dai09/pdf/09shiryou02. pdf.

④ PWC Strategy&. 2018年グローバル・イノベーション1000調査結果概要［EB/
OL］.（2018 – 10 – 30）［2019 – 12 – 30］. https：//www. strategyand. pwc. com/jp/ja/
media/innovation – 1000 – data – media – release – jp – 2018. pdf.

⑤ 總務省. 令和元年版情報通信白書［EB/OL］.（2019 – 07）［2019 – 12 – 30］.
https：//www. soumu. go. jp/johotsusintokei/whitepaper/ja/r01/pdf/index. html.

业，例如能够面向法人提供检测非法访问服务的 caulis 公司等。①

（二）推进网络安全研究开发的基本目标

基于上述环境判断，2019 年 5 月 17 日，日本网络安全战略本部首次发布《网络安全研究和技术开发举措方针》，提出网络安全研究开发的基本目标，并明确指出未来应该强力推进的方向及相应发展路线图。这一基本目标的设定是建立在日本对于信息通信技术的发展历程，以及由此带来的人类和信息之间关系变化的理解之上的。关于信息通信技术的发展历程，日本指出信息通信技术发展迅速，很难预测未来发展方向，因此必须立足人类悠久的历史进程，探讨面向未来的网络安全研究开发。回顾人类知识活动的历史，是从"知识的传承"（发明文字和纸）、"知识的流通"（发明活字印刷）发展至"不受时间和空间制约、共享和使用知识"。而关于知识的共享和使用，信息通信技术从最早作为军事和研究领域的专家专用工具，已经发展成为个人、企业、大学、政府皆可使用，进行信息搜集、传输和创新的工具。而且近年来以物联网为代表，已经发展成为所有人、活动和物品相互连接的信息通信技术。这一发展促使人和信息之间的关系也发生了重大变革。这种变革体现在：（1）信息的环境化，即随着互联网的普及，人的周围充斥着各种信息；（2）环境的信息化，即因为物联网，信息通信技术与现实世界紧密相连，以传感器从现实世界搜集到的数据为基础可以改变现实世界；（3）环境的智能化，即从现实世界搜集到的数据积累成大数据，为了从中选取有用信息而灵活运用人工智能。基于上述理解，日本认为，当前推进网络安全研究开发的基本目标是：（1）以创造出能够实现拥有不同价值观的人们的想法、确保人们能够安心生活的社会系统为前提；（2）通过研究开发强化国际竞争力；（3）通过研究开发获得的知识和经验、创造出促进经济发展的全新产业；（4）获得和保持日本必需的技术能力。②

（三）当前日本各界推进网络安全研究开发的主要举措

为了应对网络空间和实体空间的一体化、供应链复杂化等带来的网络

---

① サイバーセキュリティ戦略本部研究开发战略专門调查会. サイバーセキュリティ研究·技术开発の動向および検討の方向性について [EB/OL]. (2019 – 01 – 30) [2019 – 12 – 07]. https：//www. nisc. go. jp/conference/cs/kenkyu/dai09/pdf/09shiryou02. pdf.

② サイバーセキュリティ戦略本部. サイバーセキュリティ研究開発戦略 [EB/OL]. (2017 – 07 – 13) [2019 – 12 – 07]. https：//www. nisc. go. jp/active/kihon/pdf/kenkyu2017. pdf.

安全上的课题，日本各界正在围绕各类网络安全技术展开研究和开发：第一，产业界举措。当前，日本相关企业正在根据网络攻击的动向和 AI、IoT 发展，各自推进着研究开发。例如，在提供信息通信服务的企业，为了能够安全提供 5G、IoT 的通信基础设施而展开相应的研究和技术开发。在提供信息系统的企业，为了保护信息系统和使用这些信息系统的重要基础设施免受网络攻击而展开先进技术的研究开发，为了推进数据使用业务而展开必要的研究和技术开发等。第二，学会和大学举措。在日本国内，网络安全相关学会①发表了许多有关安全的研究成果。据统计，数量较多的研究主题包括密码理论、安全应用、网络攻击方法等。特别是在密码领域，日本在国外的学会也发表了一定数量的论文，可以说是日本比较强的领域。在日本的大学，一定数量的教员和学生从事网络安全相关研究。例如，根据 2016 年度的调查，日本受调查的国内大学以信息安全领域为研究主题的在读学生每年培养 1213 名，信息安全领域的大学教员为 235 名。②在一部分大学，还设置了专门学习信息安全的学科。例如，2016 年 4 月，长崎县立大学设立信息系统学部信息安全学科等。这些学科除了设置信息数理、技术、管理等共同科目外，还设置有网络安全演习、企业实习等实践类课程。③此外，日本学界与产业界合作推进网络安全研究开发已成常态。从 2018 年度双方合作的数量统计看，网络安全、网络攻击手法、安全管理、安全系统设计等是合作的重点课题。④第三，政府举措。在新的网络安全战略指导下，日本政府正在推进更具实践性的网络安全研究和技术开发。例如，使用 AI 或区块链等先进技术来确保网络安全的技术、可以内置于产品和服务系统当中的安全技术；促进供应链创造价值过程中的信任

---

① 例如，日本信息处理学会计算机安全协会主办的计算机安全研讨会、电子信息通信学会主办的密码和信息安全研讨会等。

② 岩崎学園，情報セキュリティ大学院大学．平成 28 年度理工系プロフェッショナル教育推進委託事業調査研究報告書（工学）［EB/OL］. (2017 - 03)［2019 - 12 - 07］. http：//www. mext. go. jp/component/a＿menu/education/detail/＿＿icsFiles/afieldfile/2017/06/19/1386824_001. pdf.

③ サイバーセキュリティ戦略本部研究開発戦略専門調査会．サイバーセキュリティ研究・技術開発取組方針［EB/OL］. (2019 - 05 - 17)［2019 - 12 - 07］. https：//www. nisc. go. jp/conference/cs/kenkyu/dai12/pdf/kenkyu_torikumi. pdf.

④ 小松文子．国内のサイバーセキュリティ研究開発人材の育成［EB/OL］. (2019 - 01 - 30)［2019 - 12 - 30］. https：//www. nisc. go. jp/conference/cs/kenkyu/dai09/pdf/09shiryou05. pdf.

创造和认证以及确保可追溯性、检测和防御在这些领域实施的攻击；有效率地检测安装在机器中的非法硬件和软件、完善体制以验证不会被植入非法程序或电路；通过把攻击者引入模拟网络来掌握攻击活动、调查网络上的脆弱物联网设备、广域网络扫描的轻量化；紧跟计算机技术发展（例如量子计算机、AI）的密码技术；推进研究开发成果的普及和社会应用、国际化信息传播、国际标准化等。①

（四）计划在网络安全研究开发方面强力推进的方向

尽管日本各界近年积极推动网络安全研究开发，取得一定实绩，但是当前迫切需要解决的许多课题已经显现，例如如何应对不断增大的供应链风险、如何应对依旧低迷的网络安全自给率、如何灵活运用各类有利于研究开发的数据、如何强化产学官合作等。为了应对这些课题，日本提出了在网络安全研究开发方面计划强力推进的若干方向。第一，为了应对供应链风险，完善全日本的技术验证体制。具体目标是：为了确保供应链整体的可靠性，政府一体化完善相应体制，旨在针对 ICT 机器和服务的安全性进行技术验证。此时日本需要做的是，在相关部门的配合下，从软件和硬件两个方面推进验证技术的开发研究和实用化，该技术能够确认是否被植入了非法程序或电路。第二，以培养和发展国内产业为目标，推进支援举措。具体目标是：为了培育和发展网络安全产业，需要完善国内产业的商业环境。其中包括构建能够放心使用产品和服务的验证基础，创造出与中小企业需求相适应的业务等。与此同时，日本需要确立能够进行市场展开的框架。第三，强化掌握、分析攻击的技术以及信息共享的基础。具体目标是：为了切实应对包括网络攻击巧妙化、复杂化、多样化以及随着 IoT 机器普及带来的脆弱性扩大等在内的网络攻击威胁动向，灵活运用 AI 等先进技术，强化网络攻击的观测、掌握和分析技术以及信息共享基础。第四，促进密码等基础研究。具体目标是：考虑到量子计算机的实现有可能危及到现有的密码系统，日本将推进耐量子计算机密码、量子密码等先进研究，确立能够确保安全性的基础。此外，日本还计划确立轻量密码技术，确保即便是在 IoT 等资源有限的设备中也能够进行安全通信。第五，形成产学官合作研究和技术开发的共同体。具体目标是：产学官相关人员相互合作，为

---

① サイバーセキュリティ戦略本部研究開発戦略専門調査会．サイバーセキュリティ研究・技術開発取組方針［EB/OL］. (2019 - 05 - 17)［2019 - 12 - 07］. https：//www. nisc. go. jp/conference/cs/kenkyu/dai12/pdf/kenkyu_torikumi. pdf.

了构建能够共享举措信息、合作实施研究活动的生态系统，完善相关基础体制。① 这是日本在关于网络安全研究开发指导性文件中首次提出建立共同体的思想。为此，日本计划根据国内外发展现状，同相关主体展开合作，讨论如何形成日本产学官研发共同体以及与国外展开合作。

二、自卫队网络领域研究开发

日本防卫省认为，面对日益复杂的网络安全环境，特别是中国、朝鲜等国正在大力发展网络进攻能力，自卫队必须根据最新的网络技术发展动向，大力推进网络领域研究开发。为此，防卫省近年先后制定多部防卫技术研究开发战略及配套实施计划，网络领域的研究开发是重点课题。

（一）自卫队网络领域研究开发战略规划

1. 《防卫生产和技术基础战略》

2014 年 6 月，日本防卫省发布《防卫生产和技术基础战略》②，取代 1970 年制定的《装备生产及开发基本方针》（即所谓的"国有化方针"），明确了自卫队今后 10 年维持和强化防卫生产和技术基础的基本方向。该战略将网络和太空视为 8 个主要防卫装备领域③之一，并在分析其发展现状的基础上，指出未来防卫省强化网络领域技术基础以及获取相应装备的基本方向。该战略指出，网络领域是近年防卫省正在大力发展的领域，网络攻击样式进一步复杂化和精妙化导致网络空间风险日益严峻，提升网络攻击应对能力的重要性随之提升。因此，防卫省正在灵活运用民间技术，努力使其与防卫需要相适应。未来，防卫省将同提升网络攻击应对能力相关举措相结合，从国家防卫的角度围绕未来战场所需的防卫生产和技术基础应有状态进行研讨。如果说 2014 年版《防卫生产和技术基础战略》是从培养防卫产业基础的观点提出了政策方向，那么 2016 年出台的《防卫技术战略》则是聚焦强化技术能力的观点提出了政策方向。

---

① サイバーセキュリティ戦略本部研究開発戦略専門調査会. サイバーセキュリティ研究・技術開発取組方針［EB/OL］.（2019 – 05 – 17）［2019 – 12 – 07］. https://www. nisc. go. jp/conference/cs/kenkyu/dai12/pdf/kenkyu_torikumi. pdf.

② 防衛省. 防衛生産・技術基盤戦略 ~防衛力と積極的な平和主義を支える基盤の強化に向けて~［EB/OL］.（2014 – 06）［2019 – 12 – 07］. http://www. mod. go. jp/atla/soubiseisaku/soubiseisakuseisan/2606honbun. pdf.

③ 分别是陆上装备、需品、舰船、飞机、弹药、诱导武器、通信电子和指挥控制系统、无人装备、网络和太空。

2. 《防卫技术战略》和《2016 年度中长期技术预测》

2016 年 8 月，日本防卫省发布《防卫技术战略》① 及配套文件《2016年度中长期技术预测》②。前者为顶层纲领性文件，后者为具体规划性文件。《防卫技术战略》以"确保军事技术优势、创新先进防卫装备"为副标题，对日本今后 20 年防卫技术发展进行了宏观设计，提出了未来需要达到的目标和必要政策措施。关于周边安全环境，该战略指出，伴随技术革新的不断发展，世界各国为了尽早拥有能够成为游戏规则改变者的尖端军事技术，都在积极推进研究开发。在此背景下，防卫省必须考虑到中长期防卫构想，在有限的资源下强化国家安全所必需的技术能力，既包括能够改变游戏规则的颠覆性技术，也包括适应现有装备的先进技术等。《2016年度中长期技术预测》在《防卫技术战略》的基础上，列举出自卫队未来应该重视发展的包括应对网络空间在内的共 13 项能力③，以及为了实现上述能力所必需的包括网络技术在内的共 18 项科学技术领域。④ 围绕 18 项科学技术领域，文件还以列表的形式详细整理出共 57 项具体技术及各项技术有望实现突破的时间、21 项具有颠覆性的核心技术及各项核心技术的期待效果和发展趋势等内容。其中，网络领域相关技术包括网络演习环境构建技术、网络复原技术、装备系统网络攻击处置技术、网络攻击自动处置技术、漏洞调查技术、供应链完整性技术、防篡改技术、公开信息的搜集和分析技术等。可能应用在网络领域的颠覆性技术包括人工智能、量子密码技术等。

---

① 防衛省. 防衛技術戦略~技術の優越の確保と優れた防衛装備品の創製を目指して~［EB/OL］.（2016 - 08）［2019 - 12 - 07］. http：//www. mod. go. jp/atla/soubiseisaku/plan/senryaku. pdf.

② 防衛装備庁. 平成 28 年度中長期技術見積り［EB/OL］.（2016 - 08）［2019 - 12 - 07］. http：//www. mod. go. jp/atla/soubiseisaku/plan/mitsumori. pdf.

③ 13 项能力分别是：警戒监视能力、情报能力、运输能力、指挥控制和情报通信能力、确保周边海空域安全、应对岛屿攻击、应对弹道导弹攻击、应对游击队和特种部队攻击、应对宇宙空间、应对网络空间、应对大规模灾害等、应对国际和平合作活动等、研究开发的效率化。

④ 18 项科学技术领域分别是：UGS 技术领域、UAS 技术领域、UMS 技术领域、个人装备技术领域、CBRNE 处置技术领域、卫生相关技术领域、精密攻击武器技术领域、未来车辆技术领域、未来舰船技术领域、飞机技术领域、情报搜集和探知技术领域、电子攻击防御技术领域、网络相关技术领域、指挥控制、通信和电子处置技术领域、系统集成、电子战能力评估技术领域、太空相关技术领域、后勤支援技术领域。

3.《研究开发愿景》

2019 年 8 月，日本防卫省发布新一版《研究开发愿景》。此类文件制定目的在于，基于中长期观点成体系地推进先进技术研发，整理出防卫省应该解决的各类重要技术课题，并制定出能够确保日本拥有相应技术优势且可执行的发展路线图，以指导未来各种举措的实施。截至目前，防卫省于 2010 年、2016 年分别发布《未来战斗机研究开发愿景》和《未来无人装备研究开发愿景》。新版《研究开发愿景》立足多域联合防卫力量的实现，涉及的技术课题既包括跨域作战所必需的"电磁领域""包括太空在内的广域常态性警戒监视""网络防卫"等新兴领域，也包括"水下防卫""防区外防卫能力"等常规领域的能力强化。关于网络防卫领域，《研究开发愿景》提出了强化网络防卫所面临的主要课题，并列举自卫队未来应该掌握的网络技术及发展路线图等。

（二）自卫队网络领域技术研发若干基本问题

1. 网络防卫技术的分类

从履行职能上，日本自卫队将网络防卫技术大致分为三大类：第 1 类是防患于未然的对策。具体是指信息安全产品，例如杀毒软件和防火墙技术、供应链完整性技术、漏洞调查技术、防篡改技术、装备系统网络攻击处置技术等。第 2 类是通过人为实施、保证自卫队业务继续运行的对策。具体是指为了确保在遭受网络攻击后，能够通过人为实施、保证自卫队业务继续运行，而对网络攻击处置要员进行训练的技术。例如，移动类网络演习环境构建技术等。第 3 类是通过自动处置、保证自卫队业务继续运行的对策。具体是指确保在遭受网络攻击后，能够通过系统的自动处置、保证自卫队业务继续运行的对策，例如网络复原技术等（详见图 5 - 1）。

2. 基于网络技术的网络防卫职能基本构想

日本自卫队认为，为了实施网络防卫、确保防卫省和自卫队所使用的系统不会长时间处于停止状态，必须推进预防对策；与此同时，即便是在遭受网络攻击后，也能从人为和自动处置两个方面实施能够保证自卫队业务继续运行的对策，提升系统的抗毁性。作为预防对策，应该最大限度地运用杀毒软件、防火墙、防篡改等民间技术等。另外，应该具备一定的网络妨碍能力，即所谓的网络进攻能力，以便在"有事"时，能够妨碍对手正常发挥其战力、阻止网络攻击。作为通过人为实施、保证自卫队业务继续运行的对策，应该运用网络演习环境构建技术，建立能够提升网络防卫人才作战能力的环境。作为通过自动处置、保证自卫队业务继续运行的对

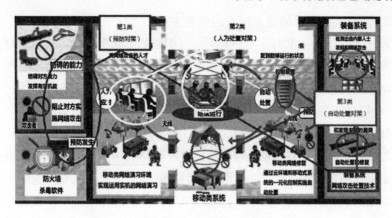

图5-1　日本自卫队网络防卫技术分类①

策，应该运用网络复原技术，以便在防卫省和自卫队使用的通信网络系统一旦
遭受网络攻击之时，能够根据自卫队作战需要进行自动处置（详见图5-2）。

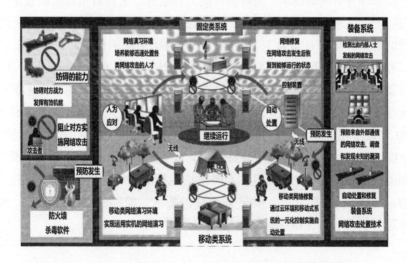

图5-2　日本自卫队基于网络技术的网络防卫职能基本构想②

---

① 防衛装備庁．研究開発ビジョン 多次元統合防衛力の実現とその先へ解説資料 サイバー防衛の取組 [EB/OL]．(2019－08－30)[2019－12－07]．https：//www. mod. go. jp/atla/soubiseisaku/vision/rd_vision_kaisetsu03. pdf．

② 防衛装備庁．研究開発ビジョン 多次元統合防衛力の実現とその先へ解説資料 サイバー防衛の取組 [EB/OL]．(2019－08－30)[2019－12－07]．https：//www. mod. go. jp/atla/soubiseisaku/vision/rd_vision_kaisetsu03. pdf．

3. 自卫队推进网络技术研发的发展方向

基于网络防卫技术的分类和网络防卫职能基本构想，日本自卫队制定出计划推进网络技术研发的发展方向并明确发展路线图。第一，为了将针对系统和网络的网络攻击防患于未然，自卫队计划积极吸取民间优秀技术，并使民间技术与防卫省和自卫队系统相适应。例如，防止内部信息泄露、防止篡改等技术、能够检查出系统漏洞的技术、检查经过非法改造的硬件和程序的技术等；特别将关注那些未来有可能提升网络防卫能力的技术，例如量子通信、量子密码技术等。第二，在通过人为实施、保证自卫队业务继续运行的对策方面。自卫队认为，由于云技术的发展，安全的界限进一步模糊化造成网络攻击进一步高级化，可以预料移动终端的增加以及移动类系统的 COTS（Commercial Off - The - Shelf：商用现货）适用等因素，将造成恶意程序感染源的井喷式增加，因此迫切需要提升网络处置人员的能力。例如，发展能够有利于培养网络处置人员和练习处置要领的网络演习环境构建技术。具体包括：模拟现有系统的技术、与训练者能力相适应、实施自主攻击的技术、评价训练者处置水平的技术等。第三，在通过自动处置、保证自卫队业务继续运行的对策方面。日本自卫队认为，针对移动系统的低品质、低速度的线路，有必要迅速采取措施以防止攻击损害扩大，确保业务继续运行。例如，网络复原技术。具体包括：能够维持重要系统运行的技术、能够管理重要系统运行状况的技术等。此外，为了提升自动化和高速化，自卫队还将灵活运用 AI 和量子相关技术，前提是确认这些技术与现有系统的适应性。第四，关于能够适时处理网络攻击的装备系统，自卫队认为有必要确保上述预防对策和通过自动处置、保证自卫队业务继续运行的对策与该装备系统相适合。例如，能够事先预防针对此类装备系统的技术、能够检测网络攻击、判断系统运行状态、确保继续运行的技术等。[①]

表 5 - 1　近年日本自卫队网络技术研发重要动向

年份	主要动向
2006 年	为了确保在可移动记忆载体上写入文件时的信息安全，制作文件加密软件，结束基础试验的同时，开始针对每个适用系统进行试验

---

① 防衛装備庁. 研究開発ビジョン 多次元統合防衛力の実現とその先へ解説資料 サイバー防衛の取組 [EB/OL]. (2019 - 08 - 30) [2019 - 12 - 07]. https：// www. mod. go. jp/atla/soubiseisaku/vision/rd_vision_kaisetsu03. pdf.

续表

年份	主要动向
2007 年	1. 完成引进对输出到可移动记忆载体上的数据进行强制加密的软件 2. 引进网络防护用的分析器材，自 2008 年 3 月开始使用 3. 开始推进密码模块应用技术和防篡改密码技术的研究开发
2008 年	开始研究试制能够实现主动防御的网络安全分析装置，2010 年设计和制作完成
2011 年	引进强化了分析功能、情报共享功能、追加了网络攻击处置演习功能的全新网络防护分析装置，自 2013 年 3 月开始使用
2012 年	围绕以陆上自卫队指挥系统为防护对象的陆自计算机防护系统进行升级，将容易遭受网络攻击的业务系统纳入防护对象
2013 年	1. 开始实施固定类网络演习环境构建技术的研究，2017 年项目完成 2. "防卫信息通信基础网（DII）使用的网络监视器材"建设完成
2014 年	1. 开始实施网络攻击处置实验装置的研究。在网络攻击发生时，研究如何确保重要通信路径和防止损失扩大。2016 年项目完成 2. 开始研究旨在早期发现网络攻击征候、防患于未然的信息搜集装置 3. 开始推进下一代网络防护分析装置的系统设计
2017 年	开始研究网络复原技术，以便在系统基础和网络技术遭受损害时，能够最大限度地使用残余基础，继续使用重要系统
2018 年	开始推进移动类网络演习环境构建技术的研究

第二节　日本网络安全人才培养

　　人力资源毋庸置疑是重要的战略资源，网络空间的竞争很重要的内容在于人力资源的竞争。日本在网络安全领域素来重视人才培养。其背景和原因在于，一方面，日本认为随着企业活动的全球化和数字化发展，网络空间正在由于以民间主体为主的投资和知识的汇集而急速扩大，成为经济社会的活动基础。另一方面，网络攻击由于会造成信息窃取、社会系统的功能不全，可能成为给国民生活、乃至国际社会带来危机的诱因。因此，无论个人还是集体，所有主体都必须加深对于网络安全的认识，通过各主体自发的举措，营造能够处置威胁的安全空间。① 为此，日本网络安全战

---

　　① サイバーセキュリティ戦略本部. サイバーセキュリティ人材育成プログラム〔EB/OL〕. (2017 – 04 – 18)〔2019 – 12 – 07〕. https：//www. nisc. go. jp/active/kihon/pdf/jinzai2017. pdf.

略本部专门设立普及教育和人才培养专门委员会，召集在人才培养领域具有卓越见识的专家学者进行研讨。通过研讨，制定人才培养发展规划，指明网络安全人才培养面临课题和产学官携手实施人才培养战略的发展方向。依据战略规划，包括防卫省在内的政府省厅和部门分别推进人才培养具体举措。

一、日本国家网络安全人才培养

（一）日本当前网络安全人才现状

2016 年～2018 年，日本经济产业省、总务省、文部科学省先后委托民间智库围绕日本网络安全人才现状展开调查研究①，得出结论，即日本当前在网络安全人力资源方面存在严重短缺，而且由于日本劳动人口，特别是年轻人口呈现减少趋势，国内的人才供给力必然受到影响，网络安全人才不足的情况有可能继续恶化。如何满足网络安全人才需求，对于日本来说已经成为亟须解决的课题。调查研究的主要观点有：第一，当前和未来信息安全人才在数量上都存在严重不足。根据 2016 年经济产业省的报告显示，日本整个产业界的信息安全人才数量约为 28.1 万，不足人数约为 13.2 万；预计到 2020 年信息安全人才数量将达到 37.1 万，不足人数将增加至 19.3 万。第二，造成信息安全人才严重不足的原因。根据调查显示，数量上出现不足的诸多理由中，"主业繁忙，无法分配人员至信息安全岗位"占据首位。质量上出现不足的诸多理由中，"业务繁忙，无暇实施教育和训练"占据首位。特别是在中小企业中，有超过半数没有设置信息安全负责人，有将近八成企业的信息安全经费年均不超过 50 万日元。深层原因则在于经营层对于信息安全重要性的认识依然很低等。第三，基于调查结果提出若干改善建议。例如，多源引进人才，包括灵活运用超过 50 岁以

---

① 岩崎学園，情報セキュリティ大学院大学．平成 28 年度理工系プロフェッショナル教育推進委託事業調査研究報告書（工学）［EB/OL］．（2017-03）［2019-12-07］．http：//www.mext.go.jp/component/a_menu/education/detail/__icsFiles/afieldfile/2017/06/19/1386824_001.pdf．総務省．我が国のサイバーセキュリティ人材の現状について［EB/OL］．（2018-12）［2019-12-07］．http：//www.soumu.go.jp/main_content/000591470.pdf．みずほ情報総研株式会社．IT 人材の最新動向と将来推計に関する調査結果［EB/OL］．（2016-06-10）［2019-12-07］．https：//www.meti.go.jp/policy/it_policy/jinzai/27FY/ITjinzai_report_summary.pdf．みずほ情報総研株式会社．IT 人材に関する各国比較調査［EB/OL］．（2016-06-10）［2019-12-07］．https：//www.meti.go.jp/policy/it_policy/jinzai/27FY/ITjinzai_global.pdf.

上的高资历 IT 人才和人才比例占据 1/4 的女性人才，引进外国 IT 人才等；提高人才流动性，将有限的人力资源战略性地分配至高附加值领域；鼓励和支援个人技能提升；改革工资待遇和职业规划，提升产业魅力；重点培养和确保大数据、IoT、人工智能、信息安全等领域人才。

（二）国家网络安全人才培养建设规划

关于网络安全人才培养，日本认为首先需要对从事网络安全工作的人员进行层次划分，确定各层次的职责要求，并在形成人才供需平衡的基本方针指引下，推进人才培养。其中，经营层意识改革、培养和确立战略管理层、培养实务者层和技术者层、充实年轻族群网络安全教育、推进人才培养国际合作是重点推进领域。

1. 网络安全人才分层建设模式

各组织内与网络安全相关的人才，各自担负着不同责任，因此很难一概而论。为此，日本在制定网络安全人才建设规划上采取的基本方法是，想定部门内的网络安全体制模型，将网络安全人才划分为经营层、战略管理层、实务者层和技术者层三个层级，分别围绕其职责、职业路径、知识技能要求、面临课题、未来建设方向等问题进行规划。第一，经营层。根据日本野村综合研究所信息安全专门企业 NRI 安全技术公司 2017 年的《企业信息安全实态调查》结果显示，企业实施网络安全对策的契机，位列前几位的分别是经营层自上而下的指示、本部门和其他部门发生的事故等。[①] 其中，信息安全事故的发生不仅会造成金钱上的损失，也可能给企业信用造成重大影响，同样会成为经营层产生问题意识的契机。由此可见，为了推进网络安全对策，经营层提升网络安全意识和经营层的参与都是不可或缺的因素。其职责应该在于，作为风险管理的一环，实施对于持续发展事业和创造价值十分重要的网络安全对策。因此，日本要求组织经营层必须掌握一定的 IT 和网络安全知识和技能，能对实际应对各类风险的技术人员的举措作出正确判断。第二，战略管理层。日本认为，要求经营层具有深厚的网络安全知识和技能储备极不现实，因此在组织当中确保一定数量的战略管理层十分重要。在平时，战略管理层负责把握经营战略中的网络安全风险，发挥支撑网络安全风险管理的核心职能，根据经营层的

---

① サイバーセキュリティ戦略本部普及啓発・人材育成専門調査会. セキュリティマインドを持った企業経営ワーキンググループ報告書 [EB/OL]. (2018－05－31) [2019－12－07]. https：//www.nisc.go.jp/conference/cs/pdf/jinzai－keiei2018set.pdf.

发展方针制定举措方案，指挥网络安全的实务者和技术者工作，并向经营层报告。在紧急状态下，战略管理层还负责在事故发生时，推测事故对事业造成的影响范围和内容，并制订应对方案，为经营者作判断提供支撑，指挥实务者层和技术者层工作。第三，实务者层和技术者层。在平时，实务者层和技术者层负责根据战略管理层的指示方针，从事系统计划、管理和系统建设，是实际践行网络安全风险管理的层级。具体包括，掌握系统的网络安全风险，制定、建设、实施安全对策（技术性对策和管理对策），并向战略管理层汇报网络安全实践相关内容，包括风险和安全对策等。在紧急状态下，实务者层和技术者层还负责在战略管理层指挥下，确定事故对系统造成的影响范围，制定应对事故的系统层面技术性处置方案，并在战略管理层的指示下，与外部人员进行联络、调整和技术应对。①

2. 网络安全人才培养基本方针

2014 年，信息安全政策会议制定《新的信息安全人才培养计划》，首次在正式文件中提出形成人才供需平衡的良好循环这一人才培养基本方针，并在 2017 年制定的《网络安全人才培养计划》和 2018 年制定的《网络安全战略》中延续。其中，人才需求是指确保网络安全人才能够充分发挥职能的雇用和职业发展路径；人才供给是指为了适应人才需求，通过教育等方式使其掌握扎实的知识和实践能力，并通过资格或评价标准等方式将其展现，获得适当待遇，不断积累业务经验的促进举措。在此基础上，日本主张必须确保网络安全人才需求和网络安全人才供给相协调，促进形成良好循环。在网络安全人才分层和人才培养基本方针的基础上，网络安全战略本部制定出产学官合作推进人才培养的发展方向，并立足长远立场，围绕如何培养能够实现产业创新的高级人才、如何面向年轻族群普及网络安全教育等问题进行了中长期规划。

3. 网络安全人才培养重点领域

第一，推进经营层意识改革。目前在日本仍然处于支配地位的观点是，网络安全措施本身不会带来利润，针对零星出现、对经营产生影响的攻击加以应对，只不过是一种"成本"。然而随着网络空间利用的迅速发

---

① サイバーセキュリティ戦略本部普及啓発・人材育成専門調査会. サイバーセキュリティ人材の育成に関する施策間連携ワーキンググループ報告書［EB/OL］. (2018 - 05 - 31)［2019 - 12 - 07］. https：//www. nisc. go. jp/conference/cs/pdf/jinzai - sesaku2018set. pdf.

展，日本开始认为，各级组织应该认识到，威胁正是由于自由而潜在，必须做好应对准备，经营层的意识改革不可或缺。日本希望实现的建设目标包括：一是让经营层认识到网络安全举措是确保业务连续性和创造新价值的"投资"，而不是不可避免的"成本"才能积极采取必要举措；二是使经营层认识到网络安全问题不仅是实务者层的问题，必须作为组织运营的重要问题来推进对策。基于上述目标，日本十分注重借助官民等一切力量，共同挖掘和培训有能力向经营层解释和讨论网络安全对策的专业人才，并经常面向经营层召开研讨会以普及安全意识。此外，日本还希望推进相关政策，以更加容易理解的方式向经营层呼吁网络安全的重要性。例如，鼓励实施网络安全对策的企业积极做宣传，开发工具使各项举措可视化，与学会加强合作整理出企业可以参照的法律制度等。①

第二，培养和确立战略管理层。日本认为，一方面，为了在组织运营中推进网络安全对策，不能只停留在技术性课题。换言之，不能只经由专家和实务者来处理网络安全问题，必须通过促进经营层理解等方式，在组织内部确立网络安全战略管理层人才。另一方面，由于行业和业态的不同，文化和习惯也各有不同，仅仅是在现有管理中加入网络安全项目实施，经常面临困难。因此，日本主张根据各种类型不一的管理现状，面向网络安全战略管理层人才，研究开发出具有实践性的学习教材，推进进修项目的实践力度，也包括挖掘和培养其中的领导者等。

第三，培养实务者层和技术者层。日本一直以来都十分重视网络安全实务者层和技术者层的人才培养，官民合作共同推进实施教育项目、资格考试、组织演习等举措，目的是提升该层次网络安全人才的知识和技术水平。为了继续保障实务者和技术者层协助战略管理层工作，日本认为，需要进一步加深对网络攻击的理解，准确把握经营者的发展方针，并与其他专门人才加强沟通，作为团队的一员发挥职能。为此，日本正在面向实务者层和技术者层，创造更多的学习进修机会、积极举办实践性演习等。此外，日本还积极在全球范围内拓展学习机会，目的是发掘和培养出一批拥有突出能力、且能在国际舞台上发挥职能的网络安全人才。

第四，充实年轻族群网络安全教育。日本认为，关于年轻族群在网络

---

① サイバーセキュリティ戦略本部.サイバーセキュリティ戦略 ［EB/OL］. (2018－07－27)［2019－12－07］. https：//www.nisc.go.jp/active/kihon/pdf/cs－senry-aku2018.pdf.

日本网络安全问题研究

安全和信息通信技术的教育问题，必须着眼中长期信息通信技术发展，推进其对网络安全基础理论的理解，充实逻辑思考能力和概念思考能力的培养。为此，日本十分注重围绕网络安全和信息通信技术的基础内容，产学官共同研讨网络安全人才培养的知识技术体系以及以此为基础的示范教育体系的应有状态。（1）在初等中等教育课程中，注重切实培养信息使用能力，例如从小学阶段开始开设编程等必修教育，使其了解计算机等信息通信技术的原理和结构，培养编程思维等逻辑思维能力。与之配套的做法是，将培养上述信息使用能力的进修项目纳入教师的培训课程，充实教师的培训体系，并根据需要灵活运用产业界人才。（2）营造教育环境，为年轻族群培养兴趣。例如，在教育课程外的场所、企业、团体等地灵活运用产业界人才能力，创造更多能够使用器材、工具等学习机会。通过产学官合作，在大学和高等专科学校等高等教育阶段培养信息技术人才。此外，日本还认为鉴于年轻族群的网络犯罪频发，信息素养教育是同等重要课题。

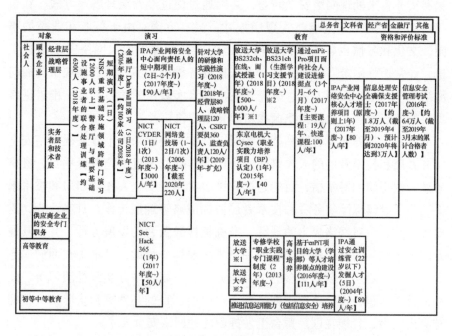

图5-3　日本各省厅网络安全人才培养主要项目①

---

① サイバーセキュリティ戦略本部普及啓発・人材育成専門調査会. 各省庁の人材育成施策に関する全体像 [EB/OL]. (2019-05-17) [2019-12-07]. https://www.nisc.go.jp/conference/cs/jinzai/dai11/pdf/11shiryou0502.pdf.

·130·

第五，推进人才培养国际合作。日本认为，网络安全的人才培养，不应该局限于日本国内，应该尽可能在全球范围内交流学习。为此，围绕大学和公共机构的网络安全人才教育项目，一方面，日本十分注重与主要国家构建合作框架，与海外的人才培养机构展开各种合作，例如实施共同演习等。另一方面，日本还积极推动为海外的网络安全人才培养做出贡献，灵活运用日本在网络安全人才培养上获得的知识和经验，协助海外共同培养网络安全人才。

二、自卫队网络安全人才培养

日本防卫省和自卫队将网络领域人才培养作为应对网络攻击的六大支柱之一。历年出台的重要安全文件都强调，在网络攻击手段不断高级化、复杂化的进程中，确保拥有网络领域高度专业性知识、技能和经验的优秀人才不可或缺。为此，防卫省近年不断强化防卫省内教育态势，积极向国内外的高等教育机构派遣人员学习，并促进与民间部门的网络人才交流。与此同时，通过在防卫省内组织各式各样的教育宣传活动，目的是提升每一位职员保护信息的意识。

（一）防卫省网络安全人才培养的主要途径

1. 在防卫省内的教育培养机构学习进修

例如，防卫大学、陆上自卫队通信学校、陆上自卫队高等工科学校、海上自卫队第 1 术科学校、航空自卫队第 4 术科学校均面向培养通信人才开设了相应课程。（1）防卫大学。第一，面向防卫大学所有专业本科生，自 2015 年 4 月开始开设必修课程——"网络战概论"，作为防卫学课程之一，用以学习网络战基础知识和应对网络战快速发展的基础知识。第二，防卫大学专设情报工学本科专业，开设计算机系统概论、编程语言、控制系统论、生命与信息、操作系统研究概论、人工智能、信息安全概论、网络媒体交流、数学通论等课程。第三，理工学硕士情报数理专业①，除专设网络安全工学方向外，其他方向也都开设有网络反恐的必修课。第四，面向所有理工科硕士开设有系统安全的必修课。第五，理工科博士专设电子信息工学专业。此外，为了强化防卫大学网络安全领域的教育和研究体制、完善必要的规则建设，2011 年增加了一名相关领域的教授。（2）其他

---

① 情报数理专业下辖 9 个方向，分别是数理构造、数理解析、应用数理、应用系统工学、网络安全工学、智能信息、机器人、操作系统调查、计数系统。

自卫队院校。一直以来，在自卫队的术科学校教育中，陆上自卫队开设有系统防护课程、海上自卫队开设有信息安全课程、航空自卫队开设有通信干部课程，各自实施网络安全人才培养。2019年2月，日本媒体报道称，防卫省计划从2019年度开始统一此前分散于陆海空自卫队的网络防卫相关教育，即面向陆海空自卫队员实施"网络共通教育"，目的是确保网络人才掌握共通的知识和技能，提高一体化运用能力。2019年8月上旬，陆上自卫队通信学校组织了网络攻防综合演习，这是为期三个半月的网络教育课程的收尾科目。参加人员以陆上自卫队员为主，包括少量海自和队员。演习中，自卫队员分为8个小组参加。运用与外界隔绝的通信系统虚拟空间，由教官们下达自卫队系统发生的异常故障信息，接连提出问题以查明造成网络攻击原因的可能性，是解题竞速的夺旗赛（CTF）。据防卫省2019年度预算概要显示，防卫省编列0.5亿日元，用以实施面向各自卫队的网络共通教育。另据防卫省2020年度预算概要显示，防卫省已编列预算用以完善陆上自卫队通信学校和高等工科学校的网络教育体制，计划在通信学校新设负责海陆空自卫队共通网络教育的网络教官室（已在2021年度完成），在高等工科学校新开设系统和网络专修课程（已在2021年度完成，课程内容包括编程语言等网络业务基础知识等）。

2. 灵活运用日本民间教育资源和人力资源

除了运用防卫省内的教育资源外，日本防卫省还积极派遣人员到国内相关大学进修，学习信息安全相关课程，例如信息安全大学院大学、北陆尖端技术大学院大学等，借此培养具有先进知识的网络安全人才。此外，防卫省还加快面向民间招聘包括网络安全相关资格拥有者、在民间企业等部门有安全业务经验者在内的高级专业人才到防卫省内任职，并积极参加民间研修和各种演训等活动。例如，2018年8月，防卫省的大野敬太郎政务官接受《日经商务》采访时表示，希望在2019年也能以事务次官级的待遇引进5名信息安全专家。2021年7月，日本电报电话公司和信息通信公司分别有1名网络专家通过公开招募，开始以"网络安全综合顾问"的身份到防卫省任职。2018年10月，媒体报道称，自2019年开始自卫队将把网络空间防卫队的部分业务进行外包。由于攻击手法的不断精妙化，仅仅在自卫队内部实施人才培养十分有限，因此防卫省将灵活运用民间企业的人力资源，讨论采用"特定任期制队员"的方式聘用拥有先进基础和知识的专家。2019年10月，防卫省还明确表示将从明年开始，首次通过竞赛的形式从日本全国范围内招募网络安全方面的民间人才，即所谓的"白帽黑客"。据悉，防卫省正在讨论名为 CTF 的能力测试，作为具体的竞赛内容。所谓 CTF 是为了检验实际的信息安全技术而进行的比赛，它与笔试等资格考试有很大区别，被定位为实践类考试。防卫省针对在竞赛中表现优异的人才，不仅录用为防卫省职员，还预计录用为网络安全顾问。另据防卫省 2020 年度预算概要显示，防卫省已为 MOD‒CTF（暂称）竞赛编列 400 万日元。

3. 向美国相关专业教育机构派遣留学生进修

联合培养网络安全人才，是日美两国推进网络安全领域合作的重要一环。当前，一方面日本防卫省派员至美国的卡内基梅隆大学（每年 2～3 名）等教育机构，学习信息安全相关课程已成常态。另一方面，两国防卫当局联合实施网络安全科目的演训或竞技比赛，也是提升自卫队员网络防卫能力的重要方式之一。例如，2019 年 8 月 22 日，陆上自卫队和美国陆军联合举行了网络竞技会，方式是解题竞速的夺旗赛（CTF）。这是日本自卫队和美军首次隔着太平洋以在线连接的形式实施的演练。① 日美双方各组成 6 支队伍参赛。美国方面来自乔治亚洲的网络学校、陆自方面来自负责通信系统防护任务的 4 支队伍、通信学校的教官们也组队参加了此次比赛。另据防卫省 2019 年度预算概要显示，防卫省编列 0.5 亿日元，用以派遣人员参加国际训练等活动，目的是学习最新网络技术。据防卫省 2020 年度预算概要显示，防卫省编列 0.4 亿日元，用以派遣人员到美国的大学进修教育课程，目的是学习指挥官在网络战中的决策要领等。2021 年 6 月，日本海上自卫队的网络作战力量首次在"出云"号护卫舰上，与美国海军实施了应对网络攻击的共同训练。

（二）强化防卫省职员网络安全意识和技术水平的重要举措

1. 面向全体职员定期组织信息安全教育

为了强化每位职员的网络安全意识，日本防卫省专门制定了定期信息安全教育制度，要求每个课室、每个部门每年组织 1 次以上的信息安全教育。实施教育时，防卫省特别要求：一是根据职员职务实施教育；二是按照计划定期实施教育；三是灵活运用合适教材。针对一般职员的教育内容是安全使用信息系统所必需遵守的事项，例如密码、用户 ID 等认证信息的管理、备份的获取、访问权的设定、可移动记忆载体的处理以及收到电子邮件后的注意事项等。针对信息安全对策责任人的教育内容涉及妥善运用

---

① 付红红. 日本网络空间发展脱离"专守防卫"轨道［N］. 解放军报，2020‒02‒13（11）.

信息系统的功能、制定信息系统管理方面的必要文书，等等。

2. 确定"防卫省信息安全月"教育制度

日本防卫省将每年的 2 月确定为"防卫省信息安全月"，集中实施各种网络安全教育活动。每次的信息安全月，将围绕网络安全确定不同的重点主题。例如，2016 年防卫省信息安全月的重点主题是"自己处理的信息由自己保护"，目标是敦促全体职员再度确认自己处理的信息等级和共享范围以及相关规则，认识到由目标型攻击邮件造成的信息泄露威胁及其对策，并试行了运用 e – Learning 的信息安全教育模式。2018 年防卫省信息安全月的重点主题是"OS 和软件必须保持最新状态"，针对全体职员实施了关于面对漏洞威胁应该留意的事项等教育，并实施了应对网络攻击的邮件训练。2019 年信息安全月重点主题是"提升可疑邮件的处置能力～我不会受骗～"，面向全体职员围绕面对最新威胁应该留意的事项进行教育，并实施了应对目标型攻击的邮件训练。

未来，防卫省将继续加大网络安全人才培养力度。《2018 年中期防卫计划大纲》对此指出，计划推进期间，将调整重要性下降的现有组织及职能，并以太空、网络、电磁等新兴领域为中心，充实人员编制，采取措施实现组织与职能的最优化。为了稳定确保具有专业知识的优秀人才，防卫省将继续通过扩充部门内的专业教育课程、积极派员赴国内外高等教育机构学习，实施可提升专业性的人事管理等措施，有计划地培养优秀人才，并灵活运用单位外部的优秀知识，加强自卫队的网络防护能力。

第三节　日本网络安全国际合作

网络空间跨越国界不断扩展，各类主体对于网络空间的利用也在急速增加，相伴而生的网络风险呈现扩大化和全球化趋势，从而造成即便是在海外发生的网络事件也有可能对其他国家造成影响。可见，网络威胁已经成为世界共同面临的紧迫问题日益凸显。在此背景下，日本认为，为了使世界各国在网络空间中共存并充分享受好处，各国必须相互理解到不同的价值观，并建立信任关系，共同努力解决问题，因此日本主张促进与世界各国政府和民间各类层级的合作，以确保网络空间安全，进而维护国际社会的和平稳定和日本的安全。特别是日本坚信，日本在信息通信基础设施建设方面已达到世界最高水平，随着信息通信技术的利用，日本已经面临众多网络威胁。为了确保网络安全，日本政府多次制定和修订安全战略、年度计划、各领域举措方针，并基于这些政策，产学官各类主体相互合作解决问题，由此日本已经掌握了丰富的经验和足够的知识，可以为世界做贡献。因此，日本将发挥这些优势以推进国际合作视为日本的使命。①

一、日本国家网络安全国际合作

（一）基本原则和基本方针

为了有效推进网络安全国际合作，日本政府出台名为《网络安全国际合作举措方针》的国际合作战略，明确提出应该遵循的四项基本原则和四项基本方针。

1. 基本原则

第一，确保信息自由流通。日本认为，网络空间通过所有主体的自由利用，已经发展成为社会经济发展的基础。过度的管理或规制，可能成为损害网络空间的便利、阻碍社会经济发展的因素。因此，日本主张在不进行过度管理和规制的前提下，通过确保开放性和互操作性，以维护和发展能够确保信息自由流通的安全可靠的网络空间。其结果是，言论自由和具有活力的经济活动得以确保，世界各国都能够享受到诸如促进创新、经济发展和解决社会问题等各种好处。第二，全新应对严重化的风险。网络威胁正变得愈发严重，面对扩大化、扩散化、全球化的风险，日本认为继续延续迄今为止的对策和举措已经无法切实解决问题。如果网络空间容易受到威胁，网络空间的活动可能会受阻，从而难以确保信息的自由流通。因此，日本主张除了迄今为止的对策和措施之外，还需要通过国际合作建立一种新机制，以便能够适当应对信息通信技术创新所带来的风险。第三，以基于风险的方式强化应对。事先完全阻止网络攻击是理想状态，然而随着网络空间的拓展、网络威胁的巧妙化和高级化，实际上变得非常困难。在此背景下，日本认为以发生一定的风险为前提，及时适当地分配资源，各国合作迅速加以适当应对，迅速恢复、防止损害蔓延是应对网络威胁的更具现实性的举措。因此，日本主张采取以风险为基础的方式，迅速且适当地把握不断发生变化的风险，构筑能够切实实施基于风险性质的动态响应体制，是国际共同面对的要务。第四，基于社会责任的行动和互助。随

---

① 情报セキュリティ政策会議.サイバーセキュリティ国際連携取組方針［EB/OL］.（2013 - 10 - 02）［2019 - 12 - 07］. https：//www. nisc. go. jp/active/kihon/pdf/InternationalStrategyonCybersecurityCooperation_j. pdf.

着网络空间的扩展，各类行为主体正在享受网络空间带来的好处。其结果是，网络威胁在各类主体中广泛传播。在此状况下，日本认为重要的是每个主体主动采取行动，例如采取措施确保自身网络安全，同时将"网络空间卫生"作为整个社会参与网络威胁的预防措施。因此，全球跨境形成的网络空间中的所有主体（利益相关者）必须根据各自社会地位发挥作用，并相互合作和互助。

2. 基本方针

第一，渐进式促成全球共识。网络空间是通过政府、企业和个人等各类主体的利用得以发展，其活力则通过不同文化和价值观的国家共存而得以提升。因此，日本认为重要的是加强国际合作以确保网络安全，认识到网络空间存在着不同的主体和价值观，并最大限度地享受网络空间的好处。另外，网络安全相关问题涉及范围广泛，从社会经济方面到安全方面，从易于解决到难以解决，包括促进共识的程度、可参与的主体范围等。因此，日本认为有必要在认识到各种价值观的同时，从可能的地方入手逐步建立共识。在推动这些举措时，日本希望可以利用双边、多边、区域框架、联合国会议等所有场合。第二，日本对国际社会的贡献。目前，日本已在全国范围内建设了包括光纤网络和高速无线网络在内的世界顶级信息通信基础设施，促进了各年龄主体对网络空间的利用。因此，日本认为其率先面临着严重的网络安全问题。与此同时，公共部门和私营部门等相关主体展开合作，采取各种各样的措施来解决这些问题，取得了一定成果。日本希望灵活运用其丰富经验和先进知识，为全球更快更有效地解决问题做出贡献，例如积极推动全球能力建设活动，包括支援人才培养、事件响应体制和信息共享体制的构建等。第三，在全球扩大技术前沿。为了切实应对那些随着信息通信技术高级化和使用范围拓展而产生的新风险，需要尽可能使用先进技术解决问题。而日本在应对网络威胁的技术方面积累了广泛的知识和经验，包括网络安全对策技术的开发及其实用化举措等。因此，日本认为重要的是持续推进能够安心利用网络空间的技术开发，在全球范围内扩大技术前沿，拓展廉价而先进的技术的效用。虽然由于使用方式的不同，信息通信技术有可能成为风险的诱因，但日本认为更重要的是持续开发和利用该技术，而不是阻止技术开发，管制那些有可能被滥用的技术。

（二）重点领域举措

为了确保网络空间安全，进而实现国际社会的和平稳定以及日本的安全这一战略目标，日本在 2021 年版《网络安全战略》中明确提出将在

"共享信息和政策调整""事件共同响应""能力构建援助"等重点领域与每个国家的不同层级行为主体展开国际合作。

1. 通过国际协商交换信息建立互信

日本认为，积极参加网络空间问题国际研讨，共享网络安全信息，统一各国网络安全意识，对维护网络空间安全至关重要。具体而言，日本正在积极利用双边、多边协议或国际会议等各类框架进行国际对话，通过交换涉及网络安全政策、战略、体制等主题的有用信息，加深理解、建立互信，并将这些信息应用在日本网络安全政策的制定立案上。同时，日本还十分重视与那些与之拥有共同价值观的战略伙伴国之间推进网络安全合作。① 其中，在双边网络政策协商和对话方面，截至目前，日本已经先后与英国、印度、美国、欧盟、中国（通过"日中韩网络协商"的形式）、韩国、以色列、法国、爱沙尼亚、澳大利亚、俄罗斯、德国以及乌克兰共13 个国家和地区分别建立了网络问题协商机制，主要围绕网络安全形势判断、双边网络政策、国际合作、能力建设援助等议题进行广泛讨论。在多边网络政策协商方面，日本积极参加网络安全主题的国际会议，广泛参与网络空间国际规则制定、建立互信、援助能力构建等议题的讨论。这些框架主要包括：网络空间国际会议（GCCS）、联合国网络安全政府专家小组（GGE）、联合国网络安全不限成员名额工作组（OEWG）、东盟地区论坛（ARF）网络安全会谈等。同时，NISC 作为相当于日本 National CERT 的部门，具有与其他国家的 National CERT 进行合作的联络窗口（PoC）职能。因此，NISC 还积极参加海外 National CERT 汇集的国际会议，借机宣传日本，积极推进重要基础设施防护、事件响应举措和最佳实践的共享，以及充实与各国政府部门之间的信息共享机制。例如，Meridian 会谈、IWWN、日本和东盟网络安全政策会议、FIRST② 等。

---

① サイバーセキュリティ戦略本部.サイバーセキュリティ戦略［EB/OL］.(2018 – 07 – 27)［2019 – 12 – 07］. https：//www. nisc. go. jp/active/kihon/pdf/cs – senry-aku2018. pdf.

② Meridian 会谈旨在推进重要基础设施防护问题上的国际合作，自 2005 年开始，成员来自以发达国家为中心的约 70 个国家的网络安全主管省厅。IWWN 是创设于 2004 年的国际框架，旨在促进应对网络空间脆弱性、威胁、攻击的国际合作，成员来自 15 个发达国家的 National CERT 相当部门。日本和东盟网络安全政策会议，创设于 2009 年 2 月，成员来自东盟 10 个加盟国和日本网络安全主管省厅。FIRST 是指在世界各国官民 CSIRT 之间交换信息以及构建事件响应合作关系的论坛。

2. 强化应对网络事件的国际合作机制

在实施以网络事件有可能发生为前提的举措时，有必要在应对不断变化的风险的同时，将事件的影响降到最低，而由于网络空间的全球拓展，迅速实施国际化应对不可或缺。换言之，网络威胁现实化，构建国际合作机制是当务之急，该机制有助于各国合作，迅速把握网络事件态势，准确分析影响，并在此基础上对防止进一步损伤、促进早期解决、研究原因和预防类似事件等方面作出响应。具体而言，日本认为，为了在平时共享网络攻击信息和威胁信息，特别是恐怖组织利用网络空间的活动信息，以便在事故发生时能够合作应对，应该通过参加国际网络演习、联合训练等方式，确保与国外机构的联络体制，提升合作应对能力，并在事故发生时通过恰当的国际合作进行共同响应。① 例如，一方面，NISC 积极参加国际网络演习，对国外和国内信息交换流程加以确认，同时检验日本国内的信息共享体制；一方面 NISC 主办"网络演习国际研讨会"，与参加国共享网络演习的知识经验。此外，日本与东盟加盟国之间也在持续举行网络演习和机上模拟演习。与美国之间，以日美安保体制为基础，正在网络领域展开着紧密合作。2016 年 7 月召开的第 4 次日美网络对话，重点围绕形势判断、重要基础设施防护、能力构建等方面的合作议题进行了广泛讨论。此外，日本自 2012 年开始，每年 10 月都会举行"网络安全国际活动"，以加深所有人对网络安全重要性的认识。

3. 援助发展中国家网络安全能力构建

为了共同响应网络事件，各国都要拥有足够的"基础能力"，即基本能力和应对体制。考虑到网络空间的全球性特点，必须在全球层面提升网络安全标准的下限，在网络空间中减少脆弱节点。这些举措也可以对在网络空间进行的恶意活动产生威慑作用。对此，日本认为向世界各国的网络安全能力构建事业提供援助，不仅能够确保依赖于对象国基础设施的日侨生活和日企活动的稳定、促进该国网络空间的稳定利用，还有利于确保整个网络空间的安全，进而提升包括日本在内整个世界的安全环境。② 因此，

---

① サイバーセキュリティ戦略本部.サイバーセキュリティ戦略 [EB/OL]. (2018 - 07 - 27) [2019 - 12 - 07]. https：//www. nisc. go. jp/active/kihon/pdf/cs - senry-aku2018. pdf.

② サイバーセキュリティ戦略本部.サイバーセキュリティ戦略 [EB/OL]. (2018 - 07 - 27) [2019 - 12 - 07]. https：//www. nisc. go. jp/active/kihon/pdf/cs - senry-aku2018. pdf.

日本近年持续根据 2016 年和 2021 年公布的《发展中国家网络安全领域能力构建援助（基本方针）》，在以内阁官房为中心的相关省厅紧密配合下，综合运用各种政策手段，以东盟为中心的发展中国家为对象，积极推进能力构建援助事业。其中，日本和东盟之间在援助能力构建方面的合作历史已经超过 10 年。近些年的重要动向包括：2018 年 9 月 10 日~14 日，日本经济产业省邀请美国国土安全部和 NCCIC ICS 的 5 名专家，实施了面向东盟的日美网络联合演习。2018 年 9 月，为了面向东盟各国政府部门网络安全责任人讲授网络防御演习等内容，根据日本总务省的倡议，在泰国成立了"日本和东盟网络安全能力构建中心"。以东盟加盟国政府职员、重要基础设施从业者为对象实施的实战化网络防御演习，以年轻工程师为对象实施的网络安全竞赛等活动也在继续推进。自 2016 年 10 月开始，日本外务省和警察厅与新加坡以及国际刑警组织（ICPO）展开合作，面向东盟地区执法机关提供研修机会，以提升网络犯罪对策能力等。2019 年 3 月 11 日~15 日，日本防卫省还曾邀请 15 名越南人民军要员举行了网络安全研讨会。

（三）重要区域合作

1. 美国

日本认为，美国是以日美安全保障体制为基础、在所有层级紧密合作的同盟国。两国拥有相同价值观，包括相同的网络空间价值观，因此与美国展开紧密的网络安全合作关系十分重要。目前两国正在通过日美网络对话、互联网经济相关的日美政策合作对话、日美网络防卫政策工作组、日美能源战略对话等各种渠道推进合作。当前日本正在出于以下方面考虑，推进两国网络安全合作：第一，推进网络空间法制建设。日本认为，以《联合国宪章》为代表的现有国际法同样适用于网络空间。日美应该合作对抗那些妨碍网络空间发展、试图改变国际规则的行为，以实现国际社会的稳定与和平以及日本的安全。第二，强化防御能力、威慑能力和态势感知能力。日本认为，面对网络攻击，为了保护日本的安全利益，确保国家应对网络攻击的强韧性、提升网络攻击威慑能力和网络空间态势感知能力至关重要。针对那些威胁到日本安全的网络空间威胁，包括有可能有国家参与的攻击，日本应和美国展开合作，综合运用政治、经济、技术、法律、外交等所有有效手段断然应对，目的是威慑恶意主体行动、确保国民的安全和权利。为此，日本有必要与美国推进威胁信息的共享。第三，在网络空间政策等方面加强沟通协调。日本正在通过双边、多边会谈、国际会议等框架在网络政策、网络事件响应等方面深化与美国的合作。尤其是在两国防卫当局，双方一方面合作实施联合演训、培养人才，一方面在新版《日美防卫合作指针》指导下强化自卫队和美军之间作战层面的合作，并通过强化政府整体合作体制，以提升日美同盟的威慑力和应对能力。①

2. 东盟

由于地理位置邻近、经济联系紧密，加之近些年日本企业的投资增加，日本十分重视与东盟之间在网络威胁对策上的合作。长久以来，二者一直通过"日本—东盟网络安全政策会议"和"日本—东盟网络安全合作部长级政策会议"等框架进行着合作。总体来说，日本和东盟在网络空间的合作，以 NISC、总务省、经济产业省的举措为主，同其他国家和地区相比率先推动。以"日本—东盟网络安全政策会议"机制为例。该机制以东盟各国的经济和投资部门以及信息通信部门为对象，2009 年 2 月首次举行。最初的名称是"日本—东盟信息安全政策会议"，几乎每年召开一次，2018 年改为现名。该机制形成的背景在于，日本对东盟增加投资以及日本东盟全面经济合作协定的生效（2008—2010 年）。一直以来，双方合作尤以先进技术为主，目的是构建安心安全的商业环境和信息通信网络，为经济发展提供支撑。而日本同东盟加强合作的另一背景在于，日本提出实现"自由开放的印太战略"目标，东盟的重要性愈发凸显。可以预见，未来不仅是信息通信基础设施建设领域，在网络安全能力和体制建设等方面，东盟对日本向其提供援助的需求会越来越高。此外，还有日本学者指出，东盟各国引进"5G"已成巨大话题，在"一带一路"构想下推广"数字丝绸之路"的中国正在通过华为不断强化在东南亚的参与度②，这也构成了日本重视与东盟进行网络安全合作的动机。

二、自卫队网络安全国际合作

日本防卫省认为，随着网络等新兴领域利用的急速扩大，在当前国际社会仅靠一国之力很难妥善应对的安全课题呈现广泛化和多样化特点，因此在安全领域展开国际合作的必要性和潜在可能性也前所未有地高涨。

① サイバーセキュリティ戦略本部.サイバーセキュリティ戦略 [EB/OL]. (2018 – 07 – 27) [2019 – 12 – 07]. https://www.nisc.go.jp/active/kihon/pdf/cs – senryaku2018.pdf.

② 原田有.「サイバー『防衛』外交」の視点 – 日 ASEAN 協力を事例として [J]. 防衛研究所 NIDS コメンタリー, 2019 (94).

对此，防卫省和自卫队应该立足基于国际协调主义的积极和平主义立场开展国际合作，为日本的安全和地区的和平稳定以及国际社会的和平稳定与繁荣做出积极贡献。作为当前全球安全的重要课题，防卫省希望继续通过强化军事合作以尽早获得网络领域优势地位。具体而言，防卫省希望通过共享威胁认识、交换网络攻击的处置意见、参加联合演习、援助能力建设等方式强化与其他国家的网络安全合作。在日本政府网络安全国际合作基本政策方针指导下，当前防卫省正在积极推进防卫当局网络安全合作的对象，同样涉及许多国家和地区组织，其中尤以日美合作为重。①②

（一）日美防卫当局网络领域合作

日本防卫省认为，为了保证网络空间的稳定利用，自卫队和美军之间包括共同应对网络攻击在内的全方位合作不可或缺。当前，日美两国防卫当局正在以新版《日美防卫合作指针》《日美网络防卫政策工作组共同声明》等重要文件为指导，在日美 IT 论坛、日美网络防卫政策工作组、日美信息保证实务者定期协商等框架内强化交流与协调，通过共享网络威胁信息、交换训练和教育的最佳实践信息、举行网络演习、联合培养网络安全人才等方式推进网络合作（详见图 5 - 4）。

1. 协商机制

日美两国围绕网络安全问题展开协商的方式大致分为两大类：一是依托国际网络问题协商机制，例如国际网络问题协商会议、多边网络问题会谈等；二是日美两国之间专门围绕网络安全问题而设立的协商框架。主要包括日美网络对话、日美网络防卫政策工作组会议、日美 IT 论坛以及日美信息保证实务者定期协商会等。

第一，日美网络对话。基于 2012 年 4 月日美首脑会谈的协商成果而决定启动的两国网络安全对话机制，属于政府层级的协商框架。该机制讨论的议题广泛，包括网络威胁信息的交换、两国网络战略的比较、应对以重要基础设施为目标的共同威胁相关计划的制订与落实、以及网络领域防卫

---

① 防衛省. 令和元年版防衛白書［EB/OL］.（2019）［2019 - 12 - 07］. https：//www. mod. go. jp/j/publication/wp/wp2019/pdf/index. html.

② 防衛省. 平成 31 年度以降に係る防衛計画の大綱について［EB/OL］.（2018 - 12 - 18）［2019 - 12 - 07］. https：//www. mod. go. jp/j/approach/agenda/guideline/2019/pdf/20181218. pdf.

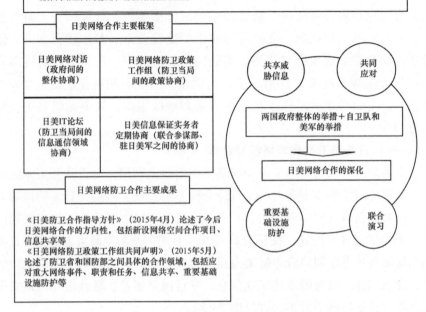

- 日本认为，近年，网络攻击的样式进一步复杂化、巧妙化、高级化，针对跨越国境的网络空间威胁，必须展开国际合作共同应对
- 网络攻击有可能成为自卫队和美军遂行任务时的巨大阻碍，因此日本认为进一步推进日美防卫合作、确保网络空间的稳定和有效利用至关重要

图 5-4　日美防卫当局网络合作框架及成果

和安全政策的合作等。① 第一次对话于 2013 年 5 月 9 日～10 日在东京举行，并发布了《共同声明》。截至目前先后举办过 6 次，是日本双边网络对话中举办次数最多的对话。日方人员来自政府网络安全事务相关部门以及情报部门，例如外务省、国家安全保障局、内阁网络安全中心、内阁情报调查室、警察厅、总务省、经济产业省、防卫省等。美方人员来自国务院、国土安全部、国防部等。

第二，日美网络防卫政策工作组会议。2013 年 10 月正式启动的日美网络防卫政策工作组会议，是两国防卫部门商讨网络领域防卫合作问题的专门框架。2014 年 2 月在防卫省组织首次会议，截至目前先后共组织 6 次。会议主题包括：（1）网络防卫政策；（2）信息共享；（3）网络防卫体制；（4）训练演习；（5）网络人才的录用、培养、维持、教育交流；

---

① 外務省. 日米サイバー対話共同声明 [EB/OL]. (2013-05-10) [2019-12-07]. https://www.mofa.go.jp/mofaj/area/page24_000009.html.

（6）与其他省厅和民间部门合作等。日方主席由防卫政策局副局长担任，参加者包括防卫政策局、运用计划局、联合参谋部人员等。美方主席由国防部网络事务助理部长帮办担任，参加者包括国防部东亚事务助理部长帮办、联合参谋部、美国太平洋司令部、驻日美军人员等。

第三，日美 IT 论坛。2000 年 9 月，日美两国防卫首脑会谈达成共识，将在防卫当局之间进行 IT 交流。2002 年 2 月召开首次论坛，主要围绕日本自卫队和美军信息通信政策、技术动向以及今后课题展开广泛讨论。日方参加人员包括防卫省内局、陆海空以及联合参谋部的 IT 责任人。美方参加人员是国防部长办公室、驻日美军等部门的 IT 负责人。

第四，日美信息保证实务者定期协商（IAWG）。日本防卫省联合参谋部和驻日美军之间的协商机制，主要围绕信息保证和网络攻击应对等的合作问题展开协商（室长、上校级别），2006 年召开首次会议。

第五，日美互操作性管理协调会议。该协调会简称 IMB（Interoperability Management Board），是为了确保日本自卫队和美军共同使用的通信系统（数据链、CENTRIXS 等）的互操作性，定期举行的协商（课长级）。1995 年首次召开。

2. 职责分工及合作要领

为了在面临重大网络攻击时日美两国防卫当局能够共同采取有效应对措施，近年来日本防卫省和美国国防部陆续出台新版《日美防卫合作指针》和《日美网络防卫政策工作组共同声明》等重要文件，对双方在共同应对网络攻击时的支援义务、职责分工以及在平时和战时的合作要领进行明确。

（1）支援义务。针对网络空间威胁，新版《日美防卫合作指针》明确指出，日美两国政府将合作应对。双方的基本立场是：当发生针对日本的武力攻击时，为了将其排除以及对以后的攻击实现威慑，日本自卫队和美军将实施跨域联合作战，其中包括共同应对网络空间威胁。然而，在提及共同应对以日本以外国家（美国或第三国）为目标的武力攻击时，指针列举的联合作战样式中并未包括网络防卫作战。与之相对，《日美网络防卫政策工作组共同声明》却明确指出，当发生威胁到日美任一国家安全的重大网络攻击事件时，包括针对日本作为武力攻击一环实施的重大网络攻击事件，双方将密切协商并采取适当的合作行动。关于这一点，《共同声明》为双方今后在网络安全领域行使集体自卫权提供了更为明确的政策支持。

（2）职责分工。第一，日本防卫省和美国国防部必须在分析双方在网络空间任务的基础上，持续进行人员配置和资源分配。第二，日本防卫省和美国国防部有必要探讨更多的选项以强化网络部队之间作战层面的合作。第三，防卫省有必要与日本政府部门展开紧密合作，为政府整体应对各种网络威胁做贡献，其中包括合作应对以自卫队、驻日美军所使用的重要基础设施和服务为目标的网络威胁。（3）平时合作要领。在平时，为了确保网络空间的安全稳定利用，日本防卫省和美国国防部应该采取如下举措。第一，在适当的时机以适当的方式适时共享网络空间威胁和漏洞信息以及能够提升网络空间能力的信息，包括交换演训、教育、能力开发的最佳实践经验等。第二，在适当的时机实施现地考察和联合演习训练。第三，与政府部门展开合作，围绕危机时如何通过各种渠道改善网络信息共享进行研讨，构建适时经常的双向信息共享、网络威胁通用指标和警戒态势。特别是共享能够确保任务完成以及重要基础设施防护的最佳实践经验。第四，做好情报及其使用上的保全工作，确保通过顺畅的信息共享以保障与同盟之间实现最有效的支援。第五，日本防卫省和美国国防部有必要与其他伙伴国建立网络信息共享框架。第六，确保各类网络和系统的抗毁性以保证任务遂行。（4）"有事"时合作要领。当发生针对日本的网络攻击事件，其中包括以自卫队和驻日美军使用的重要基础设施和服务为目标的网络攻击事件时，日本必须作为主体力量加以处置，美国则根据两国间的密切协调对日本进行适当支援。日美两国政府需要迅速切实进行情报共享。而当发生对日本安全造成深刻影响的网络事件时，日美两国政府需要密切协商，采取适当合作行动予以应对。

（二）其他国家和地区合作

除了美军之外，日本防卫省当前还与许多国家、地区、国际组织建立网络协商机制，通过分享信息、交换意见等方式不断推进网络安全国际合作。例如，东盟成员国、北大西洋公约组织、英国、爱沙尼亚、韩国、德国、法国、以色列、俄罗斯等。

1. 东盟

第一，日本防卫省和自卫队主要通过参加东盟防长扩大会议（ADMM - plus）、网络安全专家会谈（EWG）以及与新加坡、越南、印尼等国防卫部门举行 IT 论坛等方式，就网络安全问题进行双边或多边协商，目的是交换信息、加深理解、促进互信。第二，根据包括防卫省在内的日本政府部分省厅 2016 年 10 月联名发布的《发展中国家网络安全领域能力构建援助（基本方针）》，防卫省自 2017 年底开始以越南为对象，陆续开展多项网络领域能力建设援助活动，为推进与其他东盟国家之间的合作提供了范本。

2. 北大西洋公约组织

日本防卫省与北大西洋公约组织之间，建立有防卫当局从事网络协商的"日本和北约网络防御成员会晤"机制，积极参加设置在爱沙尼亚的北约网络防御合作中心主办的网络纷争国际会议（CyCon），作为观察员参加北约举办的网络防御演习（Cyber Coalition 和 Locked Shields），自 2019 年 3 月起开始向北约网络防御合作中心派遣人员，目的是从应用等多个层面推进双方在网络安全领域的合作关系。此外，2017 年 1 月，日本防卫大臣稻田朋美时隔十年访问布鲁塞尔北约本部，与北约秘书长斯托尔滕贝格举行会谈。会谈中，双方确认了日本和北约在应对安全保障课题时进行合作的重要性，并一致同意将在网络等诸多领域推进合作。2019 年 12 月 2 日—12 月 6 日，日本首次正式参加北约举行的"网络联盟演习"。演习指挥部设在爱沙尼亚，参演方包括北约 27 个成员国、6 个伙伴国以及欧盟。日本防卫省内局、联合参谋部、自卫队指挥通信系统队派员参加，目的是加深与北约在网络防御方面的合作，同时提高自身战术技能。2021 年 4 月，日本首次正式参加北约网络防御合作中心主办的网络防御演习（Locked Shields 2021）。

第六章

日本推进网络安全的突出特点及可能发展趋势

当前，日本政府已经将网络安全问题提升至国家战略层面。为了保障其网络空间国家利益，并以此为抓手实现"国家正常化"和"军事正常化"的发展目标，日本正在通过出台各类政策文件、构建力量体系、促进研究开发、完善人才培养、拓展国际合作等举措，产学官共同推进网络安全建设，呈现出诸多突出特点，也面临着许多课题。围绕这些课题，日本各界积极提出改进方案，从中亦可以大致推断出日本未来在网络安全建设方面的可能发展趋势。

第一节 日本推进网络安全的突出特点

一、网络安全理念基本与美国保持高度一致

（一）对于网络空间的基本主张，日本与美国保持观念基本一致

首先，在网络主权归属方面，日本与欧美各国一样，承认对于网络空间的国家主权，认为网络主权是领域主权的延伸，但从支持表达自由的观点，强调要控制政府的介入。[1] 例如，日本 2018 年版《网络安全战略》将"确保信息自由流通"作为制定和实施网络安全政策的五项基本原则之一。防卫省防卫研究所研究员原田有对此也指出，"网络犯罪日渐巧妙化，甚至相继出现了疑似有国家参与的网络攻击事件。因此国家开始被要求在网络空间采取富有责任的行动。然而，该空间应该利用何种规则加以管控，国家应该如何、以何种程度参与管控，成为一大讨论焦点。关于这一点，欧美主张，现有国际法适用网络空间、确保空间的自由（表达和通信等）、由多利益攸关方共同进行治理。日本也持有同样立场"。[2] 其次，在网络空

---

① 八塚正晃. サイバー安全保障に対する中国の基本的認識 [EB/OL]. (2017 – 05 – 24) [2019 – 12 – 07]. http://www. nids. mod. go. jp/publication/commentary/pdf/com- men-tary060. pdf.

② 原田有.「サイバー『防衛』外交」の視点 – 日 ASEAN 協力を事例として [J]. 防衛研究所 NIDSコメンタリー, 2019 (94).

间的国际法适用方面，日本同欧美各国一样认为，所谓网络空间并非游离于现有法律体系之外的特别空间，包括《联合国宪章》在内的现有国际法体系同样适用于网络空间。例如，2012 年 4 月 26 日，在日本首相官邸召开的信息安全政策会议上，外务大臣玄叶光一郎表示："当今国际社会正在围绕网络空间是否适用现有国际法问题展开讨论。外务省经过各种研讨认为，该问题基本是指是否立足于网络空间当然也适用现有国际法这一立场。同时，鉴于网络空间的特性，关于个别具体的法律规范如何适用的问题，外务省的立场是必须继续研讨，同各国合作进行切实研讨。"此发言明确表达出外务省的基本主张，即不需要因为是网络空间而进行特别立法，通过现有的各种法律也能够应对网络攻击。① 外务省官网也明确指出，"各国针对网络空间的立场各有不同。互联网和社交媒体在中东变局中发挥了巨大作用。因此，在新兴国家和发展中国家，由国家主导强化互联网管制和管理的动向有增强趋势，有些国家在网络空间现有国际法适用问题上持慎重立场。另一方面，日本和欧美各国的基本思想是在网络空间《联合国宪章》等现有国际法同样适用，基本原则是多利益攸关方的对话、信息的自由流通等"。②

（二）在网络安全理论建设方面，积极借鉴美国相关研究成果

从近年日本学界围绕网络安全基本概念、网络战、网络威慑等网络安全相关理论问题的研究成果来看，积极引用和借鉴美国相关理论成果的现象十分普遍。在此基础上，日本学者也同时注重紧贴日本国情，推进更加符合日本国情的网络安全理论建设。以网络威慑理论为例，日本学界严密跟踪美国方面关于网络威慑理论的研究成果，并在此基础上提出自己的思考。例如，庆应义塾大学 SFC 研究所首席研究员川口贵久和陆上自卫队通信学校原校长、现担任富士通系统联合研究所主席研究员田中达浩，长期从事网络威慑问题的研究。两人近年先后发表多篇与网络威慑理论相关的研究成果，其中具有代表性的有《网络空间安全的现状与课题》《网络战争与威慑》《网络威慑》等。两人广泛借鉴美国方面关于网络威慑理论的

---

① 土屋大洋. 非伝統的な安全保障としてのサイバーセキュリティの課題 [EB/OL]. (2013) [2019 - 12 - 07]. http: //www. nids. mod. go. jp/publication/kaigi/studyreport/pdf/2013/ch9_tsuchiya. pdf.

② 外務省. 日本のサイバー外交 - 自由、公正かつ完全なサイバー空間を目指して [EB/OL]. (2018 - 10 - 12) [2020 - 04 - 03]. https: //www. mofa. go. jp/mofaj/press/pr/wakaru/topics/vol174/index. html.

研究成果，分别围绕威慑理论的基本原理、关于构建网络威慑机制的必要性、威慑理论应用到网络空间的局限性等问题展开细致分析。另外，鉴于近年来美国一改冷战时期的惩戒式威慑模式在网络空间发挥不了作用这一长久以来的主张，积极摸索建立能够确定攻击源、暗示报复和惩罚的惩戒式威慑力，两人在此基础上分别提出了各自在建立日本网络威慑战略问题上的思考。

二、力量体系健全，但一元化实务领导机构缺失

(一) 网络安全力量体系健全

经过多年的发展，日本现已建成基本健全的网络安全力量体系。以设置在内阁官房的网络安全战略本部和内阁网络安全中心为中枢，各类力量分工明晰、各司其责，有力保证日本网络安全政策的制定和实施。例如，在政府省厅中，警察厅、总务省、外务省、经济产业省、防卫省分别在各自的政策领域履行网络安全职责。金融厅、总务省、厚生劳动省、经济产业省、国土交通省主责重要基础设施防护，文部科学省主责人才培养和安全教育。与此同时，各机构之间则通过设置不同形式、不同规格的重要节点组织，实现了政府跨部门、官民跨部门、军民跨部门的网络安全联络和协调机制。这些组织包括：履行实时监控职责的政府部门信息安全监视和应急协调小组、履行事故响应职责的计算机安全事故响应小组、履行支援建议职责的信息安全紧急支援小组、旨在强化官民信息共享的 CEPTOAR 委员会、旨在强化军民融合的网络防卫合作协议会，等等。防卫省和自卫队除了维护自身信息通信系统安全之外，还负责利用自身系统防护的经验和知识，积极参与以 NISC 为核心的政府整体的网络安全举措。按照职能划分，防卫省和自卫队的网络力量主要由网络政策协商会议、网络基础建设、网络作战三大体系构成。其中，网络基础建设力量主要包括防卫省、联合参谋部、陆海空军种参谋部中负责网络基础设施建设的部门以及防卫装备厅中负责信息网络技术和装备的研发和采购部门。网络作战力量主要包括处于领导地位的防卫省直辖网络作战部队，即指挥通信系统队及其下属网络空间防卫队，以及陆海空三自卫队下属的网络作战部队，即陆自系统通信团及其下属系统防护队、海自系统通信队群及其下属保密监察队、空自航空系统通信队及其下属系统监察队等。近年重要的动向还包括：在陆自西部军区设立首个地方网络防御部队"军区系统防护队"（2019 年 3 月）；据防卫省 2020 年度预算概要显示，防卫省编列预算，计划在陆上总

队下属系统通信团新编网络防护队（暂称）等。

（二）缺少中央一元化实务领导机构

日本围绕网络安全事务进行统一筹划的最高级别会议体组织——网络安全战略本部，前身是 2000 年设立在高水平信息通信社会推进本部之下的信息安全对策推进会议。高水平信息通信社会推进本部是 1994 年成立的主要负责综合推进日本构建高水平信息通信社会相关政策的专门机构。近年来，随着网络安全环境的进一步恶化，网络安全的重要性愈发凸显，这对网络安全管理部门的职能定位提出了更高要求。为了顺应这一迫切需求，日本政府分别在 2005 年和 2015 年两次调整网络安全领导管理体制，分别成立信息安全政策会议，后升级为网络安全战略本部。经过调整，日本网络安全问题最高协商会议与信息化建设最高协商会议，在级别上实现了平级。另外，作为网络安全战略本部的事务局，日本在内阁官房设置有期待其履行指挥中枢职能的内阁网络安全中心。然而，根据日本《内阁法》第 12 条规定，内阁官房的作用是"计划、立案以及综合协调等事务"，因此 NISC 只负责协调各府省厅的政策、监控行政部门以及部分独立行政法人、特殊法人、许可法人的信息系统（由 NISC 的实际工作组织——政府部门信息安全跨部门监视和应急协调小组实施），并不履行保护国家整体网络安全的实际业务，强有力的领导职能很难发挥。除了职能定位外，造成这一现象的另一个主要原因在于，日本在网络安全领域缺少类似负责国防和治安的自卫队和警察厅、保护国民生命的消防厅、保护海洋的海上保安厅那样的履行实际业务的组织。反观欧美大国，英国政府通信本部（GCHQ）、美国国土安全部（DHS）、德国联邦信息安全厅（BSI）、法国国家网络安全厅（ANSSI）都是为了维护国家整体网络安全而设立的中央一元化的实务机关。多种因素的叠加，严重制约了日本围绕网络安全问题进行决策和处置的速度，与国外网络安全机构的务实性合作，相关行政负责人的专业性等。①

（三）情报部门指导作用不足

网络安全需要情报部门的参与和指导。首先，网络攻击经常不被察觉，而且一旦发生再加以处置十分被动，特别是事关国家安全的网络攻

---

① 笹川平和財団安全保障事業グループ.サイバー空間の防衛力強化プロジェクト 政策提言 [EB/OL].（2018 – 10）[2019 – 12 – 07]. https：//www. spf. org/global – data/20181029155951896. pdf.

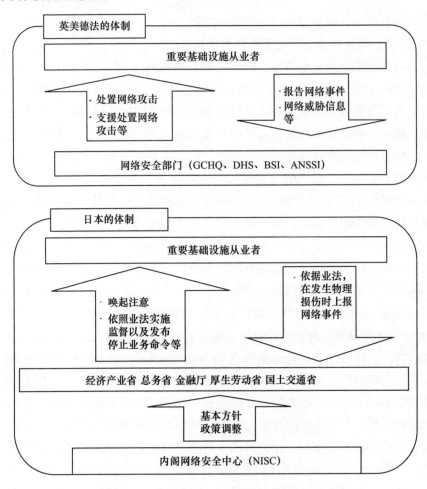

图 6 - 1　日本和欧美大国网络安全体制比较①

击，例如针对核能设施、公交网络、金融系统的攻击，一旦实施之后再加以应对则很难挽回。因此，为了将网络攻击防患于未然，同时为了能够在受到攻击的情况下进行适当应对，必须事先对能够成为攻击源的国家、组织以及个人的网络能力等实施严密的情报搜集和分析。为了有效实施网络安全政策，国家政府还必须整体强化网络威胁相关的信息搜集和分析能力，同时采取措施汇总、共享各情报机构分别获得的信息。其次，网络安

---

① 笹川平和财团安全保障事业グループ. サイバー空間の防衛力強化プロジェクト 政策提言 [EB/OL]. (2018 - 10) [2019 - 12 - 07]. https://www.spf.org/global - data/20181029155951896.pdf.

全的最大问题之一是归属问题，即网络攻击的主体是谁。网络攻击的主体十分多样，不仅限于国家或军队，还可以是个人、少数人的团体、犯罪组织、企业、反政府团体等。实施高级网络攻击的主体，能够消除攻击的痕迹或者伪装成第三者，因此很难确定真的攻击者。在犯罪发生后，以证明和追诉犯罪为目的的执法部门，很难防止网络攻击；在尚未发生事件的阶段，也不能出动军队；在攻击者不明确的阶段，也达不到威慑效果。因此，能够进行有效应对的也是情报部门。事实上，在许多国家，承担网络安全对策核心任务的，大多数情况下是情报部门。换言之，情报部门在许多国家的网络安全力量体系中占据主导地位。例如，在美国，作为情报共同体一角的国家安全保障局（NSA）局长兼任网络司令部司令官；在韩国，情报部门的中心部门——国家情报院（NIS）的院长同时担任国家网络安全战略会议的主席；英国的政府通信本部（GCHQ）同样处于网络防御的最前沿。然而，同这些国家相比，日本的情报部门对于网络安全工作的指导作用明显不够。突出表现在以内阁情报调查室长官，即内阁情报官为首的日本情报界实务长官们并非网络安全战略本部会议的正式成员。至少从形式上看，在这个围绕网络安全政策进行研讨而设置的最高层级的会议上不直接参与讨论。再次，承担日本网络安全核心业务的内阁网络安全中心，也并非专门的情报部门。可以说，情报部门和网络安全工作的脱节，严重制约了日本网络安全工作的顺利开展。

三、政策法规"进攻性"色彩日渐浓厚，但制约因素犹存

（一）政策和实践的"进攻性"色彩日渐浓厚

"威慑"一词，在日本出台的数版网络安全战略文本中出现的频率越来越高。2015年版《网络安全战略》中首次使用了"威慑力"一词，具体指出将在网络安全领域进一步提升日美同盟的威慑力和响应能力。2018年版《网络安全战略》更是首次把强化日本的防御力、威慑力、态势掌控力作为确保网络空间安全稳定的必要途径，并针对如何提升网络威慑力，即威慑网络攻击的能力做出了详细规划，这是在以往的战略文本中并未出现的内容。与此前战略相比，明显的重大变化有二：一是日本将不再单单致力于网络防御，而是强调发展网络威慑能力同等重要；二是为自卫队发展能够妨碍对手利用网络空间的"进攻"能力提供政策依据。随后，2018年版《防卫计划大纲》和《中期防卫力量发展计划》也明确指出自卫队将从根本上强化网络防卫能力，包括发展能够妨碍对手利用网络空间的能力等，并为此在2019年度

预算案中编列预算，计划为网络空间防卫队增加约 70 名人员。防卫装备厅发布的关于网络防卫的《研究开发愿景》进一步指出，自卫队应该具备一定的网络妨碍能力，即所谓的网络进攻能力，以便在有事时能够妨碍对手正常发挥战力，最终阻止网络攻击，这也为防卫装备厅未来通过研究开发、战略性地获得具有"妨碍功能"的技术指明了方向。

从实践层面看，日本针对别国实施的网络攻击活动已由来已久。第一，针对韩国。早在 2005 年 4 月，韩国信息安全机构曾发布信息显示，日本已经成为第二大攻击韩国网络的国家。2005 年 10 月，韩国庆尚北道政府运营的独岛官方网站"虚拟独岛"（www.dokdo.go.kr）遭到日本黑客长达 12 小时的攻击，该网站被标上了"竹岛是日本领土"的字样。第二，针对俄罗斯。2019 年 1 月 11 日，俄罗斯外交部在记者招待会上宣布，外交部网站遭受来自日本国内的网络攻击。2018 年 1 月至 9 月间，以俄罗斯外交部网站为目标的网络攻击，一共遭到 14 个国家共 7700 万次网络攻击。每秒传送超过 150GB 数据，曾一度造成外交部网站瘫痪。这些网络攻击主要来自美国、日本、乌克兰等国的 IP 地址。第三，针对中国。2020 年 4 月，中国国家互联网应急中心（简称 CNCERT）发布《2019 年中国互联网网络安全态势综述》报告。监测数据中涉及日本的有许多。例如，第一，位于境外的计算机恶意程序控制服务器控制中国境内主机，就控制服务器所属国家来看，位于美国、日本和中国香港的控制服务器数量分列前三位。第二，全年捕获的计算机恶意程序，按照传播来源统计，位于境外的主要来自美国、俄罗斯和加拿大等国家或地区，日本位列第八。第三，境外 IP 地址对中国境内网站植入后门，其中位于日本的 IP 地址数量位列第六，仅次于美国、英国、中国香港、新加坡、菲律宾。① 另外，从近五年的国家排名来看，日本针对我国实施的网络攻击从未间断，而且在各国的排名也大多位于前列。其中，单从位于境外的计算机恶意程序控制服务器数量的国家排名来看，日本的排名一直呈现上升趋势，当前已经仅次于美国，位列全球第二（详见表 6 - 1）。这些数据都从一个侧面反映出日本并非像其所标榜的那样专注网络防御，近年其网络安全政策的"进攻性"色彩日渐浓厚，正在大力发展和运用其网络进攻能力。

---

① 国家计算机网络应急技术处理协调中心. 2019 年我国互联网网络安全态势综述 [EB/OL]. (2020 - 04 - 20) [2020 - 06 - 14]. http://www.cac.gov.cn/2020 - 04/20/c_1588932297982643.htm.

表6-1　日本近年在中国 CNCERT 自主监测数据排名中的变化①

分类	2019年	2018年	2017年	2016年	2015年
传播来源位于境外的计算机恶意程序数量	第八，仅次于美国、俄罗斯、加拿大等				
位于境外的计算机恶意程序控制服务器数量	第二，仅此于美国	第二，仅此于美国	第三，仅次于美国和俄罗斯	第三，仅次于美国和中国香港	第五，仅次于美国、中国台湾、德国等
承载仿冒网页的境外 IP 地址数量				第五，仅次于中国香港、美国、韩国等	第五，仅次于中国香港、美国、韩国等
对境内网站植入后门的境外 IP 地址数量	第六，仅次于美国、英国、中国香港等		第七，仅次于美国、中国香港、俄罗斯等		第四，仅此于美国、中国香港、韩国

---

① 根据2015年~2019年《我国互联网网络安全态势综述》中的相关内容绘制而成。详见：国家计算机网络应急技术处理协调中心.2015年我国互联网网络安全态势综述 [EB/OL]. (2016 - 04 - 22) [2020 - 02 - 26]. http://www.cac.gov.cn/2016 - 04/22/c_1118711707.htm. 国家计算机网络应急技术处理协调中心.2016年我国互联网网络安全态势综述 [EB/OL]. (2017 - 06 - 23) [2020 - 02 - 26]. http://www.cac.gov.cn/2017 - 06/23/c_1121197310.htm. 国家计算机网络应急技术处理协调中心.2017年我国互联网网络安全态势综述 [EB/OL]. (2018 - 05 - 30) [2020 - 02 - 26]. http://www.cac.gov.cn/2018 - 05/30/c_1122910613.htm. 国家计算机网络应急技术处理协调中心.2018年我国互联网网络安全态势综述 [EB/OL]. (2019 - 04 - 17) [2020 - 02 - 26]. http://www.cac.gov.cn/2019 - 04/17/c_1124379080.htm. 国家计算机网络应急技术处理协调中心.2019年我国互联网网络安全态势综述 [EB/OL]. (2020 - 04 - 20) [2020 - 06 - 14]. http://www.cac.gov.cn/2020 - 04/20/c_1588932297982643.htm.

（二）发展网络进攻能力受到国内法律的制约

1. 发展网络进攻能力与专守防卫理念相悖

日本基于"和平宪法"的专守防卫理念要求：自卫队不能拥有对别国构成威胁的战略性进攻武器；只在受到武力侵略时才能进行有限的武力自卫；防御作战只限定于日本领空、领海及周边海域；既不允许攻击敌方基地，也不允许深入敌方领土实施战略侦察和反击等。然而，日本近年在网络空间的活动已经明显违背了该理念。除《防卫计划大纲》《中期防卫力量发展计划》《研究开发愿景》等重要文件明确指出将发展能够妨碍对手利用网络空间的能力外，2019 年 4 月日本媒体也明确报道称，防卫省将在2019 年度内首次实现拥有能够干扰敌方信息通信网络的防卫装备。此外，2017 年 5 月，日本自民党安全保障调查会也曾就自卫队获取网络攻击能力进行过讨论。该能力是日本正在探讨拥有的对敌基地攻击能力的一环。日本设想在敌方向日本发射弹道导弹遭拦截后，利用网络攻击手段防止其发射第 2 枚导弹，例如向敌方导弹基地和相关设施植入恶意程序，使其控制系统失常、行动受阻，日本战斗机及宙斯盾舰再展开对敌攻击，以此降低战机和军舰的作战风险。无论是用以反击网络攻击的计算机病毒还是向敌方导弹基地和相关设施植入的恶意程序，明显都属于进攻性武器，而且是对敌基地攻击能力的一环，这些显然都与专守防卫理念存在严重不符。

2. 实施网络监听触犯日本法律保护"通信秘密"条款

威慑网络攻击，重要的是提前发现和解析不正当通信并采取有效的预防措施。换言之，为了预防网络恐怖主义活动，有可能需要实施行政监听，即所谓的用以防范犯罪于未然的通信监听。然而，日本的现有法制只允许为了犯罪搜查实施司法监听，但不允许实施行政监听。据悉，有些国家在保护个人隐私的同时，建立了相应的法律框架，在一定的条件下，行政部门可以合法地从互联网服务供应商那里搜集网络攻击及相关预兆等网络威胁信息。然而，在日本，关于网络威胁信息的收集，除了符合通信监听法的情况外，每种情况都必须判断是否根据电子通信事业法有否定违法性的理由，因此造成了很难提前检测到网络攻击的局面。可以说，日本政府对网络威胁信息的搜集还没有形成法制化。

（三）政府及防卫省在国家网络安全体系中的作用发挥有限

1. 日本政府对于国家网络安全问题的主导职能尚不明确

网络攻击不仅会造成知识财产的流失、个人信息的泄露，还有可能对国民的社会生活、经济繁荣造成严重损害，而且随着社会的数字化，其威胁日益严重。为此，欧美许多国家在网络安全战略中明确写明，在网络安全问题上，政府发挥主导作用。然而，日本学者研究指出，在日本，各府省厅、民间事业者、个人都是在自主推行网络安全举措，那些针对重要基础设施并由国家支持的网络攻击、事关国家安全的大规模网络攻击，在原则上也是民间企业的责任。例如，日本《网络安全基本法》第3条第2项（基本理念）中指出，推进网络安全相关举措，必须加深每个国民对网络安全的认识，促使其自发地加以应对。2018年版《网络安全战略》中也持同样的立场，即基于网络安全基本法的理念，以重视多样化主体合作的网络安全为目标，将重点放在各府省厅及民间的自主努力上。由此可见，依据现有的网络安全相关政策文件规定，日本政府对于整个国家网络安全问题的主导职能还不明确。

2. 防卫省在日本国家网络安全体系中的作用发挥有限

（1）针对网络攻击行使自卫权的判定依据尚未明确。关于网络攻击和行使自卫权二者之间的关系，日本政府的基本主张是，当受到的网络攻击被判定为来自敌方武力攻击的一环时，日本可以发动自卫权加以应对。例如，2018年11月29日，日本防卫大臣岩屋毅在众议院安全保障委员会上接受质询时表示，当发生满足武力行使三要件的网络攻击时，宪法允许行使武力作为自卫措施。2019年5月16日，日本首相安倍晋三在众议院会议上也表示，当发生与武力手段造成的攻击同样严重的损害、由敌方有组织、有计划实施的网络攻击事态，相当于武力攻击，宪法上对此允许在自卫必要最小限度的范围内行使武力。然而，在实际操作上，关于何种情况下将被认定为武力攻击的一部分，日本政府仅表示"有必要进行个别具体的判断"。而关于具体的判定标准，日本政府尚未在正式文件中进行严密规定，只能从政府高官的个别发言中发现端倪。例如，2019年4月，日本防卫大臣岩屋毅曾表示，将参考美国的标准，即当出现由于网络攻击而引发原子能发电站堆芯熔融、人口密集地区堤坝破坏、飞机坠机等事故时，将把网络攻击视作武力攻击，探讨自卫队的应对措施。

（2）防卫省在保护国家重要基础设施上的职责定位并不明确。关于防卫省和自卫队面对网络攻击的保护对象，无论是2012年出台的《为了防卫省和自卫队稳定有效利用网络空间》，还是2018年版《防卫计划大纲》，都明确指出是自卫队自身的指挥通信系统和网络。关于保护国家重要基础设施，文件只要求防卫省为政府整体的网络安全举措做贡献，并未明确赋予防卫省保护的职责。另外，应对网络攻击，出动自卫队还面临现有法律的制约。"防卫出动"（《自卫队法》第六章"自卫队的行动"第七十六条）条款的对象是"武力攻击事态和危机存立事态"，而现状是很难包括所有的网络攻击。这是因为同运用导弹、战斗机实施的轰炸不同，不伴随物理性破坏或杀伤的网络攻击很难认定为武力攻击。日本《自卫队法》第94条触及到派遣自卫队进行灾害重建、原子能事故、海外日本人的移送等特例，也并未明确包含网络攻击。因此，即便通信、交通、金融等日本的重要基础设施遭到网络攻击，依靠现有的法律体系和法律解释，自卫队很难进行防卫出动。

四、积极致力研究开发，兼顾短期和中长期技术发展规划

（一）视基础研究为社会发展的基础加以重点推进

本质上，大国网络竞争的焦点重在技术，衡量网络强国的标准重在核心技术，而实现核心技术重大突破则主要依靠扎实的基础科学积累。日本在推进网络安全技术创新的过程中就十分重视相关基础科学研究，这一点从政策上的重视程度、研发人员和论文发表数量占比等方面均有明显体现。第一，建设规划中给予基础研究最大的重视。例如，日本历年出台的科学技术发展战略文本中都包含加强基础研究的内容。其中，文部科学省发布的《令和元年版科学技术白皮书》更是首次将"通过基础研究积累和应用知识"作为开篇部分展开重点论述。而且，文部科学大臣柴山昌彦在该白皮书《刊行寄语》中针对基础研究的重要性特别指出，"在知识集约型社会，基础研究是探究真理、解析基本原理、发现和创造新知识等追求和创造卓越思维的知识活动。积累和应用基础研究成果是解决长期社会问题、创造新产业、为未来社会和生活带来全新价值的社会发展的基础，其重要性正在进一步提升"①，借此表达出对基础研究的最大重视。第二，在网络相关技术研究中，从事基础研究的人员数量和论文发表数量所占比例相对较高。例如，据不完全统计，2016年在日本的大学从事信息安全专业的教员人数，按照不同的专业方向划分，除了传统强项的密码专业外，网络、系统等其他基础研究专业的教员数量明显偏多（详见表6-2）。② 另

---

① 文部科学省. 令和元年版科学技術白書 [EB/OL]. (2019) [2020-02-30]. https：//www. mext. go. jp/b_menu/hakusho/html/hpaa201901/detail/1417228. html.

② 岩崎学園，情報セキュリティ大学院大学. 平成28年度理工系プロフェッショナル教育推進委託事業調査研究報告書（工学）[EB/OL]. (2017-03) [2020-02-30]. http：//www. mext. go. jp/component/a_menu/education/detail/__icsFiles/afieldfile/2017/06/19/1386824_001. pdf.

一方面，从公开发表的论文成果来看，近些年在日本国内安全学会发表的众多研究论文中，论文主题除了密码、认证等基础类技术研究外，还包括基于 IoT、AI 等动向的应用类技术研究。但从数量比例上看，密码理论、安全应用、网络攻击方法的论文数量位居前三，三项总和超过论文总数的 60%，特别是密码理论方面的论文数量，占论文总数的 34%（详见图 6 - 2）。① 此外，日本在国外的学会上也发表了一定数量涉及密码领域的论文，当属日本实力较强的技术领域。

表 6 - 2　日本大学信息安全相关专业的教员人数分布（2016 年）②

分类		在籍教员人数
总数		235
各专业领域	密码	101
	认证	68
	网络	105
	系统	94
	数据	70
	管理与社交	40

（二）技术研发规划兼顾短期和中长期视角

推进网络安全研究开发，不仅要着眼于当前现实需要和短期技术发展，也应该立足长远，科学预见未来有可能出现的研发短板或盲区，实施前瞻布局并切实稳步推进。日本 2015 年版《网络安全战略》首次指出，研究开发和人才培养是实现网络安全政策目标基础性的举措，距离成果出现需要花费很长时间，因此日本致力从中长期的观点加以推进。③ 为此，

---

① 小松文子. 国内のサイバーセキュリティ研究開発人材の育成 [EB/OL].（2019 - 01 - 30）[2019 - 12 - 30]. https：//www. nisc. go. jp/conference/cs/kenkyu/dai09/pdf/09shiryou05. pdf.

② 岩崎学園，情報セキュリティ大学院大学. 平成 28 年度理工系プロフェッショナル教育推進委託事業調査研究報告書（工学）[EB/OL].（2017 - 03）[2020 - 02 - 30]. http：//www. mext. go. jp/component/a _ menu/education/detail/_ _ icsFiles/afieldfile/2017/06/19/1386824_001. pdf.

③ サイバーセキュリティ戦略本部. サイバーセキュリティ戦略 [EB/OL].（2015 - 09 - 04）[2019 - 06 - 01]. https：//www. nisc. go. jp/active/kihon/pdf/cs - senryaku. pdf.

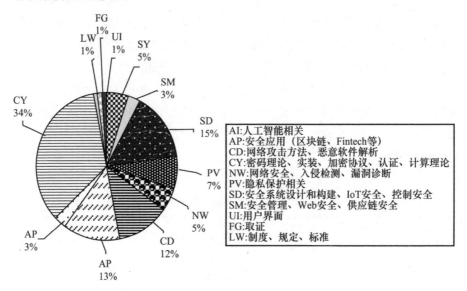

图6-2 近年日本信息安全研究论文发表的主题占比①

2016年10月31日，网络安全战略本部研究开发战略专门调查会在商讨制定新版《网络安全研究开发战略》时首先确定了一个基调，即必须兼顾"不远的将来"和"中长期"两种立场推进网络安全研究开发。其中，"不远的将来"具体是指围绕IT技术运用，不但推进技术类研发，而且推进社科类研发；"中长期"具体是指着眼中长期社会和经济发展的"趋势"，无论IT技术运用的方向性如何，推进本质上必需的研发。② 在此基调下，2017年7月13日正式出台新版《网络安全研究开发战略》，首次以"不远的将来"和"中长期"两段式框架的方式，分别设计了网络安全研究开发的基本思路和发展方向。这一两段式论述框架通过2018年版《网络安全战略》得到再度确认。③ 在实践层面，日本在推进先进技术研发和

① 小松文子. 国内のサイバーセキュリティ研究開発人材の育成［EB/OL］.(2019-01-30)［2019-12-30］. https：//www. nisc. go. jp/conference/cs/kenkyu/dai09/pdf/09 shiryou05. pdf.

② サイバーセキュリティ戦略本部研究開発戦略専門調査会. 今後の取組の方向性について［EB/OL］.(2016-10-31)［2019-06-01］. https：//www. nisc. go. jp/conference/cs/kenkyu/dai05/pdf/05shiryou04. pdf.

③ サイバーセキュリティ戦略本部. サイバーセキュリティ戦略［EB/OL］.(2018-07-27)［2019-12-07］. https：//www. nisc. go. jp/active/kihon/pdf/cs-senryaku2018. pdf.

运用的过程中，也一直在关注该技术有可能带来的安全风险和挑战。以人工智能技术为例，鉴于人工智能技术的"深度学习"等功能，日本已经决定在网络安全领域灵活运用该技术。然而，人工智能技术无疑是一把"双刃剑"，一方面，这一颠覆性技术在给人类生活和社会发展带来巨大收益的同时，不仅有可能带来安全风险，也势必会对社会、道德、法律带来一系列的严重冲击和新的课题。例如，如果具备自主决策能力的"作战机器人""攻击无人机"有可能变成"杀戮机器"，那么在网络安全领域引进人工智能技术也有可能增加网络战真实发生的可能性。另一方面，人工智能的应用，特别是军事化应用，在伦理道德、法律法规方面的缺陷同样不容忽视。因此，如何达成规范共识、如何制定管控法规，积极应对可能随之而来的各种挑战，是当前许多国家都在积极探讨的课题。对此，日本政府和学术团体近年也采取了许多措施。例如，有日本学者提出，促进人工智能的安全发展，希望可以构建能够恰当管理风险的框架，以及能够促进社会对于人工智能的理解框架；尽量避免技术的发展与法律和制度等社会系统、价值观和伦理等人类的因素之间发生激烈冲突。① 再如，总务省情报通信政策研究所，先后设立"人工智能网络化研讨会"和"人工智能网络社会推进研讨会"，并汇总发布研讨报告书《人工智能网络化的影响和风险——面向实现智联社会（WINS）的课题》。内阁府设立"人工智能和人类社会相关恳谈会"，并汇总发布研讨报告书。情报网络法学会设立机器人法研究会，主要研究"旨在实现人和机器人共存社会的制度上的课题"。另有相关领域专家组成各式各样的研究会，围绕人工智能的社会影响、机器人和人工智能相关的哲学上的、伦理上的问题等展开研讨。其中，人工智能学会的伦理委员会于 2017 年 3 月出台了面向人工智能研究者的《伦理指针》。②

（三）充分利用各方资源为研究开发提供智力支撑

在 2018 年日本发布的《网络安全战略》中，"官民合作""官民一体"等字眼出现的频率高达 30 余次，并将"多样化主体展开合作"作为制定和实施网络安全政策时应该遵从的五大基本原则之一，体现出日本对

---

① 久木田水生．人工知能の倫理：何が問題なのか［EB/OL］．(2017 – 11 – 06)
［2018 – 06 – 27］．http：//www. soumu. go. jp/main_content/000520384. pdf.

② 付红红，刘世刚．警惕日突破"专守防卫"新动向［N］．解放军报，2019 –
06 – 06 (11) .

于在网络安全领域充分发挥民间优势的重视程度。① 其中，网络安全研究开发是日本强调产学官相结合的重点领域。《网络安全研究和技术开发举措方针》对此明确指出，产学官的密切合作是推进网络安全研究和技术开发的基础，并提出构建产学官技术研发合作共同体思想。当前，日本各界正在积极与其他部门共同实施技术研发。第一，政府举措。日本政府已经开始围绕大学和国立研究开发法人同外国企业展开共同研究的产学官合作体制，研讨制定合作方针。文部科学省与经济产业省也联合举行"促进创新产学官对话会议"，并于 2016 年制定出《强化产学官共同研究指针》，从产业界的视角汇总出大学和国立研究开发法人在强化产学官合作方面面临的课题以及解决方案。2018 年，日本举办首届开放式创新成果大奖活动，旨在加速技术创新，针对 14 项作为开放式创新范例、具有先导性和独创性的措施或项目，分别授予了内阁总理大臣奖、各省大臣奖等奖项。第二，科研院所举措。在日本国内一些大学，已经自发成立了国际化的合作机构，旨在促进与国外的合作。例如，2016 年 11 月，在庆应义塾大学的呼吁下，成立"国际网络安全卓越中心"（INCS – CoE），这是由来自美国、英国、日本大学的专家组成的国际合作机构。该机构成立的初衷是，通过提供大学这一"中立"的平台，跨越网络安全领域国际间以及机构间的壁垒。截至 2018 年 11 月已经有 25 所大学参与其中。② 另据统计，2017年，科研院所与民间企业的科技联合研究项目数量是 2.5451 万件，比上一年度增加 10.6%；研究费接受额约为 608 亿日元，比上一年度增加15.7%，约是 2014 年的 1.54 倍。③ 此外，近年日本学界在网络安全领域发表的学术论文中，由大学人员单独完成的约为 48%，与产业界共同完成的约为 26%（详见图 6 – 3）。④ 第三，防卫省举措。一直以来，在二战后

---

① サイバーセキュリティ戦略本部. サイバーセキュリティ戦略［EB/OL］. (2018 – 07 – 27)［2019 – 12 – 07］. https：//www. nisc. go. jp/active/kihon/pdf/cs – senryaku2018. pdf.

② サイバーセキュリティ戦略本部研究開発戦略専門調査会. サイバーセキュリティ研究・技術開発取組方針［EB/OL］. (2019 – 05 – 17)［2019 – 12 – 07］. https：//www. nisc. go. jp/conference/cs/kenkyu/dai12/pdf/kenkyu_torikumi. pdf.

③ 文部科学省. 令和元年版科学技術白書［EB/OL］. (2019)［2020 – 02 – 30］. https：//www. mext. go. jp/b_menu/hakusho/html/hpaa201901/detail/1417228. html.

④ 小松文子. 国内のサイバーセキュリティ研究開発人材の育成［EB/OL］. (2019 – 01 – 30)［2019 – 12 – 30］. https：//www. nisc. go. jp/conference/cs/kenkyu/dai09/pdf/09shiryou05. pdf.

军工生产受到严格控制与监督的情况下，日本选择了一条依靠民间企业发展防卫技术和武器装备，以民用技术带动军事技术发展的军民融合式发展道路。这种寓军于民、军民结合的发展模式，既节约大量国防开支，又充分发挥日本民间先进的技术潜力，促进日本国防科技和武器装备的持续稳定发展。① 包括网络技术研发在内，防卫省近年也陆续引进多项重要的官民合作研发机制。例如，自2015年正式启动"安全保障技术研究推进制度"。该机制以美国国防部"高级研究计划局"（DARPA）的研发模式为范本，由日本防卫省提出若干拟研课题，并向提出最佳方案的大学和企业发放研发经费。2017年度，防卫省进一步扩充该制度，针对那些需要花费大额预算以及较长研究时间的尖端技术领域，开始着手推进萌芽培育研究。再如，自2017年正式启动"新技术短期验证项目"，其背景在于日本在信息通信技术、计算机、人工智能等技术领域，主要以民间为中心进行研发，而且这些技术革新循环快、发展迅速，需要在较短的时间内反复进行技术和使用上的想法沟通。因此，此类项目通过与民间人员共同参与、迅速验证，力争在3~5年较短的时间内投入实用。

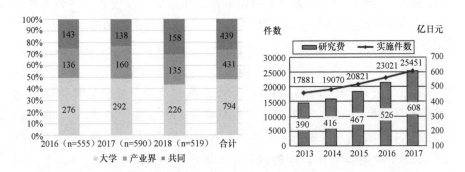

图6-3　近年日本产学界联合发表研究论文占比及联合研发项目数量和经费②③

① 付红红，袁杨.日本推动人工智能军事化应用的主要做法［J］.军事学术，2020（2）.

② 小松文子.国内のサイバーセキュリティ研究開発人材の育成［EB/OL］.（2019-01-30）［2019-12-30］. https://www.nisc.go.jp/conference/cs/kenkyu/dai09/pdf/09shiryou05.pdf.

③ 文部科学省.令和元年版科学技術白書［EB/OL］.（2019）［2020-02-30］. https://www.mext.go.jp/b_menu/hakusho/html/hpaa201901/detail/1417228.html.

五、"产学官"共同推进人才建设，但整体规模存在不足

（一）"产学官"共同推进网络安全人才良性循环

网络人才是推进网络安全和信息化建设的根本保障，网络竞争归根结底是网络人才的竞争。日本《网络安全基本法》第二十二条明确指出，关于确保人才，日本应该与大学、高等专科学校、专修学校、民间从业者展开紧密合作；确保相关人员享受适当待遇，使那些从事与网络安全相关事务的人员的职务和职场环境更具魅力，与其重要性相符；灵活运用资格制度、培养年轻技术人员，确保和培养网络安全人才，提高其资质（详见图6-4）。从实践层面看，2017年3月，内阁网络安全中心设立"网络安全人才培养政策合作工作组"，是典型的产学官合作体制，这是因为信息通信研究机构（NICT）、信息处理推进机构（IPA）、高等专门学校机构均作为成员参加该工作组。2017年6月召开的首次工作组会议的目的是，通过从质和量两个方面分享具体人才素养的基本认识，制定人才培养的参考。一直以来，日本政府的人才培养都是由文部科学省、经济产业省、总务省、金融厅等省厅各自出台相应政策并加以实施。以作为人才培养重要举措之一的网络演习为例，NICT组织实施"实践性的网络防御演习"（CY-DER）和"面向2020东京大会的网络演习（网络竞技）"；IPA在产业网络安全中心，组织实施面向CISO的项目；金融厅组织实施"横跨金融业界的演习"（Delta Wall）；警察厅与重要基础设施从业者合作组织实施"联合处置训练"；NISC组织实施"横跨重要基础设施领域演习"。在上述举措中，作为培养对象的人才的层次、所属业界各不相同，一直缺乏从整个日本的角度通盘考虑以何种规模、培养何种安全人才的政策体系。而2017年NISC成立的"网络安全人才培养政策合作工作组"的目的，不仅是共享人才素养的基本认识，还在于以此为出发点，推进多方合作。例如，根据产业界的需求，共同实施演习、共享演习脚本、推进培训教材的通用化等。具体到军事领域，日本防卫省和自卫队的网络人才培养同样重视灵活运用民间教育资源。例如，派遣人员到国内外教育机构进修，学习信息安全相关课程；面向民间招聘专业人才到防卫省内任职；参加民间组织实施的研修和各种演训活动；将部分网络防卫业务委托给民间企业实施等。

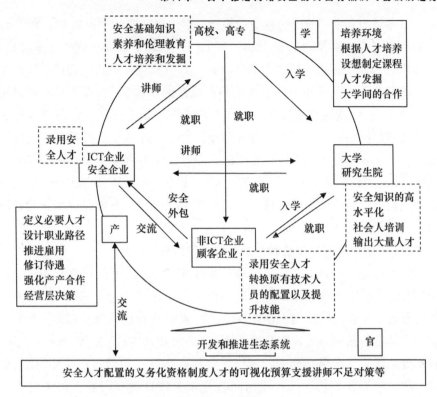

图6-4 日本网络安全人才培养和使用循环系统①

（二）注重组织领导层网络安全意识革新

根据日本 NISC 委托调查《2016 年度企业网络安全对策调查报告书》显示，在受访的 225 家上市企业中，"将网络安全视为投资而非不得已的费用、认为实现高水平的安全品质能够提升本公司品牌价值"的企业仅为三成，这些企业的经营层与其他企业相比更为重视网络安全。② 由此可见，认为网络安全措施本身不会带来利润、尚未将网络安全作为经营战略积极推进的企业仍占多数，而这一现象与经营层的重视程度有直接关联。因

---

① 産業横断サイバーセキュリティ人材育成検討会. 産業界が求めるサイバーセキュリティ人材像とその育成・維持 ［EB/OL］. (2017 - 02 - 08) ［2019 - 12 - 07］. https：//www. ipa. go. jp/files/000057711. pdf.

② ニュートン・コンサルティング株式会社. 平成 28 年度企業のサイバーセキュリティ対策に関する調査報告書 ［EB/OL］. (2017 - 03) ［2020 - 01 - 31］. https：//www. nisc. go. jp/conference/cs/jinzai/dai07/pdf/07shiryou0402. pdf.

此，日本政府长期以来十分注重政策推进组织经营层的意识改革，将其作为网络安全人才培养的重要一环。例如，日本2018年版《网络安全战略》明确指出，经营层的意识改革不可或缺，必须让经营层认识到网络安全措施是确保业务连续性和创造新价值不可或缺的"投资"，而不是不可避免的"成本"；经营层应积极参与网络安全工作，并应获得一定的用以处理风险管理的网络安全知识和技能，等等。为了在经营层的领导下推进网络安全举措，日本经济产业省还专门以企业经营层为对象发布《网络安全经营指针》，汇总出经营者必须遵守的"3原则"，以及经营者在组织内推行网络安全举措时应该向下属指示的"重要10项目"，并通过说明会或者研讨会的形式进行普及。[1]

（三）中小学网络安全教育兼顾技能和素养

日本认为，一方面，从初等和中等教育阶段充实信息教育，在科学理解信息的基础上培养儿童的信息应用能力至关重要[2]；另一方面，鉴于近年时有发生年轻人实施的网络犯罪，信息素养教育也是重要课题[3]。为了使学生具备信息安全人才的基础资质[4]，早在1998年12月和1999年3月，日本分别修订《小学和初中学习指导要领》和《高中学习指导要领》，充实了积极应用计算机、信息通信网络等相关信息教育内容，具体包括将"信息和计算机"作为初中"技术和家庭课"的必修内容，高中新设"信息"课程等。2008年3月和2009年3月再次修订指导要领，增加信息素养内容，目的是培养信息社会的基本规则、礼仪、态度；初中增加编程内容，目的是促进对于信息处理必要的逻辑思维以及信息通信技术原理的理解。2017年和2018年日本再度修订《学习指导要领》，首次将信息使用能

---

① 情報処理推進機構. サイバーセキュリティ経営ガイドライン Ver2.0 ［EB/OL］.（2017－11－16）［2020－01－31］. https：//www. meti. go. jp/policy/netsecurity/downloadfiles/CSM_Guideline_v2.0. pdf.

② サイバーセキュリティ戦略本部. サイバーセキュリティ人材育成プログラム ［EB/OL］.（2017－04－18）［2019－12－07］. https：//www. nisc. go. jp/active/kihon/pdf/jinzai2017. pdf.

③ サイバーセキュリティ戦略本部. サイバーセキュリティ戦略 ［EB/OL］.（2018－07－27）［2019－12－07］. https：//www. nisc. go. jp/active/kihon/pdf/cs－senryaku2018. pdf.

④ 内閣官房情報セキュリティセンター. 2012年度の情報セキュリティ政策の評価等 ［EB/OL］.（2013－06－27）［2020－01－31］. https：//www. nisc. go. jp/active/kihon/pdf/jseval_2012. pdf.

力定位成与语言能力、发现和解决问题能力同等重要的"构成学习基础的资质和能力"，并为小学阶段添加编程教育等内容①，将教育信息化推向新高度。综上可知，日本针对中小学生的网络安全教育内容比较全面，既包括重视技能的信息教育，也包括重视品德的信息素养指导。此外，为了确保中小学能够更好地实施网络安全教育，一方面文部科学省依据新的《学习指导要领》制定《教育信息化手册》②，分别围绕信息教育和信息素养教育的重要性、目标、各学习阶段的能力要求以及各类学习活动的组织形式进行了详细解说，增加了可操作性；另一方面该手册还为编程教育专列一章进行特别论述，体现出未来的重点推进方向。

（四）重视培养优秀年轻网络人才

日本认为，为了应对信息安全领域的急速变化，仅仅依靠一般从业者的基础能力远远不够，必须确保拥有高级专业性和突出能力的优秀人才③，借此表达出对于培养和挖掘高端人才的高度重视，尤其关注了年轻群体。在全世界高级人才竞争激烈的大背景下，日本提出不仅要通过各种举措持续培养各类优秀人才，还要创造出能够保证从事科技创新活动的人才以专家身份活跃在学界和产业界等各种平台的社会。④　第一，举行各类活动为优秀年轻人才提供学习和竞技平台。例如，早在 2000 年和 2004 年，经济产业省便与产业界和教育界合作，依次启动了"无人涉足 IT 人才挖掘和培养计划"和"安全营活动（以 22 岁以下的学生为对象）"，两项活动面向全国，每年实施至今。日本国内最大的国际黑客大赛"SECCON"，在经济产业省主导下每年举办一届，以信息安全为主题，检验攻防综合实力，最优秀的队伍被授予经济产业大臣奖。总务省组建的"国际网络训练中心"，以年轻 IT 人才为对象，全面指导高级安全技术，旨在培养未来的网络安全

①　文部科学省.「教育の情報化に関する手引」（令和元年 12 月）について [EB/OL].（2019 - 12）[2020 - 01 - 31] https：//www. mext. gu. jp/a_menu/shotou/zyouhou/detail/mext_00117. html.

②　文部科学省.「教育の情報化に関する手引」（令和元年 12 月）について [EB/OL].（2019 - 12）[2020 - 01 - 31] https：//www. mext. go. jp/a_menu/shotou/zyouhou/detail/mext_00117. html.

③　情報セキュリティ政策会議. 新・サイバーセキュリティ人材育成プログラム [EB/OL].（2014 - 05 - 19）[2020 - 01 - 31]. https：//www. nisc. go. jp/active/kihon/pdf/jinzai2014. pdf.

④　文部科学省. 令和元年版科学技術白書 [EB/OL].（2019）[2020 - 02 - 30]. https：//www. mext. go. jp/b_menu/hakusho/html/hpaa201901/detail/1417228. html.

研究者和企业家。第二，采取多项举措为优秀年轻人提供稳定工作环境以保留人才。例如，2006 年《第 3 期科学技术基本计划》提出实施"聘任制普及和固定项目"，对引进聘任制的大学等机构提供援助，目的是为优秀的年轻研究者提供稳定的职位。2013 年修订相关法律，目的是提升研究人员在合同期限内的研究业绩，使其更容易得到合理评价、获得稳定职位。2016 年，文部科学省启动"卓越研究员项目"，面向那些挑战新兴研究领域的优秀年轻研究者，一方面为其提供更加稳定、独立实施研究的环境，一方面与全国产学官研究机构进行匹配，为其推荐职业路径。

（五）网络安全人才规模存在一定短缺

维护网络安全，拥有专业知识和技术的人才不可或缺。当前，世界各国都不同程度地面临着网络安全人才短缺的状况，日本也不例外。首先，从日本国家层面看，日本进入 2000 年以后，少子高龄化的倾向一直持续。从日本内阁府 2018 年 6 月公布的《平成 30 年版老龄社会白皮书》可以看出，上述倾向正在加速。也就是说，劳动者的绝对数量正在逐渐减少。具体到 IT 行业，根据 2016 年 6 月经济产业省公布的《IT 人才最新动向和未来估算相关的调查结果》显示，推算到 2020 年日本能够应对信息安全的人员短缺将高达 19.3 万人。另据《IT 人才白皮书 2018》调查结果显示，近五成的 IT 企业回答"不能确保"或"稍微不能确保"信息安全专业技术人员。其次，从日本自卫队层面看，防卫省和自卫队负责网络作战的主力部队，当属指挥通信系统队下属的网络空间防卫队。2018 年，网络空间防卫队从约 110 名增员至 150 名；根据 2019 年度的概算要求，网络空间防卫队计划增员至 220 名；根据 2020 年度的概算要求，网络空间防卫队计划增员至 290 名。此外，在 2019 年 5 月 23 日举行的日本网络安全战略本部第 22 次会议上，防卫大臣岩屋毅公开表示，2019 年计划为防卫省和自卫队处置网络攻击的部队增加大约 150 名成员，整体将达到大约 580 人的规模，并在 5 年后实现数千人的目标。① 单从公开数据来看，自卫队的网络作战部队在人员数量上的确不占优势，与主要大国之间存在一定差距。

---

① サイバーセキュリティ戦略本部. 政府の第 22 回会合議事概要 [EB/OL]. (2019 - 05 - 23) [2020 - 02 - 26]. https://www. nisc. go. jp/conference/cs/dai22/pdf/22gijigaiyou. pdf.

六、奉行集体网络安全理念，构建多元网络国际合作框架

（一）积极构建以美国为主的双边、多边合作机制

基于日美同盟关系，日本政府和自卫队在网络安全国际合作方面仍然是以美国作为最主要的合作对象。当前，两国在网络安全方面的对话框架主要包括日美网络对话、日美网络防卫政策工作组会议、日美 IT 论坛以及日美信息保证实务者定期协商会等。合作内容主要涉及推进网络空间法制建设、强化防御能力、威慑能力和态势感知能力，在网络空间政策等方面加强沟通协调等。在防卫当局层面，日本自卫队和美军正在以《日美防卫合作指针》《日美网络防卫政策工作组共同声明》等重要文件为指导，一方面合作实施联合演训、培养人才；另一方面积极强化两国在网络作战方面的合作。与此同时，在遵循四项基本原则和四项基本方针的基础之上，促进与其他国家和地区之间的双边或多边网络合作机制。例如，日本已经先后与英国、印度、欧盟、中国（通过"日中韩网络协商"的形式）、韩国、以色列、法国、爱沙尼亚、澳大利亚、俄罗斯、德国以及乌克兰等国家和地区建立了双边网络问题协商机制。积极参加 GCCS、GGE、OEWG、ARF 等以网络安全为主题的各类国际会议。合作重点领域包括：通过国际协商交换信息建立互信、强化应对网络事件的国际合作机制、援助发展中国家网络安全能力构建等。在防卫当局层面，日本防卫省还与东盟成员国、北约、英国、爱沙尼亚、韩国、德国、法国、以色列、俄罗斯、澳大利亚等许多国家和地区的防卫当局建立了网络安全方面的合作关系。

（二）积极援助以东盟为主的发展中国家能力建设

以东盟为主要对象、援助发展中国家构建网络安全能力是近年日本积极推进网络安全国际合作的重点领域。为此，2016 年 10 月，日本专门制定《发展中国家网络安全领域能力构建援助（基本方针）》。该方针将援助领域归纳为"提升事故响应等能力提供援助""为网络犯罪对策提供援助""在制定网络空间利用国际规则以及培养信任举措等方面共享理解和认识"，并明确指出将充分利用日本的优势实施援助。最初，日本和东盟在网络空间的合作，以 NISC、总务省、经济产业省的举措为主，同其他国家和地区相比率先推动。例如，以东盟各国的经济和投资部门、信息通信部门为对象，2009 年 2 月首次举行了"日本·东盟信息安全政策会议"，几乎每年召开一次。一直以来双方共同推进以先进技术为主的合作，以构建安心和安全的商业环境和信息通信网络，对经济发展提供支撑。日本近年

强化与东盟之间的网络安全合作，其深层原因很有可能与日本提出"自由开放的印太"目标以及我国发展"一带一路"倡议有关，日本希望可以借此扩大在东盟地区事务上的参与度。比较重要的动向还有，2013 年 8 月，双方首次召开阁僚级会议，即"日本和东盟网络安全合作相关阁僚政策会议"，日本首相安倍晋三：在致辞时呼吁同东盟各国展开合作，目的是确保信息的自由流通，即所谓日本网络外交的基本原则。此外，一直以来只有 NISC、总务省、经产省参加的日本·东盟信息安全政策会议，从 2016 年 10 月以后，外务省也开始参与其中。鉴于东盟各国防卫当局越来越依靠指挥通信系统来进行防卫能力建设，可以预测东盟各国对日本向其提供网络能力建设援助的需求会越来越高。

第二节　日本推进网络安全的可能发展趋势

一、继续采取隐蔽策略，推进网络力量的建设与运用

由于受到"和平宪法"的限制以及迫于国际舆论的压力，日本在推进防卫力量建设和运用方面，素来采用的是多做少说或只做不说的隐蔽策略，网络安全领域也不例外。与美国的大张旗鼓不同，日本在推进网络力量的建设与运用方面一直十分低调，很多计划都是率先以新闻报道、智库报告等形式爆出，公开内容也尽量概括简短，以便为官方后续的正式推行留下余地。从这些内容中大致可以推断出可能发展趋势。

（一）在网络力量建设方面

第一，在内阁府外局设立网络安全厅（CSA），作为国家一元化应对网络攻击的实务领导机构。如前所述，目前在日本国家层面履行网络安全指挥中枢职能的机构是内阁网络安全中心。但根据《内阁官房组织令》相关规定，其职责更多的是综合协调各部门行动，并没有在紧急事态时的指挥命令权限；而且作为实际业务，该机构只负责监视行政部门和部分政府相关法人的信息系统，并没有足够人力用以分析网络威胁信息和应对网络攻击。与英国政府通信本部、美国国土安全部、德国联邦信息安全厅、法国国家网络安全厅相比，在履行确保整个国家网络安全职能方面存在较大差距。因此，日本智库建议强化政府体制，扩充 NISC 的人员和权限，以2025 年为目标将其升级为能够一元化负责多省厅业务的网络安全厅（暂称）。2019 年 5 月，安倍晋三在首相官邸接受了来自自民党网络安全对策本部长高市早苗包含上述主张的建议书，并对此回应称"收到了非常具有

雄心的建议，会认真讨论"。

第二，防卫省成立"自卫队网络防卫队"，实现网络作战力量的整合。自 2017—2019 年，日本多家媒体相继报道出防卫省正在讨论设立网络司令部、太空和网络司令部或者承担新兴领域（太空、网络、电磁）防御任务的联合部队。从这些报道可以清晰地看出，防卫省围绕如何完善包括网络在内的新兴领域防卫体制问题，经历了很长时间的研讨过程。最近的动向是，日本防卫省计划将原本分散在各自卫队的网络作战力量进行整合，形成统一指挥体制，以形成合力，避免各自为战。据防卫省 2021 年度预算概要显示，将废除自卫队指挥通信系统队，新编"自卫队网络防卫队"（暂称）。具体方式是从陆海空自卫队的网络部队中抽调人员，进行网络防卫功能的一元化整合，以便能够更有效地执行任务，总体强化自卫队网络防御能力。该队的主要职能还包括陆海空自卫队的训练支援、自卫队防卫信息通信基础设施（DII）的管理和运营。该部队下属机构将包括：队本部、网络防卫队、网络运用队、中央指挥所运营队等，人员约 540 名。

（二）在网络力量运用方面

第一，继续标榜专注网络防御，但在具体实践中同时推进力量运用上的进攻性。众所周知，"专守防卫"是日本一直在标榜的基于宪法精神、被动的防卫战略态势，主要内容包括只有在遭受对手攻击时才能行使防卫力量，其形态也仅限于自卫的必要最小限度，保持的防卫力同样仅限于自卫的必要最小限度。① 由此可见，日本主张发展和运用的是防御型防卫力量。具体到网络领域，也不应该背离这一基本理念。然而，从实践层面看，日本的网络力量对别国的网络安全已经造成了实质上的恶劣影响。例如，韩国、俄罗斯、中国都曾指出遭受了来自日本国内的网络攻击。从这些事实来看，日本网络力量运用上的进攻性已经显露无疑。另一方面，在日本的网络安全相关战略文本中，已经加入了包括发展能够妨碍对手利用网络空间能力的内容，尽管内容简短，但也表现出明显的倾向性。因此，无论是从网络攻击实绩还是从战略文本中简短的指导思想变化，都可以推断出未来日本仍将继续在网络空间力量运用方面兼顾防御和进攻，甚至是向进攻的方向愈发倾斜。

第二，承认拥有许多重要的网络力量，但力量的真正实力或运作模式等

---

① 防衛省. 令和元年版防衛白書［EB/OL］.（2019）［2019 - 12 - 07］. https：//www. mod. go. jp/j/publication/wp/wp2019/pdf/index. html.

关键内容将继续隐蔽处理。例如，防卫省公开承认的网络作战部队，主要包括网络空间防卫队、陆上自卫队系统防护队、海上自卫队保密监察队、航空自卫队系统监察队等，在人员规模总数上不超过 600 名。仅从这一数据看，确实与主要国家间存在一定差距。然而，网络战的基本样式除了网络防御、网络进攻外，还包括网络情报。关于自卫队中专门从事网络情报的体制和人员并未对外详细公开，欠缺透明性。然而，实际上，日本素来重视情报工作，也拥有一支庞大的情报系统。将网络情报力量的建设和运用隐匿于情报力量的建设与运用当中这一做法，为国际社会细致了解日本网络力量构成造成了很大的迷惑性。再如，2019 年 4 月 1 日，网络安全战略本部下设网络安全协议会，目的是强化多样主体在网络攻击信息方面的共享合作。网络安全战略本部作为日本政府专门研讨网络安全问题的最高级别会议，其直辖部门的重要性毋庸置疑。然而截至目前，关于网络安全协议会的运作模式、会议召开情况、取得实绩，并未像其他几个平级会议一样对外详细公开。此外，根据日本《网络安全基本法》规定，在处理网络安全重要事项时，网络安全战略本部与高水平信息通信网络社会推进战略本部以及国家安全保障会议展开紧密合作。① 然而，合作的实施方式、职责分工、取得实绩，也都不明确。综上可知，日本为了保持自身的灵活性，未来有可能释放一些关于网络力量建设和运用的信息，但基本上仍会继续坚持多做少说或只做不说的隐蔽策略。

二、完善政策法规体系，努力突破各种限制因素

当前日本在推进网络安全建设上面临的许多课题，都与现有政策法规的局限有关。例如，网络安全的狭义概念、自卫队在保障国家整体网络安全方面发挥作用不够、网络安全政策原则上由民间主导实施、允许政府搜集网络威胁信息尚未形成法制化等。为了突破这些限制，近年日本各界进行了广泛讨论，从中可以大致推断出未来有可能采取如下措施。

（一）拓展网络安全基本概念的内涵

日本《网络安全基本法》关于网络安全的界定可以简单概括为，防止信息泄露、丢失、损毁，确保信息系统和信息通信网络的安全性和可靠性。这应该称得上是日本官方对于"网络安全"最权威的定义。对此，有

---

① サイバーセキュリティ基本法（平成二十六法律第百四号）[EB/OL]. (2020 - 04) [2021 - 12 - 22]. https：//elaws. e - gov. go. jp/document？ lawid =426AC1000000104.

日本智库研究指出，这种界定显然属于狭义上的概念，原因是并未将网络空间的社会层属性考虑在内。该智库认为，伴随网络攻击主体的多样化和攻击方法的高级化，网络安全的定义从以前限定于互联网和数字数据的定义（Security of Internet = 互联网安全）正在向包含社会层在内的更加广义的定义转变。网络攻击不再局限于窃取信息之类在互联网空间的行为，也包含破坏网络空间赖以生存的重要基础设施之类针对现实社会的物理攻击（Security of Cyberspace = 网络空间安全），以及诸如 2016 年美国总统大选期间发生的针对民主主义社会发起的攻击（Security of Democratic Society）。因此，如今网络安全的对象不仅包括软件，还包括与硬件以及网络相连的社会系统，而且从源头上说，"cyber"一词的词源"cybernetics"也不仅包括控制系统，还包含人类社会。北约网络专家制定的国际网络安全指针《塔林手册》（Tallinn Manual2.0）的最新版对此也明确指出，网络空间由计算机、服务器、通信机器等硬件（物理层）、应用、软件（逻辑层）、使用软件和硬件的个人、集团（社会层）构成。如此一来，网络安全的定义得以扩展，网络安全应该守护的领域仅仅是此前的确保互联网安全完全不够，应该扩展到包含社会层在内确保网络空间安全以及相当于其外延部分的整个社会。因此该智库主张："为了准确应对多样化和高级化的网络攻击，必须修改网络安全基本法第 2 条，将网络安全的定义包含社会层，同时扩展至使用网络的犯罪预防。"①实际上，近年日本公布的网络安全重要战略文件已经开始关注社会层属性的研究。例如，2017 年 7 月网络安全战略本部发布的《网络安全研究开发战略》指出，"将基于未来网络空间的扩张，对网络安全的内涵进行再定义。不仅包括信息系统，还必须将其与人和社会作为一个整体进行考虑。日本今后将研讨出具体的网络安全研究领域和研究主题，包括人文社会科学领域在内"。（详见图 6 - 5）②

（二）提升自卫队在保障国家网络安全中的地位和作用

第一，对于防卫省在保护国家重要基础设施上的职责定位加以明确。在职责定位上，防卫省当前只被赋予了保护自身系统网络安全的任务，而

---

①　笹川平和財団安全保障事業グループ. サイバー空間の防衛力強化プロジェクト政策提言 [EB/OL]. (2018 - 10) [2019 - 06 - 01]. https://www.spf.org/global - data/20181029155951896.pdf.

②　サイバーセキュリティ戦略本部. サイバーセキュリティ研究開発戦略 [EB/OL]. (2017 - 07 - 13) [2019 - 12 - 07]. https://www.nisc.go.jp/active/kihon/pdf/ken-kyu2017.pdf.

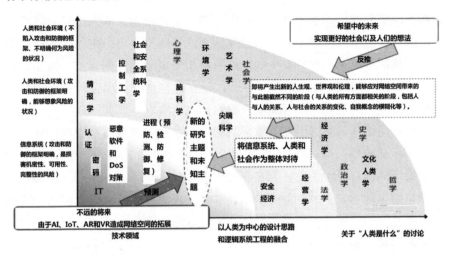

图 6 - 5 日本对于未来网络安全研究范畴扩展的判断①

对于防护国家重要基础设施只承担较小的责任。从根本上说，这是由于日本"烟囱式"的行政造成的。相互之间存在竞争的政府部门，针对重要基础设施防护，各自拥有单独的方针和程序，NISC 只负责从中协调。防卫省的职责仅仅在于通过参加网络攻击处置训练、任职交流、提供网络攻击信息、向信息安全紧急支援小组派遣人员等方式，为日本的整体安全做出贡献。因此，有学者建议，为了在紧急状态下自卫队能够保护民间重要基础设施，必须进行法律修订。例如，自卫队法第 94 条，关于动用自卫队的若干特例当中追加网络攻击的项目。② 实际上，关于自卫队保护国家重要基础设施的职能定位，2018 年版《防卫计划大纲》在构建综合防卫体制部分已经有所触及。例如，该大纲指出未来自卫队有必要推进相关举措以保护电力、通信等对于国民生活至关重要的基础设施和网络空间，但并未展开详细论述。

第二，针对行使自卫权应对网络攻击的判定依据加以明确。当前，防卫省和自卫队的行动依然受到日本宪法第九条的严重制约。首先，行使集

---

① サイバーセキュリティ戦略本部. サイバーセキュリティ研究開発戦略［EB/OL］. (2017 - 07 - 13)［2019 - 12 - 07］. https：//www. nisc. go. jp/active/kihon/pdf/ken-kyu2017. pdf.

② ポール・カレンダー. 防衛省とサイバーセキュリティ［EB/OL］. (2013 - 12)［2019 - 12 - 07］. http：//jsp. sfc. keio. ac. jp/pdf/wp/jsp - wp_8_Paul%20Kallender. pdf.

体自卫权的能力受到很大限制，具体表现在防卫省的方针远远落后于美国国防部的积极网络防御方针。2011 年，美国国防部的《网络空间政策报告（Cyberspace Policy Report）》指出，为了在网络空间保护本国、同盟国、伙伴国，拥有使用包括物理应对或攻击活动在内的所有必要手段的权利。与之相对，日本防卫省只是将网络空间防卫队的活动范围限制在"对抗、威慑"网络攻击，攻击发生时"拒止"攻击者使用网络空间以及自卫队的"迅速恢复"上，这与美国的方针还存在差距。其次，美国将重要基础设施的破坏行为视为网络空间的"武力行使"行为（例如引起原子炉的炉心熔化行为），而日本的界线划分却很模糊。防卫省虽已明确表示，针对作为武力攻击一环的网络攻击，自卫队拥有自卫权。但是，网络攻击样式和受害规模、性质十分多样，因此目前并未明确规定什么样的网络攻击相当于可以行使自卫权的"武力攻击"。再次，由于网络攻击的匿名性，如要进行报复警告，必须具有高水平的反击能力。这种反击能力，显然与日本宪法所主张的不能拥有进攻性武器的宗旨相悖。鉴于以上法律课题，日本政府已经决定采取改进措施。例如，2018 年 11 月 30 日，自民党和公明党召开讨论制定 2018 年《防卫计划大纲》的工作组会议。会议达成一致意见，认为有必要梳理当只有网络空间遭受攻击时能否认定为"武力攻击事态"而发动自卫权的法律论点。担任会议主席的前防卫大臣小野寺五典明确表示，"围绕网络攻击迄今为止的思路是提高防御能力，但是为了真正保护国家仅靠这些足够吗？应该梳理在'专守防卫'及国内法范围内能做的事"，借此表明了对于发展网络进攻能力、提升防卫省在日本国家网络安全体系中作用的支持态度。

（三）明确规定网络安全政策由民间主导转向政府主导

有日本智库指出，为了应对持续进化的网络攻击，必须迅速且一元化地实施探测、分析、判断、处置，因此主要的欧美大国都是由一国政府在网络安全问题上发挥主导作用，切实推进各类政策。这是由于欧美各国之间存在一种共识，即为了应对以国家为背景实施的网络攻击的激化以及国家层级开发出的网络攻击工具的扩散，仅仅依靠民间努力是有限的。然而在日本，网络安全原则上是民间的责任，政府各省厅尽管在主管范围内做着最大努力，但是这种努力的效果十分有限。例如，日本《网络安全基本法》明确指出，"应加深每一个国民对于网络安全的认识，促其自发采取应对措施"。由此可见，国民的自发行为是核心。2018 年版《网络安全战略》也同样遵从了这一立场。针对大规模网络攻击，《网络安全基本法》

规定，"针对那些有可能对日本安全造成重大影响的网络安全事态，国家应该采取必要措施，以充实相关机构体制，强化相关机构之间的相互合作以及明确职责分担"。可见，也没有明确规定应对大规模网络攻击的责任主体。依据现状，既不能切实应对针对重要基础设施实施的网络攻击，也不能保护政府的机密信息，更不能保护国民的生命和财产。鉴于此，智库建议称，应该在日本的《网络安全战略》中写明"国家（政府）的主导职能"，并在《网络安全基本法》的第3条"理念"和第4条"国家的责任"部分写明政府的主导职能。①

（四）实现允许政府搜集网络威胁信息的法制化

《日本国宪法》第21条和《电子通信事业法》第4条，保障者通信的秘密。第二次世界大战后日本严格遵守了这一规定。1999年设立的《为了犯罪搜查的通信监听法》虽然允许为了证明犯罪而进行通信监听（所谓的"司法监听"），但是并没有允许为了防止犯罪而进行事前监听（所谓的"行政监听"）。因此，在日本国内即使不正当通信在通信网上流通，如果使用者和从业者之间没有事前协议或合同，就不允许对其进行探测、解析，其结果是不能对其实施妨碍或终止。然而，为了切实应对网络攻击，网络安全实施机构有必要事先检测网络攻击的征兆。因此，在美国、英国、德国、法国等国家，通过法律的形式赋予了保存通信记录，并根据需要向网络安全实施机构提供的义务。在日本《电子通信事业法》的指导方针中，准许以上限为1年保存记录。因此，有智库建议，应该同别国一样，赋予通信从业者以一种义务，即保存数年的通信记录，并根据需要提供给网络安全实施机构，以实现提前检测和追迹网络攻击。②

三、持续加大预算投入，积极改善人才短缺现状

（一）持续加大网络安全预算投入

推进网络安全建设，必不可少的是政府投入预算。日本2018年版《网络安全战略》指出，为了切实有效地实施各府省厅政策，网络安全战

---

① 笹川平和財団安全保障事業グループ. サイバー空間の防衛力強化プロジェクト 政策提言 [EB/OL]. (2018-10) [2019-06-01]. https://www.spf.org/global-data/20181029155951896.pdf.

② 笹川平和財団安全保障事業グループ. サイバー空間の防衛力強化プロジェクト 政策提言 [EB/OL]. (2018-10) [2019-06-01]. https://www.spf.org/global-data/20181029155951896.pdf.

略本部负责制定经费的预估方针，确保和执行政府所需预算。对日本政府历年的预算数据加以分析，可以看出一定的倾向。第一，自 2012 年度以来，日本政府每年在网络安全领域投入的预算经费整体呈现平稳增长趋势，只有在个别年份由于发生重大网络安全事故等原因才造成偶发性波动。与之前相比，2020 年度的初始预算已经超过 2012 年度合计预算的 2 倍以上，是 2013 年度合计预算的 3 倍以上（详见表 6 - 3、图 6 - 6）。第

表6 - 3　日本政府近年网络安全预算的变化①　　单位：亿日元

年度	2012	2013	2014	2015	2016	2017	2018	2019	2020	2021	2022
初始	186.3	239.9	542.3	325.8	498.3	598.9	621.1	712.9	834.2	814.8	919.3
补充	183.2	9.4	24.9	513.8	72.2	21	13	52	185.6	—	—
合计	369.5	249.3	567.2	839.6	570.5	619.9	634.1	764.9	1019.8	814.8	919.3

---

① 根据 2012 年度 ~2022 年度日本政府网络安全预算文件中的相关内容绘制而成。详见：サイバーセキュリティ戦略本部．政府のサイバーセキュリティに関する予算 [EB/OL]．(2021 - 09 - 27) [2021 - 10 - 11]．https：//www. nisc. go. jp/conference/cs/dai31/pdf/31shiryou05. pdfサイバーセキュリティ戦略本部．政府のサイバーセキュリティに関する予算 [EB/OL]．(2020 - 01 - 30) [2020 - 02 - 26]．https：//www. nisc. go. jp/conference/cs/dai23/pdf/23shiryou04. pdf．サイバーセキュリティ戦略本部．政府のサイバーセキュリティに関する予算 [EB/OL]．(2019 - 01 - 24) [2020 - 02 - 26]．https：//www. nisc. go. jp/conference/cs/dai21/pdf/21shiryou07. pdf．サイバーセキュリティ戦略本部．政府のサイバーセキュリティに関する予算 [EB/OL]．(2018 - 09 - 26) [2020 - 02 - 26]．https：//www. nisc. go. jp/conference/cs/dai20/pdf/20shiryou02. pdf．サイバーセキュリティ戦略本部．政府のサイバーセキュリティに関する予算 [EB/OL]．(2018 - 01 - 17) [2020 - 02 - 26]．https：//www. nisc. go. jp/conference/cs/dai16/pdf/16shiryou03. pdf．サイバーセキュリティ戦略本部．政府のサイバーセキュリティに関する予算 [EB/OL]．(2017 - 01 - 25) [2020 - 02 - 26]．https：//www. nisc. go. jp/conference/cs/dai11/pdf/11shiryou05. pdf．サイバーセキュリティ戦略本部．政府のサイバーセキュリティに関する予算 [EB/OL]．(2016 - 10 - 12) [2020 - 02 - 26]．https：//www. nisc. go. jp/conference/cs/dai10/pdf/10shiryou10. pdf．サイバーセキュリティ戦略本部．政府のサイバーセキュリティに関する予算 [EB/OL]．(2016 - 01 - 25) [2020 - 02 - 26]．https：//www. nisc. go. jp/conference/cs/dai06/pdf/06shiryou05. pdf．サイバーセキュリティ戦略本部．政府のサイバーセキュリティに関する予算 [EB/OL]．(2015 - 09 - 25) [2020 - 02 - 26]．https：//www. nisc. go. jp/conference/cs/dai05/pdf/05shiryou03. pdf．サイバーセキュリティ戦略本部．政府のサイバーセキュリティに関する予算 [EB/OL]．(2015 - 05 - 25) [2020 - 02 - 26]．https：//www. nisc. go. jp/conference/cs/dai02/pdf/02shiryou05. pdf.

二，从各省厅的分配比例看，防卫省、总务省、经济产业省、文部科学省排名靠前。尤其是防卫省一直稳居第一，超过警察厅预算的 5 倍左右，反映出日本在网络安全领域，比起取缔民事的网络犯罪更加重视作为国家防卫的网络安全，注重强化自卫队应对网络攻击、确保信息通信安全的能力。例如，在 2019 年和 2020 年的日本政府网络安全预算中，防卫省的占比分别高达 31.3% 和 30.7%。第三，信息通信领域研究费在全部科学技术研究费中的比重越来越高。根据日本总务省《2018 年科学技术研究调查》结果显示，2017 年度日本的科学技术研究费总额（企业、非营利团体和公共部门、大学的研究费总和）为 19 兆 504 亿日元。其中，信息通信领域的研究费为 2 兆 2448 亿日元，比上一年度增加 3.5%，自 2015 年开始一直保持增加态势。①

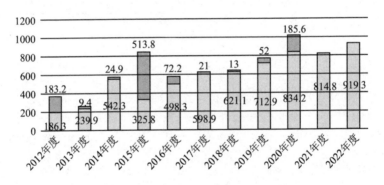

图 6 - 6   日本政府网络安全预算

然而，关于政府的网络安全预算，日本各界普遍认为其规模与其他国家相比明显偏弱，一直呼吁增加预算。例如，2019 年 5 月 23 日，网络安全战略本部召开第 22 次会议，讨论议题之一是敲定《2020 年度网络安全预算重点化方针》。会议成员远藤信博针对预算问题指出，"日本当前的预算大约是 2013 年度的 3 倍，但是与世界其他国家相比其水平还远远不够。未来，为了建设 Society 5.0，包括地方、中小企业在内的整体达到世界顶

---

① 総務省 . 令和元年版情報通信白書［EB/OL］. (2019 - 07)［2020 - 01 - 16］. https：//www. soumu. go. jp/johotsusintokei/whitepaper/ja/r01/pdf/index. html.

级水平，必须执行与之相称的预算"①，借此表达了持续增加网络安全政府预算的要求。再如，世界和平研究所研究员松崎美由纪指出，"美国国防部2016年度预算要求方面，为了提高网络能力编列55亿美元（6600亿日元），而防卫省2015年度预算要求的网络相关预算只有103亿日元，美国是日本的约64倍。由于国防预算规模不同，对金额进行比较的意义不大，但考虑到美国国防预算与日本国防预算之差约为64倍这一点来看，日本网络相关预算就很难说是充分的。这种数值，不仅与美国之间，与有可能成为日本安全不稳定因素的国家的网络预算和人员相比，也不得不说日本的预算、人力严重不足。网络安全预算和人员的不足，不仅是防卫省的问题，也是包括民间在内日本整体的课题"。② 基于上述普遍认识，未来日本政府极有可能在网络安全领域持续加大预算投入。

（二）灵活运用国内外各界资源改善网络安全人才短缺现状

面对网络安全人才不足的问题，日本各界展开积极研讨，希望可以通过灵活运用民间人力和技术资源加以缓解。部分对策已经得到日本政府的认可或实施。

第一，在网络安全领域引进民间AI技术。具体是指由人工智能来替代信息安全专家的部分业务。例如，在安全对策系统的运用监视服务中灵活运用AI。具体讲，设置在服务对象网络中的攻击检测系统，负责输出相关信息（日志），用以提示攻击的可能性。所谓运用监视服务是指对这些日志进行实时分析，判断是否遭到了攻击以及是否出现了损失。一旦确认遭到了攻击、出现了损失，通过电话或者邮件向服务对象进行通报。这种分析，分析师们采用的是24小时全年体制，因此工作量巨大。长此以往，分析作业和向服务对象通报有可能会延迟，分析师的注意力降低也有可能造成分析精度的下降。因此，可以运用AI解决问题，将AI作为分析师的分身，负责甄别日志中占大部分的非实际攻击（误检测），需要分析师加以确认的日志数量将随之减少，分析师可以专注分析那些疑似威胁的重要日志。而且，AI能够学习分析师的分析结果和思路，之后就可以判断出同样

① サイバーセキュリティ戦略本部. 政府の第22回会合議事概要［EB/OL］.（2019－05－23）［2020－02－26］. https：//www. nisc. go. jp/conference/cs/dai22/pdf/22gijigaiyou. pdf.

② 松崎みゆき. 防衛省・自衛隊によるサイバーセキュリティへの取組と課題［EB/OL］.（2015－04－22）［2019－12－07］. http：//www. iips. org/research/data/note－matsuzaki20150422. pdf.

的日志。据统计，分析师的作业负荷将减少约 50%。① 实际上，2018 年 1月，防卫省已经决定为网络空间防卫队用以防御情报通信网络的系统引进AI 技术。目的是，一方面利用人工智能的"深度学习"功能来提高网络作战中的病毒解析效率，另一方面是解决应对网络攻击人员数量不足的问题。

第二，多源引进网络安全人才。鉴于未来日本整体人口将持续减少，可能更难获得新的 IT 人才，因此日本智库提议灵活运用现有 IT 人才，特别是那些资深 IT 人才和占据现有 IT 人才数量 1/4 的女性 IT 人才，为其营造能够进一步施展才能的环境。此外，根据调查结果显示，近些年在日本IT 产业工作的外籍人才呈现增加趋势，来自越南、泰国、印度尼西亚的 IT人才大多希望在日本工作，因此日本智库还建议从这些东南亚国家引进外国 IT 人才。②

第三，为个人能力提升提供支援。据悉，美国和韩国已经在网络安全领域建立有鼓励进修制度，为政府职员发放奖学金，供其在大学和研究生院获得专业学位，复职后要求其在一定期间内承担相应勤务。日本学者研究认为，尽管经过一定时间后，此类人才大多以高薪转向民间就职，但同样会提升民间部门的安全水平，政府部门不滞留人才，新的具有知识和技能的人才再进入，形成良性循环。从长期来看，此举能够提升政府部门和民间部门双方的安全水平，进而提高整个国家的网络安全水平。因此，日本学者建议从长远、更广泛的角度考虑制订国家利益的人才培养方案，可以为日本警察厅、防卫省、情报机构引进该制度。③

第四，设置网络防御公益组织。日本经济新闻此前曾报道称，为追踪2018 年 1 月发生的从虚拟货币交换公司流出的约 580 亿日元虚拟货币，有数十名善意的技术人员（白帽黑客）参与其中。从中可以看到，拥有高级网络安全技术的民间人士，作为善意活动参与处理网络事件的成功案例。

---

① 千葉靖伸. サイバー攻撃対策として（AI）人工知能を活用 [J]. 防衛技術ジャーナル，2018（9）.

② みずほ情報総研株式会社. IT 人材の最新動向と将来推計に関する調査結果[EB/OL].（2016 – 06 – 10）[2019 – 12 – 07]. https：//www. meti. go. jp/policy/it_policy/jinzai/27FY/ITjinzai_report_summary. pdf.

③ 土屋大洋. 安全保障戦略としてのサイバーセキュリティー強化 [EB/OL].（2014 – 06 – 03）[2018 – 12 – 07]. https：//www. csis – nikkei. com/doc/サイバーセキュリティ. pdf.

实际上，在政府机关、信息通信企业、一般企业的信息安全部门等许多领域都存在"白帽黑客"。因此，日本学者提议，政府有必要将网络空间防御定位成"维护国家安全的社会贡献活动"，并为拥有高技术能力的网络安全技术人员提供活动场所，以国家为中心推进建立以这些专家为中心的公益组织。此类"网络防御公益组织"特别是在应对针对重要基础设施的大规模网络攻击时能够与 NISC 合作，构筑能够对受害的重要基础设施从业者提供技术支援的体制。据悉，当前在日本警察厅已经制定《网络犯罪预防志愿者活动手册（模型）》，正在网站和公告栏上开展以非法、有害信息的净化活动为目的，由普通民间人员以志愿的形式实施网络巡察。①

---

① 山口嘉大.サイバー防衛における官民連携の強化について［J］.防衛研究所紀要，2018（12）.

第七章

思考与启示

日本是中国一衣带水的邻国，也是美国在亚太地区最亲密的盟友。近些年，随着美国实力的相对衰落以及权力平衡的转移，日本愈发担心周边国家综合实力的不断提升会影响其国家利益并对既有的国际秩序造成冲击。因此，日本一方面继续利用日美同盟拓展战略空间；另一方面持续渲染周边威胁，为其扩充军备寻找借口。在此背景下，日本借维护网络安全之名，不断强化网络攻防能力，打造网络攻防联盟，势必会对国际安全环境造成一定程度的负面影响，值得高度警惕。另外，网络空间具有全球化特征，网络安全问题也是世界各国面临的共同课题。不同国家由于所处信息技术发展阶段不同、国家战略目标不同，会制定适合本国国情的网络安全战略，并采取与之匹配的实施路径。日本作为世界上信息化程度最高、对网络安全最为重视的国家之一，在推进网络安全建设中的许多经验值得其他国家学习和借鉴。

一、充实政策法规体系，保证实施网络安全举措有章可循

网络安全政策法规来源于网络安全工作实践，同时又为一个国家严格有序地实施各项网络安全举措提供法规保障和政策依据。自 2000 年日本信息安全对策推进会议出台《信息安全政策指针》《重要基础设施网络反恐特别行动计划》开始，日本逐渐建立起一系列指导网络安全工作的政策法规和制度规范。我国与包括日本在内的西方大国相比，虽发布网络安全战略文件较晚，但进展迅速。在 2016 年 11 月到 2017 年 3 月的短短数月间，我国先后出台《中华人民共和国网络安全法》《国家网络空间安全战略》和《网络空间国际合作战略》，从基本法、国家整体战略、国际合作战略三个层面对我国网络安全战略法规体系进行了初步构建，解决了从无到有的问题，为我国推进网信事业发展奠定了基础、指明了方向。基本战略和基本法律制定之后，除了需要根据新变化和新问题及时进行更新和修订外，还需要围绕更加具体的主题有针对性地制定出与之相匹配的政策法规和制度规范，以确保相关举措能够顺利实施。但从现阶段取得的成果来看，我国在网络安全政策法规建设方面仍存在一些盲区和缺项有待充实和

完善。

第一，完善关键信息基础设施安全保护相关配套文件。关键信息基础设施是经济社会的神经中枢，是网络安全工作的重中之重，也是容易遭到攻击的重点目标。[①] 日本很早便认识到保障重要基础设施安全的重要性，自 2000 年 12 月开始至今，先后出台了《重要基础设施网络反恐特别行动计划》以及 4 份《重要基础设施信息安全对策行动计划》。在此基础上，日本还围绕该行动计划中的重要事项制定出了更加详细的配套文件，使其可操作性变得更强，例如制定《确保重要基础设施信息安全相关安全基准的指针》《网络攻击造成重要基础设施服务障碍的严重程度评价基准》等。与之相对，我国在关键基础设施防护的政策文件制定方面相对滞后，2017 年 7 月，国家互联网信息办公室向社会公开发布《关键信息基础设施安全保护条例（征求意见稿）》，对负责关键信息基础设施防护各级组织的职责要求、关键信息基础设施保护范围、评估机制、相关法律责任等基本要素进行了规定。该条例的出台，标志着我国在该领域的统一立法工作取得了突破性进展。我国应当尽快完成相关立法工作，并进一步出台配套性文件，对其中涉及的具体事项进行更加细致的规定，特别是需要进一步明确保护范围、识别标准、重要概念、行动规划等内容，以确保相关政策措施能够真正得到落实。

第二，推进个人信息保护立法。随着网络信息技术的发展和网络设备的普及，公民的日常生活越来越依赖于网络。对于公民各类信息进行普遍搜集，并对其进行大数据分析现已成为世界各国为了提升管理效率或促进产业竞争的普遍做法。与此同时，由于防护水平不高、监管力度不严等因素，造成个人信息包括隐私信息泄露、篡改、滥用也已屡见不鲜。如何完善个人信息保护立法，以便在产业利益和个人权利之间取得恰当平衡，已经成为包括日本在内的世界各国共同关注的立法课题。从完善个人信息保护法律体系的整个过程来看，日本采取的推进步骤是先由地方政府制定《个人信息保护条例》，接着面向政府机关出台《行政机关计算机处理的个人信息保护法案》，进而把民间部门纳入保护范围，在 2003 年先后出台《个人信息保护法》相关五法，正式确立全方位的个人

---

① 央视网. 关键信息基础设施安全保护条例有望年内出台［EB/OL］. (2019 – 08 – 22)［2020 – 04 – 24］. https: //news. sina. com. cn/c/2019 – 08 – 22/doc – ihytcern2634051. shtml.

信息保护法律制度体系。据统计，当前全球范围内已有 100 多个国家和地区出台了个人信息保护法。[①] 纵观我国，尽管围绕出台该领域专门法律的讨论已经持续了十余年，但截至目前并未完成。当前，保护个人信息的各种制度规范主要是"两法一决定"加"一个罪名"，即《消费者权益保护法》《网络安全法》，全国人大常委会《关于加强网络信息保护的决定》以及《刑法》第 253 条中的"侵犯个人信息罪"，《民法总则》也有部分条款。[②] 这种散落在其他法律当中的做法，其弊端已经显现，例如保护范围狭窄、缺乏专门的监管机构、现有内容时有冲突甚至矛盾等。2018 年，全国人大常委会已经宣布把《个人信息保护法》列入五年立法计划。当前，我国应积极参考包括日本、欧盟在内的国际先进经验，根据中国国情，处理好政府、企业和个人三者之间的关系，尽快建立起中国特色的个人信息保护法律体系，使之成为各类主体、各个领域共同遵守的基本规范，并据此成立相对独立的、综合的、专门的监管部门，以确保相关法律法规能够得到有效执行。

第三，考虑出台网络空间军事行动战略文件。围绕防卫力量在网络空间的行动战略，日本防卫省早在 2012 年便对外公开发布了名为《为了防卫省和自卫队稳定有效利用网络空间》的战略指导性文件。该文件从分析网络空间重要性、网络攻击的特点以及面临的网络安全风险等方面入手，进而提出防卫省和自卫队在网络空间利用方面的基本方针以及在未来数年内计划采取的具体措施。防卫当局出台此类战略指导性文件，一方面能够为一段时期内自身网络作战力量建设和运用勾勒蓝图；另一方面也可以通过向别国传达自身在网络空间行动问题上的基本理念，收获一定的威慑效果。当前世界主要大国中，围绕网络空间军事行动出台战略文件的国家并不多，鉴于其重要性和必要性，这势必成为各个国家未来推进网络战略法规体系建设的补充要点。我军也可以考虑根据面临环境和任务需求，积极构建适合我军建设和发展的网络空间军事战略，并注意及时更新，以指导各项网络作战行动的顺利开展。

二、完善领导管理体制，强化网络安全事务统筹协调

网络安全力量是落实网络安全政策、实现安全战略目标、维护国家网

---

① 张玉林，孙宏跃.《个人信息保护法》立法工作及时代趋势 [J]. 网络安全技术与应用，2019 (7).

② 魏永征. 我国《个人信息保护法》的现状与走向 [J]. 新闻前哨，2018 (12).

络主权的基础保障，领导管理体制在其中发挥着重要的龙头作用。经过近20年的建设与调整，日本已经逐渐建立起较为完善的网络安全领导管理体制。这一体制以网络安全战略本部和内阁网络安全中心为核心、以各部门最高信息安全责任人为顶点、以 GSOC、CSIRT、CYMAT、CEPTOAR、JP-CERT/CC、CDC 等跨部门协调机制为枢纽，正在作为日本网络安全政策的制定者和协调者发挥着重要作用。我国网络安全领导管理体制建设同样起步于20世纪末。2018年3月，一方面，为了强化既有体制，我国根据《深化党和国家机构改革方案》将中央网络安全和信息化领导小组改为中央网络安全和信息化委员会，并优化其办事机构——中央网络安全和信息化委员会办公室的职责，使其接管原由工业和信息化部管理的国家计算机网络与信息安全管理中心。另一方面，作为网络安全协调服务部门，国家域名安全中心、政务和公益机构域名注册管理中心、中国信息安全认证中心、中国信息安全测评中心、国家互联网应急中心、中国软件评测中心等机构，也正在实际履行着网络风险评估、网络安全预警、软硬件测评认证等重要职责。总体来说，我国在网络安全领导管理体制建设方面已经完成顶层设计，通过建立机构、明确职能等方式不断提升网络安全事务的全盘统筹和有机协调水平，但与日本等国家相比，现有领导管理体制还可以考虑在一些方面进一步充实和强化。

第一，提升网络安全领导管理部门层级。作为信息化建设的重要保障和关键环节，一个国家或军队在最初构建网络安全领导管理体制时的通常做法是，在国家或军队负责信息化建设的领导管理机构之下设立专门负责网络安全的领导管理机构。例如，日本2000年在高水平信息通信社会推进本部之下成立信息安全对策推进会议，即将负责网络安全事务的核心组织设置在负责国家信息化建设的组织之下。我国成立中央网络安全和信息化领导小组，后升级为中央网络安全和信息化委员会，凸显了国家对于网络安全工作的高度重视，尤其反映出将网络安全视为信息化建设重点课题的普遍共识。随着网络安全重要性的提升，日本政府多次调整网络安全领导管理体制，逐步将其升级为网络安全战略本部，实现了网络安全领导管理部门和信息化建设管理部门在形式上的剥离，而且两机构属于同一级别。对比我国，中央网络安全和信息化委员会的前身是20世纪90年代设立的国家信息化领导小组。与此前相比，新机构级别由国家层面改为党中央层面，组长由国务院总理改为党的总书记担任，网络安全也被摆在了突出的位置。这种机构设置方式的主要依据在于，网络安全和信息化是一体之两翼、驱动之双轮，应该统一筹划、统一推进，但所存在的问题也十分明显。例如，大量的下设机构与网络安全并无直接关联、研讨主题难以聚焦网络安全，与网络安全极强的专业性要求不太匹配，等等。因此，我国也可以考虑将现有涉及网络安全职能的领导管理力量进行整合，设立专门的网络安全领导管理部门，提升层级，以便更好地统筹协调我国整体的网络安全工作，从而将网络安全体制顶层设计推向新高度。

第二，在关键部门设置最高信息安全责任人职位。CISO，又称首席信息安全官，是机构当中维护网络安全运行状态的最高责任人。该制度以"9.11"恐怖袭击事件为契机，逐渐受到业界广泛重视，在国外已经形成较为完备的制度体系，CISO 这一职业也已经在包括中国和日本在内的许多国家和地区获得职业认证。在日本，根据《政府部门等机构的信息安全对策统一基准》要求，已经在各省厅、大多数民间企业设置了最高信息安全责任人职位。CISO 除了负责统管本单位涉及网络安全的全部业务外，还以成员或观察员的身份不定期参加网络安全战略本部下设的网络安全对策推进会议（又称 CISO 联络会议），参与国家层面的网络安全政策讨论。此外，担任 CISO 的人员，在各部门当中拥有较高地位，以日本政府各省厅为例，大多是由局长级别的官房长兼任，这使得网络安全工作在整个机构中能够得到更大重视，能够协调更多资源，也更有利于在机构内推行各项网络安全政策。21 世纪初，随着该制度在美国的兴起，我国也开始关注和推行该制度。在一些民间企业，例如华为已经设置了 CISO 职位，许多网站也出现了 CISO 的招聘信息。但从目前整体情况来看，CISO 制度在我国仍然处于初级推广阶段，具体表现在：设置 CISO 职位的机构还主要集中在私营企业，尤其是大型私营企业，而在政府部门和国企央企，更倾向于设置级别普遍不高的网络安全管理部门统管网络安全工作。另据 2017 年中国信息安全测评中心调研结果显示，我国有 42.8% 的网络安全从业人员认为关键信息基础设施运营单位有必要设置专职的网络安全管理岗位，如首席信息安全官（CISO），54.2% 认为所有单位都需要设立这样的岗位。①因此，鉴于 CISO 制度具有权责更加明晰、地位更加显著、更加强调协调机制等优势②，我国可以借鉴包括日本在内的国际经验，在更多部门，特

---

① 位华. 我国网络安全人才队伍建设现状及思考 [J]. 中国信息安全，2018 (2).

② 互联网实验室. 首席信息安全官发展大趋势 [J]. 中国信息安全，2013 (12).

别是政府部门、关键信息基础设施等领域进一步推广该制度，在充分赋予 CISO 相应职权的同时，建立健全相应的考核、监察、奖惩机制，从根本上强化网络安全管理体制。

三、聚焦网络技术自主创新，在国际竞争中占据技术优势

信息时代，网络技术是大国实力的核心基础，也是国际网络博弈中的竞争焦点。在决定国家网络安全能力水平的若干要素中，先进的网络技术发挥着重要作用。是否占据核心技术优势、掌握行业标准制定权、掌控网络基础资源，直接决定着大国在网络竞争中的所处位势。日本《第 5 期科学技术基本计划》明确指出实现 Society 5.0 必需 6 项基干技术，网络安全技术位列其中。当前日本政府、产业界、学界正在根据《网络安全研究开发战略》规划，积极推进网络安全研究开发。我国在网络安全技术创新领域，目前已经取得相当大的进展和重大突破，同时也反映出诸如核心技术受制于人、关键设备依赖进口、高端技术产品匮乏、基础研究投入不够、产业投资标准重利轻研等许多亟待解决的课题。为了尽早改变被动局面、维持良好的网络安全态势、确保在国际竞争中不落人后，日本近些年积极推进网络技术革新的一些做法值得我们借鉴。

第一，重点扶持网络技术基础研究。互联网和计算机技术发端于美国，西方国家在网络产品质量、产品行业标准制定、网络基础资源控制和分配等方面都具有明显优势，这与其长期、稳定、持续地在网络相关基础科学研究方面加大投入密不可分。可以说，基础科学研究为技术创新提供了内在驱动力。如前所述，日本近些年在推进科技创新的过程中愈发重视基础科学研究，这一点在政策上的重视程度、研发人员和论文发表数量占比等方面均有明显体现。与西方国家相比，我国在网络安全建设方面起步较晚，近些年在国家大力支持下迅速发展，与西方国家之间的差距正在逐渐缩小，甚至在某些单项技术和应用领域已经走在世界前列。然而，尽管我国在国际市场占据较大份额，但从整体上看，核心技术受制于人、出口产品多为低端等现象还十分严重。这与我国整体在基础研究方面投入不足、实力薄弱密切相关。例如，比起研发周期长、成效慢的基础研究，我国大多数企业更倾向于重点开发那些研发投入小、且在较短时间内能够获

得巨大经济效益和社会影响力的新技术和新产品上。① 未来，我国应当积极借鉴日本等国的建设经验，顺应科学技术发展的周期规律，给予基础研究长期、稳定、持续的关注和投入，在基础研究和应用研究之间取得恰当平衡，充实网络技术基础，提升网络竞争技术优势，为实现网络强国目标提供技术支撑。

第二，充分调动国内外各方资源形成技术研发共同体。网络技术是通用技术，更多的研究资源集中在学界和产业界。在国外，以欧美为中心正在努力形成一体化推进研究开发以及相应人才培养的共同体。在日本，2019 年网络安全战略本部发布的《网络安全研究和技术开发举措方针》明确指出，产学官的密切合作是推进网络安全研究和技术开发的基础，并提出构建产学官技术研发合作共同体思想，未来将完善相关体制，实现能够共享举措信息、合作实施研究活动的生态系统。当前，日本政府、科研院所、防卫省等社会各界正在产学官技术研发合作共同体思想的指导下，纷纷采取各种举措，积极与其他部门共同开展技术研发。未来，我国在网络安全领域应继续坚持创新驱动发展，充分调动国内外各界研发资源，特别是在一些关键领域，应在政府提供政策支持、制度保障、资金支援和合作平台的基础上，产学研各界分别发挥自身优势、取长补短、协同攻关、形成合力，从而建立常态、稳定、持续的合作机制，促进技术资源的良性互通。

第三，在规划和实施中兼顾短期现实需要以及中长期技术预见。重视技术预见，抢占科技制高点，有效规避科技发展可能带来的冲击甚至风险，并将其反映在科技发展战略规划中，是世界主要国家的通行做法。② 同样地，网络空间竞争的关键在于技术优势，特别是核心技术以及颠覆性技术优势。推进网络安全研究开发，不仅要着眼于当前现实需要和短期技术发展，还应该立足长远，科学预见未来有可能出现的研发短板或盲区，实施前瞻性布局并切实稳步推进。日本近年发布的《网络安全战略》《网络安全研究开发战略》都立足于"不远的将来"和"中长期"两段式框架的方式，分别设计了网络安全研究开发的基本思路和发展方向。实际

---

① 朱迎春. 创新型国家基础研究经费配置模式及其启示 [J]. 中国科技论坛, 2018（2）.

② 宋君强. 加强技术预见体系建设 助力创新驱动发展战略深入实施 [J]. 中国政协, 2019（19）.

上，我国历次的科技发展与中长期规划都包含有技术预见的内容。例如，2016 年国务院印发的《"十三五"国家科技创新规划》提出要建立技术预见长效机制。具体到网络安全，我国有必要加强技术预见在这一新兴领域的应用，在推进核心技术自主创新的同时，给予中长期网络安全技术预见更多的关注，例如在网络安全发展战略规划中，进一步对其重要性加以明确、建立常态化网络技术预见研究机制、加强网络安全技术预见人才队伍建设，等等。

四、强化网络人才队伍建设，夯实网络安全能力基础

作为人造空间，网络空间对人才的因素极度依赖。网络人才数量上的短缺、质量上的不足、结构上的不合理、使用上的不当，不仅无法满足网络防护的需求，还会导致网络技术创新缓慢、网络舆情影响力偏低等问题的产生，因此可以说网络人才是推进网络安全和信息化建设的根本保障，网络竞争归根结底是网络人才的竞争。我国虽然拥有庞大的人口基数，但是网络安全相关教育起步较晚，在网络安全人才队伍建设方面还存在一些问题，与我国网络大国的国际地位以及实现网络强国的目标要求不相符合，主要表现为人才供需严重失衡、高层次人才数量缺口大、教育模式重理论轻实践、网络人才结构不尽合理、人才竞争吸引力不够、用人机制不完善等。为了夯实我国网络安全能力基础，将人力资源优势真正转化为网络人才优势，进而为实现网络技术优势提供基础人力支撑，可以考虑借鉴日本在网络安全人才培养方面的先进经验，从如下方面加以改善。

第一，在培养和保留具有突出才能的人才方面下功夫。如前所述，日本在推进网络安全人才队伍建设中，表现出对于培养、挖掘和保留年轻高端人才的重视。由于此类人才很难通过学校或企业等组织既定的人才培养课程或资格制度获得，因此日本积极鼓励学学合作、产学合作等联合培养模式，并通过举办竞技活动、创造学习机会、营造稳定的工作环境等方式加紧推进。近些年，我国在政策层面高度重视网络安全人才建设，许多重要举措也得到有效实施。例如，2015 年，国务院学位委员会、教育部决定在"工学"门类下增设"网络空间安全"一级学科。2017 年，为贯彻落实习近平总书记关于建设一流网络安全学院的指示精神，中共中央网络安全和信息化委员会办公室、教育部公布了首批示范项目高校名单。这些举措都为全面推进我国网络安全人才培养提供了难得机遇。然而，由于教育起步较晚等原因，当前我国的网络安全人才特别是网络安全高端人才，无论是数量上还是质量上仍存在

不足，而且人才国外流失现象较为严重。为了扭转这一局面，需要学习借鉴包括日本在内的国外先进经验，从改革教育模式、优化成长环境、构建具有竞争力的人才制度体系等多个方面同步改善。例如，改变重理论轻实践的院校教育模式，鼓励校企联合培养，积极利用实习、在职教育、竞赛、交流等各类方式培养和挖掘先进人才；提升网络安全产业魅力，优化工资待遇和奖励机制，积极营造能够稳定提升和施展才华的工作环境；完善先进人才配套制度，多种渠道吸引出国的和国外的优秀人才在国内就职等。

第二，把信息素养教育贯穿包括中小学在内的院校教育全阶段。如前所述，日本在网络安全人才培养政策方面，给予初等和中等教育阶段的网络安全教育以很高的定位，其目的在于确保该层级的学生能够具备信息安全人才的基础资质。近年来，日本多次修订中小学《学习指导要领》和《教育信息化手册》，网络安全教育内容逐渐全面化，既包括重视技能的信息教育，也包括重视品德的信息素养指导。在我国，信息技术课程的建设起步于 20 世纪 80 年代的"计算机教育课程"，经过多年的发展已经在课程建设、教学条件等方面取得长足进展。然而，正是由于脱胎于计算机课程，当前我国中小学生的信息技术教育还存在着技术至上的倾向，课程设置上缺少对信息权利与义务、伦理道德、法律法规等社会学方面的知识内容。① 根据调查，我国青少年在使用网络时也的确普遍存在着诸如缺乏批判意识，对信息的鉴别能力、评价能力不足等问题。② 作为安全教育的主阵地，针对中小学生实施网络安全素养的在校教育亟待加强。③ 鉴于网络安全学校教育的重要性，2016 年中共中央网络安全和信息化办公室等部门发布《关于加强网络安全学科建设和人才培养的意见》明确指出，要将网络安全纳入学校教育教学内容。④ 未来，我国有必要给予针对中小学生的网络安全基础教育更高的定位，将其纳入国家网络安全人才培养政策规划当中。一方面继续提升中小学生包括编程在内的信息技术能力，培养逻辑思维能力，为网络安全建设储备和培养优秀人才；另一方面突出推进信息

---

① 钱松岭. 中小学信息社会学课程开发研究［D］. 华东师范大学，2012：3.

② 李宝敏. 儿童网络素养研究［D］. 华东师范大学，2012：181.

③ 赵冬臣. 欧盟国家的中小学网络安全教育：现状与启示［J］. 外国中小学教育，2010（9）.

④ 中央网络安全和信息化领导小组办公室. 关于加强网络安全学科建设和人才培养的意见［EB/OL］.（2016 - 07 - 08）［2019 - 12 - 07］. http：//www. moe. gov. cn/srcsite/A08/s7056/201607/t20160707_271098. html.

素养教育，将社会学等方面的相关内容融入到中小学教育的课程体系当中，并通过科学的课程设计和教学手段，帮助其树立正确的网络使用态度和价值观。

　　总之，随着网络信息技术的快速发展和广泛运用，网络空间已经成为人类生活、国家发展不可或缺的重要平台。随着对于网络空间依赖程度的不断加深，网络攻击导致现实空间的行政功能和社会功能陷入瘫痪的可能性已经成为现实，恐怖分子实施的网络攻击甚至有可能造成匹敌大规模自然灾害的巨大损失，严重威胁着整个人类社会。为了维护自身网络安全，并在这一全新竞争疆域中占据有利位势，近年世界各国纷纷出台网络空间发展战略、努力提升网络空间行动能力。2014 年 2 月 27 日，习近平总书记主持召开中央网络安全和信息化领导小组第一次会议，明确我国建设网络强国的总体目标，开创了我国从网络大国走向网络强国的新格局。①2013 年 6 月 10 日，日本信息安全政策会议发布首部《网络安全战略》，提出构建世界领先的网络空间、实现"网络安全立国"的基本方针，近些年更是从国家安全的角度，改变以往以防御为主的网络安全政策，转向更加积极主动的应对立场，均体现出日本也志在成为主要的"网络强国"。从中日两国官方的互联网安全监测数据来看，中日在网络空间的相互竞争态势已然初露端倪，加之网络空间斗争的隐蔽性以及对于其他所有领域的渗透性，可以预见，未来很长一段时期，中日两国之间的网络博弈还将持续。面对近年来日本政府的强力推进，特别是违背"和平宪法"基本理念、发展攻防兼备型网络安全力量，在国际舆论界大肆渲染中国网络威胁、营造于我国和平发展极为不利的国际舆论环境，积极发展以日美合作为主的网络外交、广泛参与网络空间国际规则制定等动作，我们除了要及时做好跟踪研究外，更要积极采取应对措施。例如，在技术研发、人才培养、意识普及等方面加大力度，以稳步提升自身网络安全能力，并配合我国改革强军进程，扎实做好网络空间对日斗争准备；继续深化与俄罗斯等国的多层次国际网络安全合作，广泛构建网络空间命运共同体，对国际网络治理提供中国智慧和中国方案等等。另一方面，从大局来看，我们也要对于日本对华安全政策的"两面性"以及两国关系的重要性具有清醒认识。尽管由于历史积怨、领土争端等各种争议性问题的存在，以及在网络安全基本理念上的差异等原因，对中日两国持续强化和深化网络安全合作

---

① 秦安．网络空间军民融合探析［J］．中国国情国力，2017（1）．

造成一定程度的阻碍，但是我们还是应该在坚守我国网络空间国家利益的前提下，牢牢把握稳定两国关系大局这一基本点，积极创造和利用各种平台实施战略接触、增加两国网络安全互信，避免对日关系发展成为我国网络强国发展道路上的负能量。

参考文献

一、中文参考文献

（一）专著

［1］安静．网络安全研究与中国网络安全战略［M］．北京：中国社会科学出版社，2018.

［2］蔡翠红．美国国家信息安全战略［M］．上海：学林出版社，2009.

［3］辞海［M］．上海：上海辞书出版社，2010.

［4］崔国平．国防信息安全战略［M］．北京：金城出版社，2000.

［5］陈勇，姚有志．面向信息化战争的军事理论创新［M］．北京：解放军出版社，2004.

［6］程工等．美国国家网络安全战略研究［M］．北京：电子工业出版社，2015.

［7］邓国良，邓定远．网络安全与网络犯罪［M］．北京：法律出版社，2015.

［8］东鸟．2020，世界网络大战［M］．长沙：湖南人民出版社，2011.

［9］东鸟．网络战争互联网改变世界简史［M］．北京：九州出版社，2009.

［10］东鸟．中国输不起的网络战争［M］．长沙：湖南人民出版社，2010.

［11］樊高月．不流血的战争：网络攻防经典之战［M］．北京：解放军出版社，2014.

［12］付德棣．信息战与信息安全战略［M］．北京：金城出版社，1996.

［13］国家保密局，国务院发展研究中心国际技术经济研究所．信息战与信息安全战略［M］．北京：金城出版社，1996.

［14］郭宏生．网络空间安全战略［M］．北京：航空工业出版

社，2016.

[15] 郭若冰．军事信息安全论［M］．北京：国防大学出版社，2013.

[16] 郭璇，肖治婷．现代网络战［M］．北京：国防大学出版社，2016.

[17] 惠志斌．全球网络空间信息安全战略研究［M］．上海：上海世界图书出版公司，2013.

[18] 李大光，李万顺．基于信息系统的网络作战［M］．北京：解放军出版社，2010.

[19] 李健，温柏华．美军网络力量［M］．沈阳：辽宁大学出版社，2013.

[20] 梁炎．网络中心战的实施与应用分析［M］．北京：国防工业出版社，2011.

[21] 刘成军，刘源．中国特色社会主义军事理论的崭新篇章［M］．北京：军事科学出版社，2007.

[22] 刘峰，林东岱等．美国网络空间安全体系［M］．北京：科学出版社，2015.

[23] 柳文华，王润补．六场局部战争中的信息作战［M］．北京：军事科学出版社，2005.

[24] 吕晶华．美国网络空间战思想研究［M］．北京：军事科学出版社，2014.

[25] 马林立．外军网电空间战：现状与发展［M］．北京：国防工业出版社，2012.

[26] 戚建国等．网络战——信息作战的生命线［M］．北京：军事谊文出版社，2000.

[27] 沈伟光．21 世纪作战样式［M］．北京：新华出版社，2002.

[28] 沈逸．美国国家网络安全战略［M］．北京：时事出版社，2013.

[29] 王孔祥．互联网治理中的国际法［M］．北京：法律出版社，2015.

[30] 王舒毅．网络安全国家战略研究：由来、原理与抉择［M］．北京：金城出版社，社会科学文献出版社，2015.

[31] 王正德．解读网络中心战［M］．北京：国防工业出版

社，2004.

［32］王正德．决胜赛博空间：网络军事技术及其运用［M］．北京：军事科学出版社，2003.

［33］王正德，杨世松．信息安全管理论［M］．北京：军事科学出版社，2009.

［34］许榕生．信息领域的幽灵——黑客［M］．北京：科学普及出版社，2015.

［35］徐小岩．计算机网络战［M］．北京：解放军出版社，2003.

［36］闫宏生，肖治婷．军事信息安全管理研究［M］．北京：军事科学出版社，2014.

［37］姚有志．20 世纪战略理论遗产［M］．北京：军事科学出版社，2001.

［38］姚红星，温柏华．美军网络战研究——从系统工程学角度探讨美军网络战［M］．北京：国防大学出版社，2010.

［39］姚云竹．冷战后美俄日印战略理论研究［M］．北京：军事科学出版社，2014.

［40］曾贝等．信息战争：网电一体的对抗［M］．北京：军事科学出版社，2003.

［41］周碧松．战略边疆：高度关注海洋、太空和网络空间安全［M］．北京：长征出版社，2014.

［42］中国人民解放军军语（全本）［M］．北京：军事科学出版社，2011.

［43］中华人民共和国国务院新闻办公室．中国的军事战略［M］．北京：人民出版社，2015.

［44］［加］威廉·吉布森．神经漫游者［M］．Denovo，译．南京：江苏文艺出版社，2013.

［45］［美］马丁·C. 理贝基．网络威慑与网络战［M］．李格非，王君译．北京：军事谊文出版社，2010.

［46］［美］肖恩·哈里斯．信息时代战争中军事网络复合体的崛起［M］．姚红星等译．北京：国防大学出版社，2015.

［47］［美］理查德·A. 克拉克，罗伯特·K. 内克．网络战——国家安全的新威胁及应对之策［M］．吕晶华，等译．北京：军事科学出版社，2011.

［48］［英］约翰·帕克．全民监控：大数据时代的安全与隐私困境［M］．关立深译．北京：金城出版社，2015．

（二）期刊

［1］池建新．日韩个人信息保护制度的比较与分析［J］．情报杂志，2016（12）．

［2］福州先知信息咨询有限公司．日本网络安全战略发展及实施情况［J］．网信军民融合，2018（12）．

［3］付红红，袁杨．日本推动人工智能军事化应用的主要做法［J］．军事学术，2020（2）．

［4］付红红，袁杨．日本自卫队推进网络空间备战的背景动因和主要做法［J］．国防大学学报，2020（4）．

［5］郭庆宝．日本加速推进新军事革命的主要做法［J］．外国军事学术，2005（2）．

［6］韩宁．日本网络安全战略［J］．国际研究参考，2017（6）．

［7］互联网实验室．首席信息安全官发展大趋势［J］．中国信息安全，2013（12）．

［8］李炜．网络安全人才培养的"3.0时代"［J］．中国信息安全，2018（12）．

［9］梁宝卫，付红红．日本新版《网络安全战略》述评［J］．外国军事学术，2016（10）．

［10］刘世刚．日本自卫队信息化建设特点及发展趋势［J］．外国军事学术，2007（5）．

［11］刘效兰，武斌．俄军信息战和网络战关系解析［J］．国际问题调研，2012（4）．

［12］刘艳芳．对网络安全空间防御的几点新思考［J］．电子对抗，2013（5）．

［13］刘杨钺，杨一心．集体安全化与东亚地区网络安全合作［J］．太平洋学报，2015（2）．

［14］刘玉龙．我国网络与信息安全应急响应体系建设［J］．能源技术与管理，2012（3）．

［15］吕晶华，方宁．完善网络空间安全管理国际立法［J］．国防，2015（7）．

［16］吕晶华．国际网络军控问题研究［J］．中国军事科学，2014

(5).

　　［17］吕晶华.美国网络空间战理论及其主要影响［J］.军队指挥自动化，2014（5）.

　　［18］吕晶华.试论网络空间战中的国际法适用问题［J］.情报学刊，2016（1）.

　　［19］秦安.网络空间军民融合探析［J］.中国国情国力，2017（1）.

　　［20］宋君强.加强技术预见体系建设 助力创新驱动发展战略深入实施［J］.中国政协，2019（19）.

　　［21］王桂芳.大国网络竞争与中国网络安全战略选择［J］.国际安全研究，2017（2）.

　　［22］王桂芳.非传统安全与国家安全战略［J］.中国军事科学，2008（1）.

　　［23］王世伟.论信息安全、网络安全、网络空间安全［J］.中国图书馆学报，2015（2）.

　　［24］王兴起，谢宗晓.信息安全与赛博时代的到来［J］.情报探索，2015（3）.

　　［25］位华.我国网络安全人才队伍建设现状及思考［J］.中国信息安全，2018（2）.

　　［26］魏永征.我国"个人信息保护法"的现状与走向［J］.新闻前哨，2018（12）.

　　［27］谢宗晓.关于网络空间（cyberspace）及其相关词汇的再解析［J］.中国标准导报，2016（2）.

　　［28］杨帆，郭庆丰，陈湘葤，王宏.网络电磁空间与赛博空间区别分析［J］.国防，2017（2）.

　　［29］杨明.赛博空间词源及研究发展分析［J］.信息安全与通信保密，2013（9）.

　　［30］于淑杰，刘泽圃.俄罗斯网络空间力量建设现状及发展动向［J］.外国军事学术，2013（9）.

　　［31］赵冬臣.欧盟国家的中小学网络安全教育：现状与启示［J］.外国中小学教育，2010（9）.

　　［32］张景全，程鹏翔.美日同盟新空域：网络及太空合作［J］.东北亚论坛，2015（1）.

　　［33］张玉林，孙宏跃.《个人信息保护法》立法工作乃时代趋势

［J］．网络安全技术与应用，2019（7）．

［34］周琦，陈凯鑫．网络安全国际合作机制研究［J］．当代世界与社会主义，2013（5）．

［35］朱迎春．创新型国家基础研究经费配置模式及其启示［J］．中国科技论坛，2018（2）．

（三）电子文献

［1］国家计算机网络应急技术处理协调中心．2015年我国互联网网络安全态势综述［EB/OL］．（2016 - 04 - 22）［2020 - 02 - 26］．http：//www. cac. gov. cn/2016 - 04/22/c_1118711707. htm.

［2］国家计算机网络应急技术处理协调中心．2016年我国互联网网络安全态势综述［EB/OL］．（2017 - 06 - 23）［2020 - 02 - 26］．http：//www. cac. gov. cn/2017 - 06/23/c_1121197310. htm.

［3］国家计算机网络应急技术处理协调中心．2017年我国互联网网络安全态势综述［EB/OL］．（2018 - 05 - 30）［2020 - 02 - 26］．http：//www. cac. gov. cn/2018 - 05/30/c_1122910613. htm.

［4］国家计算机网络应急技术处理协调中心．2018年我国互联网网络安全态势综述［EB/OL］．（2019 - 04 - 17）［2020 - 02 - 26］．http：//www. cac. gov. cn/2019 - 04/17/c_1124379080. htm.

［5］国家计算机网络应急技术处理协调中心．2019年我国互联网网络安全态势综述［EB/OL］．（2020 - 04 - 20）［2020 - 06 - 14］．http：//www. cac. gov. cn/2020 - 04/20/c_1588932297982643. htm.

［6］央视网．关键信息基础设施安全保护条例有望年内出台［EB/OL］．（2019 - 08 - 22）［2020 - 04 - 24］．https：//news. sina. com. cn/c/2019 - 08 - 22/doc - ihytcern2634051. shtml.

［7］中华人民共和国国家安全法［EB/OL］．（2015 - 07 - 01）［2020 - 07 - 06］．http：//www. gov. cn/zhengce/2015 - 07/01/content_2893902. htm.

［8］中华人民共和国网络安全法［EB/OL］．（2016 - 11 - 07）［2019 - 06 - 01］．https：//ltc. jhun. edu. cn/6c/8a/c3059a93322/page. htm.

［9］中央网络安全和信息化领导小组办公室．关于加强网络安全学科建设和人才培养的意见［EB/OL］．（2016 - 07 - 08）［2019 - 12 - 07］．http：//www. moe. gov. cn/srcsite/A08/s7056/201607/t20160707_271098. html.

（四）其他

［1］付红红．日本网络空间发展脱离"专守防卫"轨道［N］．解放

军报，2020 – 02 – 13（11）.

[2] 李宝敏 . 儿童网络素养研究［D］. 华东师范大学，2012.

[3] 钱松岭 . 中小学信息社会学课程开发研究［D］. 华东师范大学，2012.

二、外文参考文献

（一）专著

[1] 広辞苑 第五版［M］. 東京：岩波書店，1998.

[2] 国語大辞典［M］. 東京：小学館，1982.

[3] 伊東寛 . サイバーインテリジェンス［M］. 東京：祥伝社，2015.

[4] 伊東寛 . サイバー戦争論［M］. 東京：原書店，2017.

[5] 伊東寛 .「第5の戦場」サイバー戦の脅威［M］. 東京：祥伝社，2012.

[6] 現代用語の基礎知識［M］. 東京：自由国民社，2006.

[7] 現代用語の基礎知識［M］. 東京：自由国民社，2008.

[8] 土屋大洋 . 仮想戦争の終わり サイバー戦争とセキュリティ［M］. 東京：角川学芸，2014.

[9] 土屋大洋 . サイバーセキュリティと国際政治［M］. 東京：千倉書房，2015.

[10] 土屋大洋 . サイバー・テロ日米 vs. 中国［M］. 東京：文藝春秋，2012.

[11] 土屋大洋 . 情報とグローバルガバナンス［M］. 東京：慶応義塾大学出版会，2002.

[12] 持永大，村野正泰，土屋大洋 . サイバー空間を支配する者［M］. 東京：日本経済新聞出版社，2018.

（二）期刊

[1] 伊東寛 . サイバー攻撃の現状と我が国の対応上の課題［J］. 防衛調達と情報セキュリティ，2012（14）.

[2] 伊東寛 . セキュアな文化形成へ［J］. 情報管理，2017（12）.

[3] 伊東寛 . 中国サイバー攻撃が日本を襲う［J］. WiLL，2012（8）.

[4] 伊東寛 . 日本のサイバー戦事情［J］. 防衛ジャーナル，2012

（7）.

［5］井上孝司．サイバー防衛・サイバー攻撃とは何か［J］．軍事研究，2010（12）.

［6］岩元誠吾．サイバーオベレーションと国際法［J］．防衛ジャーナル，2013（10）.

［7］鈴木勉．世界のサイバー戦の現状と課題［J］．ディフェンス，2017.

［8］内田勝也．情報セキュリティマネジメントシステム［J］．防衛調達と情報セキュリティ，2009（1）.

［9］大塚祥央．我が国における情報セキュリティ政策について［J］．防衛調達と情報セキュリティ，2012（15）.

［10］河野桂子．サイバー空間を通じた監視活動の法的評価［J］．防衛研究所紀要，2017（3）.

［11］河野桂子．サイバー・セキュリティとタリン・マニュアル［J］．防衛研究所ニュース，2013（10）.

［12］河野桂子．サイバー戦と国際法［J］．防衛研究所 NIDSコメンタリー，2014（40）.

［13］河野桂子．「タリン・マニュアル2」の有効性考察の試み［J］．防衛研究所紀要，2018（12）.

［14］河野桂子．武力攻撃未満のサイバー攻撃に関する国際法［J］．防衛研究所ブリーフィング・メモ，2017（10）.

［15］川口貴久．サイバー安全保障政策の新たな展開：「抑止論」を超えて［J］．防衛調達と情報セキュリティ，2011（9）.

［16］菊池浩．情報セキュリティ教育の実施にあたって［J］．防衛調達と情報セキュリティ，2009（1）.

［17］軍事情報研究会．自衛隊のサイバー・宇宙情報作戦と海外派遣作戦［J］．軍事研究，2012（1）.

［18］榊勝．ISMS 視点からの防衛省情報セキュリティ制度の改正点と組織の対応ついて［J］．防衛調達と情報セキュリティ，2010（4）.

［19］塩原俊彦．サイバー空間と国家主権［J］．境界研究，2015（5）.

［20］関啓一郎．サイバーセキュリティ基本法の成立とその影響［J］．知的資産創造，2015（4）.

［21］田川義博，林紘一郎．サイバーセキュリティのための情報共有と中核期間のあり方—3つのモデルの相互比較とわが国への教訓—［J］．情報セキュリティ総合科学，2017（9）．

［22］武田仁己．防衛省におけるセキュリティ教育について［J］．防衛調達と情報セキュリティ，2009（1）．

［23］田中達浩．国家の戦いとサイバー戦［J］．ディフェンス，2016.

［24］谷脇康彦．政府のサイバーセキュリティ戦略［J］．インターネット白書2015.

［25］千葉靖伸．サイバー攻撃対策として（AI）人工知能を活用［J］．防衛技術ジャーナル，2018（9）．

［26］中村伊知郎．情報セキュリティ教育のあり方［J］．防衛調達と情報セキュリティ，2009（1）．

［27］名和利男．国家によるサイバー攻撃及び対処体制のあるべき姿［J］．ディフェンス，2016.

［28］西本逸郎．情報セキュリティ今後の考え方［J］．情報の科学と技術，2012（1）．

［29］三角育生．我が国におけるサイバーセキュリティ政策の現状と今後［J］．CISTEC Journal，2015（1）．

［30］橋本靖明．サイバー攻撃と関連法制度［J］．防衛研究所紀要，2002（1）．

［31］八塚正晃．サイバー安全保障に対する中国の基本的認識［J］．防衛研究所 NIDSコメンタリー，2017（60）．

［32］林紘一郎．サイバーセキュリティ事故情報共有のあり方［J］．情報通信学会誌，2016（3）．

［33］原田有．グローバル・コモンズが抱える難題—海洋とサイバー空間を事例として—［J］．防衛研究所紀要，2015（11）．

［34］原田有．サイバー空間のガバナンスをめぐる論争［J］．防衛研究所 NIDSコメンタリー，2015（43）．

［35］原田有．「サイバー『防衛』外交」の視点 – 日 ASEAN 協力を事例として［J］．防衛研究所 NIDSコメンタリー，2019（94）．

［36］藤本正代．情報セキュリティの人材育成について［J］．防衛調達と情報セキュリティ，2009（1）．

［37］山口嘉大．サイバー防衛における官民連携の強化について［J］．防衛研究所紀要，2018（12）．

［38］横山恭三．中国のサイバー能力の現状［J］．鵬友，2016（11）．

［39］横山恭三．我が国の情報セキュリティ対策関連組織とその活動［J］．防衛取得研究，2014（4）．

（三）电子文献

［1］NTTデータ経営研究所．平成25年度情報セキュリティに係る研究開発及び人材育成に関する調査・検討　調査報告書［EB/OL］．（2014 – 03）［2019 – 06 – 01］．https：//www. nisc. go. jp/inquiry/pdf/kenkyu_ikusei_honbun. pdf.

［2］PWC Strategy&. 2018年グローバル・イノベーション1000調査結果概要［EB/OL］．（2018 – 10 – 30）［2019 – 12 – 30］．https：//www. strategyand. pwc. com/jp/ja/media/innovation – 1000 – data – media – release – jp – 2018. pdf.

［3］安保克也．日本国憲法と安全保障一サイバー戦の視点から一［EB/OL］．（2008 – 12）［2019 – 06 – 01］．https：//www. jstage. jst. go. jp/article/houseiken/15/0/15_KJ00005132327/_article/ – char/ja.

［4］伊東寛．サイバー攻撃の現状と我が国の対応上の課題［EB/OL］．（2012 – 06 – 11）［2019 – 06 – 01］．https：//ssl. bsk – z. or. jp/info/pdf/24. 6. 11kouennsiryou. pdf.

［5］伊東寛．サイバー戦・その概要と動向［EB/OL］．［2019 – 06 – 01］．https：//drc – jpn. org/annual_report/AR14. J2010. pdf.

［6］岩崎学園，情報セキュリティ大学院大学．平成28年度理工系プロフェッショナル教育推進委託事業調査研究報告書（工学）［EB/OL］．（2017 – 03）［2019 – 12 – 07］．http：//www. mext. go. jp/component/a_menu/education/detail/__icsFiles/afieldfile/2017/06/19/1386824_001. pdf.

［7］大澤淳氏．古典的リアリズムの世界に回帰するサイバー空間［EB/OL］．（2018 – 05 – 10）［2019 – 12 – 07］．https：//www. jef. or. jp/Jun_Osawa_2018_5 – 6. pdf.

［8］海上幕僚監部の内部組織に関する訓令［EB/OL］．（2018 – 04 – 02）［2019 – 12 – 07］．http：//www. clearing. mod. go. jp/kunrei_data/a_fd/1988/ax19881213_00032_000. pdf.

　　[9] 外務省. サイバー空間に関するニューデリー会議における堀井学外務大臣政務官スピーチ [EB/OL]. (2017) [2019 - 12 - 07]. https：//www. mofa. go. jp/mofaj/files/000311476. pdf.

　　[10] 外務省. 日米サイバー対話共同声明 [EB/OL]. (2013 - 05 - 10) [2019 - 12 - 07]. https：//www. mofa. go. jp/mofaj/area/page24_000009. html.

　　[11] 川口貴久. サイバー空間における安全保障の現状と課題 [EB/OL]. [2019 - 06 - 01]. http：//www2. jiia. or. jp/pdf/resarch/H25_Global_Commons/03 - kawaguchi. pdf.

　　[12] 川口貴久. サイバー攻撃と自衛権：重要インフラ攻撃とグレーゾーン事態 [EB/OL]. [2019 - 12 - 07]. http：//www2. jiia. or. jp/pdf/resarch/H26_Global_Commons/03 - kawaguchi. pdf.

　　[13] 技術戦略専門委員会. 情報セキュリティ研究開発ロードマップ [EB/OL]. (2012 - 06 - 22) [2020 - 02 - 24]. https：//www. nisc. go. jp/active/kihon/pdf/kenkyu_roadmap. pdf.

　　[14] 航空幕僚監部の内部組織に関する訓令 [EB/OL]. (2019 - 03 - 20) [2019 - 12 - 07]. http：//www. clearing. mod. go. jp/kunrei_data/a_fd/1959/ax19590529_00009_000. pdf.

　　[15] 久木田水生. 人工知能の倫理：何が問題なのか [EB/OL]. (2017 - 11 - 06) [2018 - 06 - 27]. http：//www. soumu. go. jp/main_content/000520384. pdf.

　　[16] 個人情報保護委員会. 個人情報保護法いわゆる3年ごと見直しに係る検討の中間整理 [EB/OL]. (2019 - 04 - 25) [2019 - 06 - 01]. https：//www. ppc. go. jp/files/pdf/press_betten1. pdf.

　　[17] 国家安全保障戦略 [EB/OL]. (2013 - 12 - 17) [2019 - 12 - 07]. https：//www. mod. go. jp/j/approach/agenda/guideline/pdf/security_strategy. pdf.

　　[18] 小松文子. 国内のサイバーセキュリティ研究開発人材の育成 [EB/OL]. (2019 - 01 - 30) [2019 - 12 - 30]. https：//www. nisc. go. jp/conference/cs/kenkyu/dai09/pdf/09shiryou05. pdf.

　　[19] サイバー政策検討委員会設置要綱について（通達）[EB/OL]. (2016 - 03 - 31) [2019 - 12 - 07]. http：//www. clearing. mod. go. jp/kunrei_data/a_fd/2012/az20130205_01309_000. pdf.

　　［20］サイバーセキュリティ基本法施行令［EB/OL］.（2019 – 03 –
13）［2019 – 12 – 07］. https：//elaws. e – gov. go. jp/search/elawsSearch/
elaws_search/lsg0500/detail? lawId =426CO0000000400.

　　［21］サイバーセキュリティ基本法（平成二十六法律第百四号）
［EB/OL］.（2020 –04）［2021 – 12 –22］. https：//elaws. e – gov. go. jp/doc-
ument? lawid =426AC1000000104.

　　［22］サイバーセキュリティ戦略本部研究開発戦略専門調査会. 今後
の取組の方向性について［EB/OL］.（2016 – 10 – 31）［2019 – 06 – 01］.
https：//www. nisc. go. jp/conference/cs/kenkyu/dai05/pdf/05shiryou04. pdf.

　　［23］サイバーセキュリティ戦略本部研究開発戦略専門調査会. サイ
バーセキュリティ研究・技術開発取組方針［EB/OL］.（2019 – 05 – 17）
［2019 – 12 – 07］. https：//www. nisc. go. jp/conference/cs/kenkyu/dai12/
pdf/kenkyu_torikumi. pdf.

　　［24］サイバーセキュリティ戦略本部研究開発戦略専門調査会. サイ
バーセキュリティ研究・技術開発の動向および検討の方向性について
［EB/OL］.（2019 – 01 – 30）［2019 – 12 – 07］. https：//www. nisc. go. jp/
conference/cs/kenkyu/dai09/pdf/09shiryou02. pdf.

　　［25］サイバーセキュリティ戦略本部. サイバーセキュリティ2019
［EB/OL］.（2019 –05 –23）［2019 –12 –07］. https：//www. nisc. go. jp/ac-
tive/kihon/pdf/cs2019. pdf.

　　［26］サイバーセキュリティ戦略本部. サイバーセキュリティ意識・
行動強化プログラム［EB/OL］.（2019 – 01 – 24）［2019 – 12 – 07］. ht-
tps：//www. nisc. go. jp/active/kihon/pdf/awareness2019. pdf.

　　［27］サイバーセキュリティ戦略本部. サイバーセキュリティ研究開
発戦略［EB/OL］.（2017 – 07 – 13）［2019 – 12 – 07］. https：//
www. nisc. go. jp/active/kihon/pdf/kenkyu2017. pdf.

　　［28］サイバーセキュリティ戦略本部. サイバーセキュリティ人材育
成プログラム［EB/OL］.（2017 – 04 – 18）［2019 – 12 – 07］. https：//
www. nisc. go. jp/active/kihon/pdf/jinzai2017. pdf.

　　［29］サイバーセキュリティ戦略本部. サイバーセキュリティ政策に
係る年次報告（2017 年度）［EB/OL］.（2018 – 07 –25）［2019 – 06 – 01］.
https：//www. nisc. go. jp/active/kihon/pdf/jseval_2017. pdf.

　　［30］サイバーセキュリティ戦略本部. サイバーセキュリティ戦略

［EB/OL］.（2021－09－28）［2021－12－15］. https：//www. nisc. go. jp/active/kihon/pdf/cs－senryaku2021. pdf.

［31］サイバーセキュリティ戦略本部. サイバーセキュリティ戦略［EB/OL］.（2018－07－27）［2019－06－01］. https：//www. nisc. go. jp/active/kihon/pdf/cs－senryaku2018. pdf.

［32］サイバーセキュリティ戦略本部. 重要インフラの情報セキュリティ対策に係る第4次行動計画［EB/OL］.（2020－01－30）［2020－02－23］. https：//www. nisc. go. jp/active/infra/pdf/infra_rt4_r2. pdf.

［33］サイバーセキュリティ戦略本部. 政府機関等の情報セキュリティ対策の運用等に関する指針［EB/OL］.（2018－07－25）［2020－02－24］. https：//www. nisc. go. jp/active/general/pdf/shishin30. pdf.

［34］サイバーセキュリティ戦略本部. 政府機関等の情報セキュリティ対策のための統一基準（平成30年度版）［EB/OL］.（2018－07－25）［2019－12－07］. https：//www. nisc. go. jp/active/general/pdf/kijyun30. pdf.

［35］サイバーセキュリティ戦略本部. 政府機関等の情報セキュリティ対策のための統一規範［EB/OL］.（2018－07－25）［2020－02－24］. https：//www. nisc. go. jp/active/general/pdf/kihan30. pdf.

［36］サイバーセキュリティ戦略本部. 政府のサイバーセキュリティに関する予算［EB/OL］.（2020－01－30）［2020－02－26］. https：//www. nisc. go. jp/conference/cs/dai23/pdf/23shiryou04. pdf.

［37］サイバーセキュリティ戦略本部. 政府のサイバーセキュリティに関する予算［EB/OL］.（2019－01－24）［2020－02－26］. https：//www. nisc. go. jp/conference/cs/dai21/pdf/21shiryou07. pdf.

［38］サイバーセキュリティ戦略本部. 政府のサイバーセキュリティに関する予算［EB/OL］.（2018－09－26）［2020－02－26］. https：//www. nisc. go. jp/conference/cs/dai20/pdf/20shiryou02. pdf.

［39］サイバーセキュリティ戦略本部. 政府のサイバーセキュリティに関する予算［EB/OL］.（2018－01－17）［2020－02－26］. https：//www. nisc. go. jp/conference/cs/dai16/pdf/16shiryou03. pdf.

［40］サイバーセキュリティ戦略本部. 政府のサイバーセキュリティに関する予算［EB/OL］.（2017－01－25）［2020－02－26］. https：//www. nisc. go. jp/conference/cs/dai11/pdf/11shiryou05. pdf.

［41］サイバーセキュリティ戦略本部. 政府のサイバーセキュリティに関する予算［EB/OL］.（2016 – 10 – 12）［2020 – 02 – 26］. https：//www. nisc. go. jp/conference/cs/dai10/pdf/10shiryou10. pdf.

［42］サイバーセキュリティ戦略本部. 政府のサイバーセキュリティに関する予算［EB/OL］.（2016 – 01 – 25）［2020 – 02 – 26］. https：//www. nisc. go. jp/conference/cs/dai06/pdf/06shiryou05. pdf.

［43］サイバーセキュリティ戦略本部. 政府のサイバーセキュリティに関する予算［EB/OL］.（2015 – 09 – 25）［2020 – 02 – 26］. https：//www. nisc. go. jp/conference/cs/dai05/pdf/05shiryou03. pdf.

［44］サイバーセキュリティ戦略本部. 政府のサイバーセキュリティに関する予算［EB/OL］.（2015 – 05 – 25）［2020 – 02 – 26］. https：//www. nisc. go. jp/conference/cs/dai02/pdf/02shiryou05. pdf.

［45］サイバーセキュリティ戦略本部. 政府の第 22 回会合議事概要［EB/OL］.（2019 – 05 – 23）［2020 – 02 – 26］. https：//www. nisc. go. jp/conference/cs/dai22/pdf/22gijigaiyou. pdf.

［46］サイバーセキュリティ戦略本部普及啓発・人材育成調査会. 各省庁の人材育成施策に関する全体像［EB/OL］.（2019）［2019 – 12 – 07］. https：//www. nisc. go. jp/conference/cs/jinzai/dai11/pdf/11shiryou0502. pdf.

［47］サイバーセキュリティ戦略本部普及啓発・人材育成専門調査会. サイバーセキュリティ人材の育成に関する施策間連携ワーキンググループ報告書［EB/OL］.（2018 – 05 – 31）［2019 – 12 – 07］. https：//www. nisc. go. jp/conference/cs/pdf/jinzai – sesaku2018set. pdf.

［48］サイバーセキュリティ戦略本部普及啓発・人材育成専門調査会. セキュリティマインドを持った企業経営ワーキンググループ報告書［EB/OL］.（2018 – 05 – 31）［2019 – 12 – 07］. https：//www. nisc. go. jp/conference/cs/pdf/jinzai – keiei2018set. pdf.

［49］サイバーセキュリティ戦略本部. 我が国のサイバーセキュリティ推進体制の更なる機能強化に関する方針［EB/OL］.（2016 – 01 – 25）［2020 – 03 – 24］. https：//www. nisc. go. jp/active/kihon/pdf/cs _ kyoka _ hoshin. pdf.

［50］笹川平和財団安全保障事業グループ. サイバー空間の防衛力強化プロジェクト 政策提言［EB/OL］.（2018 – 10）［2019 – 06 – 01］. https：//www. spf. org/global – data/20181029155951896. pdf.

［51］産業横断サイバーセキュリティ人材育成検討会．産業界が求めるサイバーセキュリティ人材像とその育成・維持［EB/OL］．（2017 – 02 – 08）［2019 – 12 – 07］．https：//www. ipa. go. jp/files/000057711. pdf.

［52］情報処理推進機構．サイバーセキュリティ経営ガイドラインVer2. 0［EB/OL］．（2017 – 11 – 16）［2020 – 01 – 31］．https：//www. meti. go. jp/policy/netsecurity/downloadfiles/CSM_Guideline_v2. 0. pdf.

［53］情報セキュリティ基本問題委員会．第 1 次提言　情報セキュリティ問題に取り組む政府の機能・役割の見直しに向けて［EB/OL］．（2004 – 11 – 16）［2019 – 06 – 01］．https：//www. nisc. go. jp/conference/kihon/teigen/pdf/1teigen_hontai. pdf.

［54］情報セキュリティ基本問題委員会．第 2 次提言　我が国の重要インフラにおける情報セキュリティ対策の強化に向けて［EB/OL］．（2005 – 04 – 22）［2019 – 06 – 01］．https：//www. nisc. go. jp/conference/kihon/teigen/pdf/2teigen_hontai. pdf.

［55］情報セキュリティ政策会議．国民を守る情報セキュリティ戦略［EB/OL］．（2010 – 05 – 11）［2019 – 06 – 01］．https：//www. nisc. go. jp/active/kihon/pdf/senryaku. pdf.

［56］情報セキュリティ政策会議．サイバーセキュリティ国際連携取組方針［EB/OL］．（2013 – 10 – 02）［2019 – 12 – 07］．https：//www. nisc. go. jp/active/kihon/pdf/InternationalStrategyonCybersecurityCooperation_j. pdf.

［57］情報セキュリティ政策会議．サイバーセキュリティ戦略 – 世界を率先する強靭で活力あるサイバー空間を目指して –［EB/OL］．（2013 – 06 – 10）［2019 – 06 – 01］．https：//www. nisc. go. jp/active/kihon/pdf/cyber – security – senryaku – set. pdf.

［58］情報セキュリティ政策会議．情報セキュリティ研究開発戦略［EB/OL］．（2011 – 07 – 08）［2020 – 02 – 24］．https：//www. nisc. go. jp/active/kihon/pdf/kenkyu2011. pdf.

［59］情報セキュリティ政策会議．情報セキュリティ研究開発戦略（改定版）［EB/OL］．（2014 – 07 – 10）［2020 – 01 – 31］．https：//www. nisc. go. jp/active/kihon/pdf/kenkyu2014. pdf.

［60］情報セキュリティ政策会議．情報セキュリティ人材育成プログラム［EB/OL］．（2011 – 07 – 08）［2020 – 02 – 24］．https：//

www. nisc. go. jp/active/kihon/pdf/jinzai2011. pdf.

　［61］情報セキュリティ政策会議. 情報セキュリティの観点から見た我が国のあるべき姿及び政策の評価のあり方［EB/OL］.（2007 – 02 – 02）［2019 – 06 – 01］. https：//www. nisc. go. jp/active/kihon/pdf/sugata _ final. pdf.

　［62］情報セキュリティ政策会議. 情報セキュリティ普及・啓発プログラム［EB/OL］.（2011 – 07 – 08）［2020 – 02 – 24］. https：//www. nisc. go. jp/active/kihon/pdf/awareness2011. pdf.

　［63］情報セキュリティ政策会議. 新・サイバーセキュリティ人材育成プログラム［EB/OL］.（2014 – 05 – 19）［2020 – 01 – 31］. https：//www. nisc. go. jp/active/kihon/pdf/jinzai2014. pdf.

　［64］情報セキュリティ政策会議. 新・情報セキュリティ普及啓発プログラム［EB/OL］.（2014 – 07 – 10）［2020 – 02 – 24］. https：//www. nisc. go. jp/active/kihon/pdf/awareness2014. pdf.

　［65］情報セキュリティ政策会議. 政府機関の情報セキュリティ対策のための統一基準（2005 年 12 月版 全体版初版）［EB/OL］.（2005 – 12 – 13）［2019 –06 –01］. https：//www. nisc. go. jp/active/general/pdf/k303 –052c. pdf.

　［66］情報セキュリティ政策会議. 第 1 次情報セキュリティ基本計画［EB/OL］.（2006 – 02 – 02）［2020 – 02 – 24］. https：//www. nisc. go. jp/active/kihon/pdf/bpc01_ts. pdf.

　［67］情報セキュリティ政策会議. 第 2 次情報セキュリティ基本計画［EB/OL］.（2009 – 02 – 03）［2020 – 02 – 24］. https：//www. nisc. go. jp/active/kihon/pdf/bpc02_ts. pdf.

　［68］情報セキュリティ政策会議. 我が国のサイバーセキュリティ推進体制の機能強化に関する取組方針［EB/OL］.（2014 – 11 – 25）［2020 – 03 – 24］. https：//www. nisc. go. jp/conference/seisaku/dai41/pdf/houshin20141125. pdf.

　［69］情報セキュリティ政策会議. 我が国の情報セキュリティ分野における国際協調・貢献に向けた取組み［EB/OL］.（2007 – 10 –03）［2020 –02 – 24］. https：//www. nisc. go. jp/active/kokusai/pdf/international_approach. pdf.

　［70］情報セキュリティ対策推進会議. 重要インフラのサイバーテロ対策に係る特別行動計画［EB/OL］.（2000 – 12 – 15）［2019 – 06 – 01］. https：//www. nisc. go. jp/active/sisaku/2000_1215/pdf/txt3. pdf.

［71］情報セキュリティ対策推進会議. 情報セキュリティポリシーに関するガイドライン［EB/OL］. (2000 – 07 – 18)［2019 – 06 – 01］. https：//www. kantei. go. jp/jp/it/security/taisaku/guideline. html.

［72］情報通信総合研究所. サイバー空間に対する諸外国の施策動向調査報告書［EB/OL］. (2015 – 03)［2019 – 06 – 01］. https：//www. nisc. go. jp/inquiry/pdf/shisakudoko_honbun. pdf.

［73］須田祐子. サイバーセキュリティの国際政治［EB/OL］. (2015 – 02)［2019 – 06 – 01］. https：//www. jstage. jst. go. jp/article/kokusaiseiji/2015/179/2015_179_57/_pdf/ – char/ja.

［74］政府機関統一基準に関する説明資料［EB/OL］.［2019 – 06 – 01］. https：//www. nisc. go. jp/conference/seisaku/dai2/pdf/2siryou04 – 0. pdf.

［75］総務省. 平成 13 年版　情報通信白書［EB/OL］. (2001 – 06 – 15)［2019 – 06 – 01］. http：//www. soumu. go. jp/johotsusintokei/whitepaper/h13. html.

［76］総務省. 令和元年版情報通信白書［EB/OL］. (2019 – 07)［2020 – 01 – 16］. https：//www. soumu. go. jp/johotsusintokei/whitepaper/ja/r01/pdf/index. html.

［77］総務省. 我が国のサイバーセキュリティ人材の現状について［EB/OL］. (2018 – 12)［2019 – 12 – 07］. http：//www. soumu. go. jp/main_content/000591470. pdf.

［78］高橋郁夫. サイバー戦争の法的概念を超えて［EB/OL］.［2019 – 06 – 01］. http：//www. itresearchart. biz/ref/CyberWarPart1. pdf.

［79］田中達浩. サイバー抑止［EB/OL］. (2017 – 10 – 13)［2019 – 06 – 01］. https：//www. spf. org/publications/records/24412. html.

［80］趙章恩. サイバーセキュリティコミュニケーションに関する日韓比較研究［EB/OL］. (2017 – 12)［2019 – 06 – 01］. https：//www. jstage. jst. go. jp/article/oukan/2017/0/2017_A – 2 – 4/_pdf/ – char/ja.

［81］通商産業省. コンピュータウイルス対策基準［EB/OL］. (1995 – 07 – 07)［2019 – 06 – 01］. https：//www. meti. go. jp/policy/netsecurity/CvirusCMG. html.

［82］土屋大洋. 安全保障戦略としてのサイバーセキュリティー強化［EB/OL］. (2014 – 06 – 03)［2018 – 12 – 07］. https：//www. csis – nikkei. com/doc/サイバーセキュリティ. pdf.

［83］土屋大洋．サイバースペースのガバナンス［EB/OL］．（2013）［2019 – 06 – 01］．http：//www2. jiia. or. jp/pdf/resarch/H25 _ Global _ Commons/04 – tsuchiya. pdf.

［84］土屋大洋．日米サイバーセキュリティ協力の課題［EB/OL］［2019 – 06 – 01］．https：//www. spf. org/topics/WG1_report_Tsuchiya. pdf.

［85］土屋大洋．非伝統的安全保障としてのサイバーセキュリティの課題［EB/OL］．（2013）［2019 – 12 – 07］．http：//www. nids. mod. go. jp/publication/kaigi/studyreport/pdf/2013/ch9_tsuchiya. pdf.

［86］統合幕僚監部の内部組織に関する訓令［EB/OL］．（2019 – 03 – 29）［2019 – 12 – 07］．http：//www. clearing. mod. go. jp/kunrei_data/a_fd/2005/ax20060327_00024_000. pdf.

［87］内閣官房情報セキュリティセンター．2012 年度の情報セキュリティ政策の評価等［EB/OL］．（2013 – 06 – 27）［2020 – 01 – 31］．https：//www. nisc. go. jp/active/kihon/pdf/jseval_2012. pdf.

［88］内閣官房情報セキュリティセンター．東日本大震災における政府機関の情報システムに対する被害状況調査及び分析（最終報告書）［EB/OL］．（2012 – 03）［2019 – 06 – 01］．https：//www. nisc. go. jp/inquiry/pdf/shinsai_report. pdf.

［89］内閣官房組織令［EB/OL］．（2019 – 03 – 27）［2019 – 12 – 07］．https：//elaws. e – gov. go. jp/search/elawsSearch/elaws _ search/lsg0500/detail? lawId =332CO0000000219_20180401_430CO0000000076.

［90］内閣サイバーセキュリティセンター．政府機関等の対策基準策定のためのガイドライン（平成 30 年度版）［EB/OL］．（2018 – 07 – 25）［2019 – 12 – 07］．https：//www. nisc. go. jp/active/general/pdf/guide30. pdf.

［91］内閣サイバーセキュリティセンターに副センター長等を置く規則［EB/OL］．（2019 – 03 – 28）［2019 – 12 – 07］．https：//www. nisc. go. jp/law/pdf/kisoku2. pdf.

［92］日本国際問題研究所．グローバル・コモンズ（サイバー空間、宇宙、北極海）における日米同盟の新しい課題［EB/OL］．（2014 – 03）［2019 – 06 – 01］．http：//www2. jiia. or. jp/pdf/resarch/H26 _ Global _ Commons/01 – frontpage_intro_member_index. pdf.

［93］日本サイバーセキュリティ・イノベーション委員会．諸国におけるサイバーセキュリティの情報共有に関する調査［EB/OL］．（2018 – 03 –

09) [2019 – 06 – 01]. https：//www. j – cic. com/pdf/report/CybersecurityIn-formationSharingSurvey – 20180309 （JP）. pdf.

[94] 日本貿易振興機構. 拡大するサイバーセキュリティ市場 [EB/OL]. （2018 – 12 – 26）[2019 – 12 – 30]. https：//www. jetro. go. jp/biz/areareports/2018/1fb2ecd606c590e5. html.

[95] ニュートン・コンサルティング株式会社. 平成28年度企業のサイバーセキュリティ対策に関する調査報告書 [EB/OL]. （2017 – 03）[2020 – 01 – 31]. https：//www. nisc. go. jp/conference/cs/jinzai/dai07/pdf/07shiryou0402. pdf.

[96] 日立製作所.「情報セキュリティの基本問題に係わるテーマに関する調査研究」報告書 [概要版] [EB/OL]. （2004）[2019 – 06 – 01]. https：//www. nisc. go. jp/inquiry/pdf/secure_kihon_2004. pdf.

[97] 日立製作所.「東日本大震災における重要インフラの情報システムに係る対応状況等に関する調査」[EB/OL]. （2012 –03）[2019 – 06 – 01]. https：//www. nisc. go. jp/inquiry/pdf/infra_shinsai_report. pdf.

[98] 文部科学省.「教育の情報化に関する手引」（令和元年12月）について [EB/OL]. （2019 – 12）[2020 – 01 – 31]. https：//www. mext. go. jp/a_menu/shotou/zyouhou/detail/mext_00117. html.

[99] 文部科学省. 令和元年版科学技術白書 [EB/OL]. （2019）[2020 – 02 – 30]. https：//www. mext. go. jp/b _ menu/hakusho/html/hpaa201901/detail/1417228. html.

[100] 防衛基盤整備協会. 情報優位の獲得：コンピュータ・ネットワーク作戦及びサイバースパイ活動のための中国の能力 [EB/OL]. （2012 –09）[2019 –06 –01]. https：//ssl. bsk – z. or. jp/kakusyu/pdf/25 –1shousassi. pdf.

[101] 防衛省運用企画局情報通信・研究課. 防衛省のサイバーセキュリティへの取組 [EB/OL]. （2014 – 04）[2019 – 06 – 01]. https：//www. nisc. go. jp/conference/seisaku/ituse/dai2/pdf/siryou0200. pdf.

[102] 防衛省. 中期防衛力整備計画（平成31年度~平成35年度）について [EB/OL]. （2018 – 12 –18）[2019 – 12 –07]. https：//www. mod. go. jp/j/approach/agenda/guideline/2019/pdf/chuki_seibi31 –35. pdf.

[103] 防衛省. 中期防衛力整備計画（平成17年度~平成21年度）について [EB/OL]. （2004 – 12 – 10）[2020 – 02 – 24]. https：//

www. mod. go. jp/j/approach/agenda/guideline/2005/chuuki. pdf.

　　［104］防衛省. 中期防衛力整備計画（平成 23 年度～平成 27 年度）について ［EB/OL］.（2010 - 12 - 17）［2020 - 02 - 24］. https：//www. mod. go. jp/j/approach/agenda/guideline/2011/chuuki. pdf.

　　［105］防衛省. 中期防衛力整備計画（平成 26 年度～平成 30 年度）について ［EB/OL］.（2013 - 12 - 17）［2020 - 02 - 24］. https：//www. mod. go. jp/j/approach/agenda/guideline/2014/pdf/chuki_seibi26 - 30. pdf.

　　［106］防衛省. 日米サイバー防衛政策ワーキンググループ（CDP-WG）共同声明 ［EB/OL］.（2015 - 05 - 30）［2019 - 12 - 07］. https：//www. mod. go. jp/j/press/news/2015/05/30a_2. pdf.

　　［107］防衛省. 日米防衛協力のための指針 ［EB/OL］.（2015 - 04 - 27）［2020 - 02 - 24］. https：//www. mod. go. jp/j/approach/anpo/shishin/shishin_20150427j. html.

　　［108］防衛省. 平成 31 年度以降に係る防衛計画の大綱について ［EB/OL］.（2018 - 12 - 18）［2019 - 12 - 07］. https：//www. mod. go. jp/j/approach/agenda/guideline/2019/pdf/20181218. pdf.

　　［109］防衛省. 平成 19 年版　防衛白書 ［EB/OL］.（2007）［2019 - 06 - 01］. http：//www. clearing. mod. go. jp/hakusho_data/2007/2007/pdf/index. html.

　　［110］防衛省. 平成 17 年度以降に係る防衛計画の大綱について ［EB/OL］.（2004 - 12 - 10）［2020 - 02 - 24］. https：//www. mod. go. jp/j/approach/agenda/guideline/2005/taiko. pdf.

　　［111］防衛省. 平成 23 年度以降に係る防衛計画の大綱について ［EB/OL］.（2010 - 12 - 17）［2020 - 02 - 24］. https：//www. mod. go. jp/j/approach/agenda/guideline/2011/taikou. pdf.

　　［112］防衛省. 平成 26 年度以降に係る防衛計画の大綱について ［EB/OL］.（2013 - 12 - 17）［2020 - 02 - 24］. https：//www. mod. go. jp/j/approach/agenda/guideline/2014/pdf/20131217. pdf.

　　［113］防衛省. 防衛技術戦略～技術的優越の確保と優れた防衛装備品の創製を目指して～ ［EB/OL］.（2016 - 08）［2019 - 12 - 07］. http：//www. mod. go. jp/atla/soubiseisaku/plan/senryaku. pdf.

　　［114］防衛省. 防衛省・自衛隊におけるサイバー攻撃対処について ［EB/OL］.（2010 - 05）［2019 - 06 - 01］. http：//www. kantei. go. jp/jp/singi/shin – ampobouei2010/dai7/siryou3. pdf.

［115］防衛省. 防衛省・自衛隊によるサイバー空間の安定的・効果
的な利用に向けて［EB/OL］.（2012 – 09）［2019 – 06 – 01］. https：//
www. mod. go. jp/j/approach/defense/cyber/riyou/adx1. html.

［116］防衛省. 防衛省の情報保証に関する訓令［EB/OL］.（2016 –
03 – 31）［2019 – 12 – 07］. http：//www. clearing. mod. go. jp/kunrei_data/a_
fd/2007/ax20070920_00160_000. pdf.

［117］防衛省. 防衛生産・技術基盤戦略 ～防衛力と積極的平和主義
を支える基盤の強化に向けて～［EB/OL］.（2014 – 06）［2019 – 12 – 07］.
http：//www. mod. go. jp/atla/soubiseisaku/soubiseisakuseisan/2606honbun. pdf.

［118］防衛省本省の内部部局の内部組織に関する訓令［EB/OL］.
（2019 – 03 – 29）［2019 – 12 – 07］. http：//www. clearing. mod. go. jp/kunrei_
data/a_fd/2007/ax20070825_00053_000. pdf.

［119］防衛省. 令和元年版防衛白書［EB/OL］.（2019）［2019 – 12 –
07］. https：//www. mod. go. jp/j/publication/wp/wp2019/pdf/index. html.

［120］防衛装備庁. 研究開発ビジョン 多次元統合防衛力の実現とそ
の先へ解説資料 サイバー防衛の取組［EB/OL］.（2019 – 08 – 30）［2019 –
12 – 07］. https：//www. mod. go. jp/atla/soubiseisaku/vision/rd _ vision _ kai-
setsu03. pdf.

［121］防衛装備庁. 装備品及び役務の調達のおける情報とセキュリ
ティの確保について（通達）［EB/OL］.（2009 – 07 – 31）［2019 – 06 –
01］. http：//www. clearing. mod. go. jp/kunrei_data/a_fd/2009/az20090731_
09246_000. pdf.

［122］防衛装備庁内部部局の内部組織に関する訓令［EB/OL］.（2019 –
03 – 28）［2019 – 12 – 07］. http：//www. clearing. mod. go. jp/kunrei_data/j_fd/
2015/jx20151001_00001_000. pdf.

［123］防衛装備庁の施設等機関の内部組織に関する訓令［EB/OL］.
（2019 – 03 – 28）［2019 – 12 – 07］. http：//www. clearing. mod. go. jp/kunrei_
data/j_fd/2015/jx20151001_00002_000. pdf.

［124］防衛装備庁. 平成 28 年度中長期技術見積り［EB/OL］.（2016 –
08）［2019 – 12 – 07］. http：//www. mod. go. jp/atla/soubiseisaku/plan/mitsumo-
ri. pdf.

［125］防衛庁. 防衛庁・自衛隊における情報通信技術革命への対応

に係る総合的施策の推進要綱［EB/OL］. (2000 - 12)［2019 - 06 - 01］. http：//www. jda. go. jp/j/library/archives/it/youkou/index. html.

［126］ポール・カレンダー. 防衛省とサイバーセキュリティ［EB/OL］. (2013 - 12)［2019 - 12 - 07］. http：//jsp. sfc. keio. ac. jp/pdf/wp/jsp - wp_8_Paul％20Kallender. pdf.

［127］星野俊也. サイバー空間における脅威と安全保障・危機管理のあり方［EB/OL］.［2019 - 06 - 01］. http：//www2. jiia. or. jp/pdf/ampo/h13_ampo/1. pdf.

［128］松崎みゆき. 防衛省・自衛隊によるサイバーセキュリティへの取組と課題［EB/OL］. (2015 - 04 - 22)［2019 - 12 - 07］. http：//www. iips. org/research/data/note - matsuzaki20150422. pdf.

［129］みずほ情報総研株式会社. IT 人材に関する各国比較調査［EB/OL］. (2016 - 06 - 10)［2019 - 12 - 07］. https：//www. meti. go. jp/policy/it_policy/jinzai/27FY/ITjinzai_global. pdf.

［130］みずほ情報総研株式会社. IT 人材の最新動向と将来推計に関する調査結果［EB/OL］. (2016 - 06 - 10)［2019 - 12 - 07］. https：//www. meti. go. jp/policy/it_policy/jinzai/27FY/ITjinzai_report_summary. pdf.

［131］三菱総合研究所. 各国の情報セキュリティ政策における情報連携モデルに関する調査［EB/OL］. (2009 - 03)［2019 - 06 - 01］. https：//www. nisc. go. jp/inquiry/pdf/renkei_model. pdf.

［132］三菱総合研究所. サイバー空間における権利利益の保護・救済のための基盤に係る調査研究報告書［EB/OL］. (2008 - 03)［2019 - 06 - 01］. https：//www. nisc. go. jp/inquiry/pdf/kenririeki. pdf.

［133］未来工学研究所. 平成 21 年度経済的新興国（BRICs）における情報セキュリティ政策の実施状況に関する調査［EB/OL］. (2010 - 03)［2019 - 06 - 01］. https：//www. nisc. go. jp/inquiry/pdf/fy21 - brics. pdf.

［134］未来投資戦略 2017［EB/OL］. (2017 - 06 - 09)［2019 - 12 - 12］. http：//www. kantei. go. jp/jp/singi/keizaisaisei/pdf/miraitousi2017_t. pdf.

［135］村上啓. サイバー外交政策に関する研究［EB/OL］. (2018 - 03)［2019 - 06 - 01］. http：//lab. iisec. ac. jp/degrees/d/theses/iisec_d32_thesis. pdf.

［136］山口嘉大. サイバー防衛における官民連携の強化について［EB/OL］. (2018 - 12)［2019 - 12 - 07］. http：//www. nids. mod. go. jp/

publication/kiyo/pdf/bulletin_j21_1_7. pdf.

［137］郵政省．情報通信ネットワーク安全・信頼性基準（昭和 62
年郵政省告示第 73 号）［EB/OL］.（1987）［2019 – 06 – 01］. http：//
www. soumu. go. jp/main＿sosiki/joho＿tsusin/policyreports/joho＿tsusin/ipnet/
pdf/071024_2_9 – 4. pdf.

［138］横内律子．情報セキュリティの現状と課題［EB/OL］.（2004 –
03 – 10 ）［2019 – 06 – 01 ］. https：//www. ndl. go. jp/jp/diet/publication/
issue/0443. pdf.

［139］陸上幕僚監部の内部組織に関する訓令［EB/OL］.（2019 – 03 –
20）［2019 – 12 – 07］. http：//www. clearing. mod. go. jp/kunrei＿data/a＿fd/
1977/ax19780113_00002_000. pdf.

附　　录

附录一　日本《网络安全基本法》

平成二十六年法律第一百零四号

施行日：2020 年 4 月 1 日

第一章　总则

（目的）

第一条　随着因特网及其他高级信息通信网络的建设以及信息通信技术的活用，世界范围内发生的网络安全威胁愈发严峻，内外形势也发生巨大变化。如何在确保信息自由流通的同时，确保网络安全已成为紧迫课题。鉴于此，本法律制定的目的在于，围绕我国网络安全政策，确定基本理念，明确国家和地方公共团体的责任，确定包括制定网络安全战略在内的网络安全政策的基础事项；通过设立网络安全战略本部，与《高级信息通信网络社会形成基本法（平成十二年法律第一百四十四号）》相结合，综合、有效地推进网络安全政策，进而提升经济社会的活力和可持续发展，构建国民能够安全、安心生活的社会，为维护国际社会的和平与安全以及我国的安全保障做贡献。

（定义）

第二条　在本法律中，所谓"网络安全"是指，讨论如何防止那些通过电子、磁力等依靠人的知觉无法感知的方式（以下称之为"电磁的方式"）记录、发送、传送、接收的信息发生泄露、消失或者毁损及其他为了确保上述信息安全的必要措施，以及为了确保信息系统和信息通信网络安全性和可信性的必要措施［包括为了防止通过信息通信网络或者电磁方式记录的记录载体（以下称之为"电磁记录载体"）对电子计算机实施非法活动造成危害而采取的必要措施］，切实对上述状态进行维持管理。

（基本理念）

第三条　通过建设因特网及其他高级信息通信网络以及活用信息通信技

术确保信息的自由流通，对于享有表现自由、创造革新、提高经济社会活力等方面十分重要。鉴于此，针对网络安全威胁，必须以国家、地方公共团体、重要社会基础事业者（即国民生活和经济活动的基础，是指从事其机能一旦崩塌或者弱化便可能对国民生活或经济活动造成重大影响的工作的人员。下同）等多元主体展开合作、积极应对为宗旨，推进网络安全政策。

一、必须以深化每个国民的网络安全意识，促其自发实施应对，积极构建强韧体制，对网络安全威胁造成的危害加以预防，并从危害中迅速复原为宗旨，推进网络安全政策。

二、必须通过建设因特网及其他高级信息通信网络和活用信息通信技术，以积极构建具有活力的经济社会为宗旨，推进网络安全政策。

三、应对网络安全威胁是国际社会共同的课题，而且我国的经济社会是在与国际紧密的相互依存关系中运营。鉴于此，必须以在构建网络安全国际秩序方面发挥先导作用为宗旨，在国际协调下推进网络安全政策。

四、必须在把握《高级信息通信网络社会形成基本法》基本理念的基础上，推进网络安全政策。

五、在推进网络安全政策之际，必须注意不能非法侵害国民权利。

（国家的职责）

第四条　国家根据前条的基本理念（以下称之为"基本理念"），负有制定和实施综合性网络安全政策的职责。

（地方公共团体的职责）

第五条　地方公共团体根据基本理念，基于与国家之间适当的责任分担，负有制定和实施自主性网络安全政策的职责。

（重要社会基础事业者的职责）

第六条　重要社会基础事业者根据基本理念，为了稳定、适当地提供服务，应该在深化对于网络安全重要性的关心和理解，自主、积极地确保网络安全的同时，在国家或地方公共团体实施的网络安全政策上展开合作。

（网络相关事业者及其他事业者的职责）

第七条　网络相关事业者（建设因特网等高级信息通信网络、活用信息通信技术或者从事网络安全相关工作的事业者。下同）及其他事业者根据基本理念，应该在自主、积极地确保网络安全的同时，在国家和地方公共团体实施的网络安全政策方面展开合作。

（教育研究机构的职责）

第八条　大学及其他教育研究机构根据基本理念，应该在自主、积极确保网络安全、培育网络安全人才、研究网络安全问题和普及成果的同时，在国家和地方公共团体实施的网络安全政策方面展开合作。

（国民的努力）

第九条　国民根据基本理念，应该深化对于网络安全重要性的关心和理解，针对确保网络安全问题给予必要的关注。

（法制方面的措施等）

第十条　政府必须围绕实施网络安全政策所必须的法制上、财政上以及税制上的措施及其他措施展开研讨。

（行政机构的建设等）

第十一条　国家在讨论网络安全政策之际，应该在建设行政机构以及改善行政运营方面做出努力。

第二章　网络安全战略

第十二条　政府为了综合、有效地推进网络安全政策，必须制订网络安全基本计划（以下称之为"网络安全战略"）。

一、网络安全战略应该规定以下事项。

1. 网络安全政策的基本方针

2. 确保国家行政机构网络安全的事项

3. 确保重要社会基础事业者及其团体以及地方公共团体（以下称之为"重要社会基础事业者等"）网络安全的事项

4. 除了以上三点外，其他为了综合、有效地推进网络安全的必要事项

二、内阁总理大臣，围绕网络安全战略提案，必须寻求阁议的决定。

三、制定网络安全战略之后，政府必须立即向国会报告，并利用因特网等其他适当的方式进行公布。

四、前两项规定，同样适用于修改网络安全战略。

五、为了确保实施网络安全战略所必需的资金，政府每年必须在国家财政允许的范围内，采取列入预算等能够顺利实施该战略的必要措施。

第三章　基本政策

（确保国家行政机构的网络安全）

第十三条　围绕国家的行政机构、独立行政法人（是指《独立行政法人通则法》（平成十一年法律第一百零三号）第二条第一项中规定的独立

行政法人。下同）以及特殊法人（是指通过法律直接设立的法人，或者根据特别的法律通过特别的设立行为而设立的法人，适用《总务省设置法》（平成十一年法律第九十一号）第四条第一项第九号的规定。下同）的网络安全问题，国家应该采取必要措施。例如，制定有关国家行政机构、独立行政法人和指定法人（特殊法人和认可法人是指根据特别的法律而设立，其设立需要得到行政官厅的认可。第三十三条第一项中相同）中，考虑到该法人的网络安全无法确保时将对国民生活和经济活动造成的影响，国家有必要采取更充实的举措以确保该法人的网络安全，因此由网络安全战略本部进行指定。（下同）网络安全问题的统一基准；推动国家行政机构信息系统的联合化；监视和分析那些通过信息通信网络或者电磁记录载体等方式对国家行政机构、独立行政法人或者指定法人信息系统实施的非法活动；参加有关国家行政机构、独立行政法人和指定法人网络安全的演习和训练，同国内外相关机构展开合作和联系，共同应对网络安全威胁；推进国家行政机构、独立行政法人和特殊法人之间有关网络安全信息的共享等。

（推进确保重要社会基础事业者的网络安全）

第十四条　关于重要社会基础事业者的网络安全问题，国家应该采取必要措施，例如制定基准、演习和训练、信息共享等其他自主努力等。

（推进民间事业者和教育研究机构的自发努力）

第十五条　鉴于中小企业者等民间事业者以及大学等教育研究机构所拥有的知识财产等信息对于强化我国的国际竞争力非常重要，为了推动这些人员自发进行网络安全方面的努力，国家应该采取必要措施，例如增强对于网络安全重要性的关注和理解，根据网络安全的咨询，提供必要的信息和建议等。

鉴于每个国民自发确保网络安全非常重要，因此在日常生活中使用电子计算机或者因特网等高级信息通信网络之际选择适当的产品和服务等方面，国家应该采取必要的措施，例如根据网络安全咨询，提供必要的信息和建议等。

（多样主体的合作等）

第十六条　为了强化相关府省之间的合作，国家应该采取必要措施，促使国家、地方公共团体、重要社会基础事业者、网络相关事业者等多样主体展开合作，实施网络安全政策。

（网络安全协议会）

第十七条 为了确保第二十八条第一项所规定的网络安全战略本部长及受其委任的国务大臣（以下称之为"本部长等"）围绕网络安全政策展开必要协商，应该组建网络安全协议会（以下称之为"协议会"）。

一、本部长等在认为必要之时，经过协商，能够追加下列人员作为会议成员。

1. 国家相关行政机构的首长（除本部长等之外）。

2. 地方公共团体及其组建的团体。

3. 重要社会基础事业者及其组建的团体。

4. 网络相关事业者及其组建的团体。

5. 大学及其他教育研究机构及其组建的团体。

6. 本部长等认为有必要的其他人员。

二、协议会为了确保第一项所提出的协商，认为有必要之时，能够向会议成员提出提供必需资料、陈述和说明意见及其他方面合作的要求，以确保网络安全政策的实施。此时，该成员必须回应要求，有正当理由的除外。

三、从事或者曾经从事协议会相关事务的人员，无正当理由，严禁泄露或盗用知晓的与该事务相关的秘密。

四、协议会的庶务，由内阁官房处理，内阁官房副长官助理受命负责。

五、除前项规定外，围绕协议会的组建、运营等必要事项，由协议会确定。

（犯罪的取缔以及危害扩大的预防）

第十八条 国家应该采取必要措施，以取缔网络安全犯罪和预防危害的扩大。

（可能对我国安全造成重大影响事态的应对）

第十九条 针对那些有可能对我国安全造成重大影响的网络安全事态，国家应该采取必要措施，以充实相关机构的体制、强化相关机构的相互合作以及明确职责分担。

（产业的振兴以及国际竞争力的强化）

第二十条 鉴于我国拥有独立保障网络安全能力的重要性，为了促使网络安全相关产业发展成为能够创造雇佣机会的成长产业，为了开创新事业、实现产业的健全发展以及提升国际竞争力，国家应该围绕网络安全问题采取必要措施。例如，推进先进的研究开发、技术的高级化、培养和确保人才、通过完善竞争条件强化经营基础以及开拓崭新事业、推进与技术安全性和可信性相关的规格等方面的国际标准化以及参与相互承认的框架等。

（研究开发的推进等）

第二十一条　鉴于我国独立保持网络安全技术能力的重要性，为了推进网络相关的研究开发、技术论证和普及成果，国家应该围绕网络安全问题采取必要措施。例如，完善研究体制，推进与技术安全性和可信性相关的基础研究和基础性技术的研究开发，培养研究人员和技术人员，强化与国家的试验研究机构、大学、民间的合作，为了研究开发开展国际合作等。

（人才的确保等）

第二十二条　国家应该在与大学、高等专科学校、专修学校、民间事业者展开紧密合作的同时，采取必要措施以确保相关人员的适当待遇，使那些从事与网络安全相关事务的人员的职务和职场环境更具魅力，与其重要性相符。

国家应该在与大学、高等专科学校、专修学校、民间事业者展开紧密合作的同时，采取活用资格制度、培养年轻技术人员等必要措施，以确保和培养网络安全相关人才、提高资质。

（教育和学习的振兴、普及启发等）

第二十三条　为了广泛深化国民对于网络安全问题的关注和理解，国家应该采取振兴和启发与网络安全相关的教育和学习、普及知识等举措。

为了推进前项举措，国家应该采取必要措施，例如举办旨在启发和普及知识的活动，规定日期旨在有重点、有效地推进网络安全相关举措等。

（国际合作的推进等）

第二十四条　在网络安全领域，为了我国能够在国际社会发挥积极作用的同时，强化我国在国际社会的利益，我国在网络安全方面应该采取必要措施。例如，主动参与国际规范的制定、构筑国际间的信任关系和推进信息共享、积极支援发展中国家在网络安全方面的应对能力等国际技术合作、在推进打击犯罪等国际合作的同时，深化各国对我国网络安全问题的理解等。

第四章　网络安全战略本部

（设置）

第二十五条　为了综合、有效地推进网络安全举措，在内阁设置网络安全战略本部（以下称之为"本部"）。

（负责事务等）

第二十六条 本部负责以下事务。

1. 推进网络安全战略相关议案的制定和实施。

2. 推进国家行政机构、独立行政法人和指定法人在网络安全政策方面基准的制定、依据该基准所实施政策的评价（包括监察）及其他依据该基准制定的政策的实施等。

3. 针对国家行政机构、独立行政法人或指定法人发生的网络安全重大事态所采取应对政策的评价（包括为了查明原因的调查）。

4. 当发生网络安全事故时，与国内外相关部门展开联络协调。

5. 除了前项外，与网络安全政策中重要事项计划的调查审议、府省共同计划、相关行政机构经费估算方针以及政策实施指针的制定、政策评价及其他与实施和综合调整该政策相关内容。

在制定网络安全战略的议案之际，本部必须提前听取高级信息通信网络社会推进战略本部以及国家安全保障会议的意见。

关于网络安全的重要事项，本部应该与高级信息通信网络社会推进战略本部展开紧密合作。

关于那些事关我国安全保障的网络安全重要事项，本部应该与国家安全保障会议展开紧密合作。

（机构）

第二十七条 本部由网络安全战略本部长、网络安全战略副本部长以及网络安全战略本部成员组成。

（网络安全战略本部长）

第二十八条 本部的首长，是网络安全战略本部长（以下称之为"本部长"），由内阁官房长官担任。

一、本部长，统管本部事务，指挥监督所属职员。

二、本部长根据第二十六条第一项第二号、第三号和第五号规定的评价或者根据第三十二条或者第三十三条规定所提供的资料和信息，在认为有必要的情况下，可以向相关行政机构的首长提出劝告。

三、本部长根据前项规定向相关行政机构的首长提出劝告后，可以要求该行政机构的首长向其报告基于该劝告所采取的措施。

四、关于根据第三项规定实施劝告的事项，本部长当认为特别有必要之时，可以向内阁总理大臣呈报意见，旨在围绕该事项根据《内阁法》

（昭和二十二年法律第五号）第六条规定采取措施。

（网络安全战略副本部长）

第二十九条　在本部设置网络安全战略副本部长（以下称之为"副本部长"），由国务大臣担任。

副本部长协助本部长工作。

（网络安全战略本部成员）

第三十条　在本部设置网络安全战略本部成员（在下项中称之为"本部成员"）。

本部成员由下列人员（在第一号至第五号列出的人员中，担任副本部长的人员除外）担任。

1. 国家公安委员会委员长

2. 总务大臣

3. 外务大臣

4. 经济产业大臣

5. 防卫大臣

6. 除了上述人员外，在本部长和副本部长以外的国务大臣中，作为遂行本部负责事务而特别需要的人员，由内阁总理大臣特别指定的人员

7. 在网络安全方面拥有突出见解的人员当中，由内阁总理大臣任命的人员

（事务的委托）

第三十一条　本部可以按照以下各号所提出的事务类型，将该事务的一部分委托给各号指定的部门。

1. 第二十六条第一项第二号规定的事务（仅限于根据独立行政法人和指定法人的网络安全政策基准实施的监察）以及该项第三号规定的事务（仅限于独立行政法人或指定法人发生网络安全重大事态时为了查明原因而实施的调查）

委托给独立行政法人信息处理推进机构以及其他在网络安全对策方面既拥有过硬的技术能力和专门的知识经验，又能够切实实施该事务的、并由政令所规定的法人。

2. 第二十六条第一项第四号规定的事务

委托给那些在发生网络安全事故时，在与国内外相关部门开展联络协调方面既拥有过硬的技术能力和专门的知识经验，又能够切实实施该事务的、并由政令所规定的法人。

一、根据前项规定接受事务委托的法人的干部或者职员或者相当于这些职务的人员，无正当理由，不得泄露或盗用与该委托相关的秘密。

二、根据第一项规定接受事务委托的法人的干部或职员等从事该委托事务的人员，在适用刑法（明治四十年法律第四十五号）等其他罚则方面，根据法令被视为是从事公务的职员。

（资料提供等）

第三十二条　相关行政机构的首长，根据本部的规定，必须适时地向本部提供有利于本部遂行负责事务的网络安全相关资料或信息等。

除了前项规定的内容外，相关行政机构的首长必须按照本部长的要求，向本部提供和解释有助于遂行本部负责事务所必须的网络安全相关资料和信息以及其他必要的协助。

（资料的提供及其他协助）

第三十三条　为了遂行负责事务而认为有必要的情况下，本部可以向地方公共团体和独立行政法人的负责人、国立大学法人〔是指《国立大学法人法（平成十五年法律第一百一十二号）》第二条第一项中规定的国立大学法人〕的校长、大学共同利用机构法人（是指同上条第三项中规定的大学共同利用机构法人）的机构长、日本司法支援中心〔是指《综合法律支援法（平成十六年法律第七十四号）》第十三条中规定的日本司法支援中心〕的理事长、特殊法人和认定法人等本部指定人员的代表以及当发生网络安全事态时负责与国内外相关人士进行联络协调的相关机构的代表，围绕那些以防止网络安全威胁造成的危害扩大以及从该危害中迅速恢复为目的而与国家合作实施的措施及其他网络安全相关政策，提出必要的资料提供、意见陈述、说明及其他协助等。此时，收到要求的部门，除正当理由外，必须回应要求。

在为了遂行负责事务特别有必要之时，本部也可以向前项所规定的人员之外的人员，提出同项的协助。

（协助地方公共团体）

第三十四条　为了制定和实施第五条所规定的政策而有必要之时，地方公共团体可以向本部提出信息提供等其他协助。

在接收到前项规定的协助要求之时，本部应该努力给予回应。

（事务）

第三十五条　与本部相关的事务，由内阁官房处理，内阁官房副长官助理受命负责。

（主管大臣）

第三十六条　关于本部的事项，内阁法中所规定的主管大臣，由内阁总理大臣担任。

（由政令规定）

第三十七条　除了本法律规定的内容，本部相关的必要事项，由政令的形式规定。

第五章　罚则

第三十八条　违反第十七条第四项或者第三十一条第二项规定者，将处以一年以下徒刑或者五十万日元以下的罚款。

附录二 日本《网络安全战略》(2021 年版)

令和 3 年 9 月 28 日

一、战略制定的宗旨及背景

在 21 世纪 20 年代的第一个年头，整个世界受新冠肺炎疫情影响而面临间歇式变化。世界各地都在实施封锁或者限制外出，人们开始意识到我们的日常生活和各种经济活动基础的日常空间，不是理所当然就能享受到的东西，其实都具有脆弱的一面。另一方面，通过应对这些危机，加速了人们对于数字技术的运用，网络空间作为生活中的一种"公共空间"，其重要性也正在进一步凸显。

另外，这种变化从长远来看也可以理解为反映出了一种大趋势。平成时代，数字经济的渗透持续发展，进入令和时代之后，日本设立数字厅发挥"指挥塔"的作用，加速推进数字经济发展。21 世纪 20 年代，日本将为 2030 年实现国际目标——SDGs① 做贡献，同时我国的经济社会也将为实现网络空间与实体空间高度融合的 Society 5.0② 向前迈进一大步，即进入"数字时代"(Digital Decade)。

当下国际社会变化日益加速化、复杂化，国家间围绕政治、经济、军事、技术的竞争愈加显著。信息通信技术也在不断进步，各类复杂的社会经济活动的相互依存关系也逐渐深化。围绕网络空间的不确定性随之不断变化、且呈现扩大趋势。

网络空间的"自由、公正、安全"并非自然赋予，当维护"自由、公正、安全"面临危机之时，我们对于网络安全，必须本着

---

① Sustainable Development Goals 的缩略语。作为 2001 年制定的千禧年开发目标 (MDGs) 的后续目标，在 2015 年 9 月联合国大会上加盟国一致通过的《2030 年可持续发展议程》中提出的国际目标，即在 2030 年前实现可持续发展的美好世界目标。共包括 17 个可持续发展目标和 169 个具体目标，强调"不会落下世界上任何一个人"(leave no one behind)。

② 继狩猎社会、农耕社会、工业社会、信息社会之后人类历史上第 5 个社会形态。在这个社会形态下，新的价值和服务层出不穷，将极大丰富人们生活。(资料来源：《未来投资战略 2017》，2017 年 6 月 9 日内阁决议)

"不易流行"① 的精神加以应对。即正是由于事物不断变化，才会有应该维护的不变的价值。我国当前正在寻求新战略，作为应对新形势的基础。

（一）日本对于 21 世纪 20 年代的时代认知——"新常态"及数字社会的到来

1. 数字经济的渗透及数字改革的推进

随着互联网的出现，出现了"网络空间"这一新空间。数字经济在平成时代取得了很大进展，其影响已经波及到了人们的切身生活。日本网民超过了八成②，平均每天上网时间超过了 2 小时③。另外，IoT④、AI、5G⑤、云服务等的利用不断扩大，远程办公也变得常规化、ICT 教育等也让人们的行为发生了很大变化。对所有人来说，网络空间正在逐渐成为经济社会活动的基础。这种变化趋势作为一种切实的社会推动力，有望带动实现网络空间和实体空间高度融合的 Society 5.0。

另一方面，为了推进数字化，需要切实应对各种课题，如防止恶意利用及滥用所造成的损害、信息素养的培养、民间及公共机构数字化进展迟缓等。因此，日本于 2021 年 9 月设置"数字厅"，作为实现数字社会的"司令塔"，大力推进数字改革。其目标是实现"包括全民在内的、以人为本的数字化"，向外界展示的蓝图是"通过运用数字，能够选择符合每个人所需的服务，同时能够满足人们各种幸福需求的社会"。⑥

2. 有望促进实现国际目标 SDGs

通过实现我国大力推进的 Society 5.0，可以进一步高效利用数据，有

---

① 这一熟语出自松尾芭蕉围绕"俳谐"本质所提出的观点。"不易"，超越时代的新旧而不变的东西；"流行"指的是跟随当下的状况不断变化的东西。"不易"与"流行"在本质上并不对立，真正得到"流行"，自然就会产生"不易"，而真正贯彻"不易"，就会原封不动地产生"流行"。（资料来源：小学馆《日本大百科全书》）

② 总务省《2020 年通信使用动向调查》（2021 年 6 月 18 日）中指出，互联网用户占全体国民比例的 83.4%，老年人使用者的比例也超过 5 成。

③ 总务省情报通信政策研究所《2019 年度情报通信媒体使用时间及情报行动相关调查报告书》（2020 年 9 月 30 日）

④ 物联网（Internet of Things）的简称。

⑤ 第 5 代移动通信系统。2015 年 9 月，ITU 发布了总结 5G 主要能力和相关概念的《IMT 愿景劝告（M. 2083）》。其中，提出了 5G 通信的 eMBB（增强移动宽带）、URLLC（超高可靠与低时延通信）、mMTC（海量机器类通信）三大业务场景，作为主要的要求条件，列举了"最高传送速度 20Gbps""一毫秒左右的延迟""100 万台/平方公里的连接机器数量"。

⑥《实现数字社会的改革基本方针》（2020 年 12 月 25 日内阁决议）。

助于在此基础上解决防灾、气候变化、环境保护，女性赋权等 SDGs 目标中待解决的世界范围内的重点事项。

特别是为实现我国的"绿色发展"，即"2050 年碳中和"① 目标，智能电网、制造自动化等强韧的数字基础设施不可或缺②。

3. 安全保障环境的变化

我国目前所处的既有秩序的不确定性越来越大。政治、经济、军事、技术方面国家间的竞争越来越显著化，国际社会的变化呈现加速化、复杂化的趋势，网络空间局势蕴含着爆发重大事态的风险③。

4. 新冠肺炎疫情的影响及经验

新冠肺炎疫情带来各种间歇式变化，使得我们不得不采取各种制约措施应对公共要求。其结果是，被称之为"新常态化"的生活方式，部分实现了 Society 5.0。比如，远程办公等多样化的工作方式、ICT 教育、远程诊疗等领域，较之疫情之前有了很大进展。

此外，应对新冠肺炎疫情期间，"个人数据"④ 等各类数据的有效运用也催生出了各种新型服务方式，其运用也发展迅速。

5. 筹备东京大会中相关措施的运用

为了 2021 年东京举办 2020 年东京奥运会·残奥会（下称"东京大会"），日本政府和民间合作采取了态势处置相关工作、风险管控等一系列措施，也包括在新冠肺炎疫情这种特殊环境下采取的诸多措施，这些对于日本来说都是很宝贵的经验。这些经验，今后将充分运用于提高我国网络安全能力，包括运用在 2025 年日本国际博览会（下称"大阪·关西万博会"等）等大型国际活动中。而且，从这些举措中获得的知识和经验，对整个世界来说也是非常宝贵的。日本将向海外传递、共享这些经验，有望为国际合作做出贡献。

（二）本战略的定位

基于网络安全基本法（以下简称"基本法"）制定的"网络安全战

---

① 2020 年 10 月提出的方针，指出"在 2050 年以前，我国的温室效果气体零排放，即 2050 年实现碳中和、脱碳社会"。

② 《2050 年伴随碳中和目标的绿色发展战略》（2020 年 12 月 25 日发展战略会议决定）。

③ 可以预见的风险，详情请见 3.2 节"国际形势方面的风险"部分。

④ 包括个人属性信息，移动、行动、购买记录，可穿戴设备上的个人数据、无法识别特定个人的匿名化的人员流动信息、商品信息在内的概念。

略"（以下简称"战略"），此次是第 3 次制定。距离 2014 年制定基本法开始已经过去了 7 年。

本战略将从中长期视角出发，基于前面所述的时代认识，指明 21 世纪 20 年代初今后 3 年应采取的各项措施的目标及实施方针。同时，本战略旨在向世界各主体、各国政府及攻击方传递出一种决心，即日本将利用此次前所未有的新冠肺炎疫情中获得的教训以及从数字改革、举办东京大会等大规模国际活动中获得的经验推进网络安全建设。

二、本战略的基本理念

日本继续坚持"基本法的目的"、过去 2 次制定的战略中所提出的"应该维护的网络空间"基本认识、"基本原则"等基本立场。

（一）应该维护的网络空间

不断向全球拓展的网络空间，是一个可以不受场所和时间的限制，跨越国境，自由生成、共享、分析各种各样信息和数据的空间，是一个流通的空间。具有这些特征的网络空间，作为技术革新和新型商业模式等知识资产生成的场所，为人们提供了能够实现丰富和多样价值的场所，将成为今后经济社会持续发展的基础，同时也是支撑自由主义、民主主义、文化发展的基础。

网络空间是"自由、公正、安全的空间"，这是基本法中提出的目标。为实现这一目标，日本已两次制定网络安全战略，明确了我国网络安全措施相关的基本计划。

鉴于上述时代认知，我们对于其目的以及对于网络空间的基本认识丝毫没有改变。当维护网络安全而面临危机之时，我们应该意识到，维护"自由、公正、安全的网络空间"的必要性变得比以前更加重要。

（二）基本原则

在这种认识下，日本在制定和实施网络安全相关措施时，应坚持和遵循以往战略中提出的五项基本原则。

1. 保障信息自由流通

为了使网络空间作为各种创意生成的空间得以持续发展，需要打造并维持一个能够确保发送的信息不会在中途被人通过不正当的手段查阅或是篡改并且能够送达目标收信人的世界（确保"可信、自由的数据流通"的世界）①。另外，还必须确保由于信息的自由流通，不会侵害到他人的权利和利益，包括保护个人隐私等。

2. 法律约束

在网络空间与实体空间一体化的进程中，作为支撑自由主义、民主主义的基础发展而来的网络空间，同实体空间一样，应该贯彻法律的约束。同样地，在网络空间，以《联合国宪章》为代表的现有国际法同样适用，在此前提下，应该明确的是，威胁和平的各种行为或对此类行为提供支援的活动都是不被允许的。

3. 开放性

为了使网络空间作为生成各种新型价值的场所得以持续发展，应该确保各种想法和知识能够有机结合不受限制，并对所有主体开放。日本坚持网络空间不应被一部分主体所独占的基本立场。② 这其中也体现了所有主体被赋予平等机会的想法。

4. 自律性

网络空间是依靠多样化主体的自律举措发展到现在的。为了保证网络空间的秩序性与创造性能够共存、实现持续发展，所有的秩序都由国家来维持显然是不合理的，也是不可能的事情。为了维持网络空间的秩序，通过各种社会系统自发履行各自任务和功能，提高社会整体应对能力，对某些恶意主体行为形成威慑、加以应对也非常重要，我们将进一步推进相关举措。③

5. 多样主体的合作

网络空间是由国家、地方公共团体、重要基础设施从业者、网络相关从业者及其他从业者、教育研究机构及个人等多样主体实施的活动所构成的多次元空间。为保证网络空间持续发展，需要所有主体都自觉认识到各自的责任和义务。因此，个人的努力固然重要，同时也需要相互之间的合作、联动。国家在承担促进合作、联动义务的同时，也需要根据国际形势的变化，进一步推进与我国具有共同价值观的其他国家之间的合作以及与

---

① 基本法第1条规定"确保信息的自由流通"。此外，2021年6月的G7首脑峰会通过"可信赖的数据自由流通"（DFFT）路线图，其重要性得到国际社会的承认。

② 高级信息通信网络社会形成基本法（2000年法律第144号）规定，"所有国民机会均等，都可以参与建设或利用互联网等高级信息通信网络"。

③ 基本法第3条第2项规定，"推进网络安全相关政策实施，将深化每个国民对网络安全的认识，促使国民自发采取应对措施"。

国际社会的协调①。

保障国民自由参与经济社会活动，确保国民的权利和便利性，同时通过适时适当的法律执行、制度来威慑恶意主体的活动，保护国民，这才是国民所期待的网络安全政策的应有状态。我国将继续保持政治、经济、技术、法律、外交等所有可采取的有效手段，这一点比以往更加明确。

三、网络空间面临课题的认识

在制定本战略时，不仅要认识到网络空间所带来的"恩惠"，还要切实认识到这个空间所带来的变化和风险（包括威胁、脆弱性等）。为了实现数字改革所描绘的"每个人都能选择符合各自需求的服务、能够实现多样化幸福的社会"这一愿景，如何尽可能控制这些不确定性非常重要。

随着数字服务在社会中越来越普遍，参与到网络空间的层级不断增加，网络空间自身的"量"也越来越大。同时，随着可处理的数据量增多，物联网（IoT）、人工智能（AI）技术、移动出行方式变革、AR/VR等最新技术运用带来新型数字服务的普及，"新常态"生活方式的社会根植，网络空间可实现的价值也呈现"质"的多样化倾向，与实体空间的接点也正在向"面"扩展。

在这些因素相互影响的发展过程中，网络空间所具有的性质也在逐渐变化。可以预见，网络空间将被定位成一个超越地域限制、无论男女老少全民皆可参与、自发实施社会经济活动、重要且公共性强的场所，即网络空间的"公共空间化"将会进一步发展。同时，随着云服务的普及和供应链②的复杂化，网络空间所提供的多样化服务将会跨越网络与现实之间的隔阂，参与主体间的"相互关联性和连锁性"将进一步深化。

另一方面，数字技术在网络空间的利用也将带来全新课题。有人指出，如果相应技术遭到不当、恶意利用，有可能增加国家间分裂和危险、侵害人权、加深不公平等。③ 网络空间的变化也会进一步扩大一些无法设

---

① 基本法第3条第1项规定，"对于网络安全威胁（中略），必须加强各主体间的合作，积极实施应对"。

② 通常是指，从客户订货、材料采购到库存管理、产品配送，自事业活动上游至下游的物品和信息流通。此外，IT相关供应链则包括产品设计阶段、信息系统的使用、维护、废弃等环节。

③ 《联合国创立75周年纪念宣言》（2020年9月29日），也将其作为新课题看待，并指出解决数字信用与安全问题是优先事项。

想的风险。此外，新冠肺炎疫情等导致的间歇式的变化，也会使得一些预想不到的风险浮出水面。一方面，网络空间正在逐步转变为一种公共空间；另一方面，事实上我们尚未完全打消国民对于网络空间所感到的不安①。

鉴于当前这种形势，为了确保"自由、公正、安全的网络空间"，需要准确把握当前正在发生的变化及未来可能发生的变化所带来的风险，在此基础上，明确应致力解决的课题并推进相关政策。我们必须同时注意到，网络空间中提供服务的主体每隔几年就会更换，且确保网络安全方面发挥重要作用的主体也会不断变化，因此从中长期来看，上述前提也会发生巨大变化。

以下我们将围绕经济社会的环境变化、国际形势等各个方面，整理出应该考虑的风险因素，并具体说明这些风险因素是如何逐渐显现出来的。

（一）环境变化带来的风险

我国经济社会所处的环境变化，一方面可以给我们带来各种好处，另一方面也会导致一些风险逐渐扩大并显现出来。对此，我们将从威胁、经济社会所具有的脆弱性等视角分别阐述。

1. 威胁的视角

随着新技术的应用以及"新常态"的根植，各种新型数字服务层出不穷，并逐渐渗透到人们的生活当中。这意味着人们的生命、身体、财产等相关信息越来越多地出现在网络空间，无论是从量上还是质上来看都是如此。这些数据成为价值的源泉，也提高了便利性，借此人们从中可以获得好处。同时，对于攻击者而言，这些数据将成为网络攻击的对象，其诱惑力将进一步增加。其结果是，组织化和精炼化将有可能导致更有计划、更大规模网络攻击的发生。

随着数字服务不断渗透到人们的生活中，还会出现利用数字服务漏洞而实施的网络犯罪等。一般认为，攻击方式也将呈现多样化、高级化等趋势。

此外，一般认为，技术革新成果被攻击方利用的威胁将有可能进一步加剧。例如，人工智能技术一旦被恶意使用，网络攻击将以超过人类能力

---

① 据 2020 年 9 月警察厅的问卷调查显示，其中 75.3% 的回答者表示会对网络犯罪感到不安。（出自《2020 年度网络安全政策会议报告书》（2021 年 3 月警察厅网络安全政策会议））

和技术能力的速度和规模发生。从中长期来看，也必须注意到甚至有可能发生不受人类控制、自发实施的网络攻击。

2. 经济社会脆弱性的视角

从整个经济社会来看，随着数字化的发展，此前与网络空间不相关的企业、个人都将不可避免地参与到网络空间。比以往任何时候，人们都希望网络空间成为能够安心参与的空间。然而，网络安全相关素养的差异、人才短缺且不均衡等因素，都有可能成为遭受攻击者攻击的弱点。

此外，企业组织和技术领域的人才短缺，将会导致在网络安全相关产品、服务和技术等方面过度依赖国外的状况发生。网络安全素养的欠缺，也会由于错误使用机器和服务，存在着经济社会显现出新弱点的危险。

此外，云服务越来越普及，经由复杂且全球化供应链的产品和服务不断扩大和渗透，产业界越来越多地使用物联网（IoT）机器（所有"事物"都将连接至网络），AI 技术将运用至各类系统。因此，当事故发生时，给经济社会带来的影响将有可能更加广泛地波及许多主体和活动。正因为如此，解决问题将变得愈发困难。

而且，云服务的广泛运用，结合远程办公的根植，使得原本的"边界型安全"理念①逐渐显现出局限性。

（二）国际形势方面的风险

网络空间正在成为国家间竞争的场所之一，能够反映出地缘政治方面的紧张局势。然而，由于网络攻击具有匿名性、非对称性、跨境性等特征，各种具有组织化、精炼化的网络攻击威胁将会越来越大，包括瘫痪重要基础设施功能、窃取国民信息和知识产权、干涉民主进程等疑似有国家参与其中的情况。目前网络空间形势，虽然还未达到"有事"程度，但显然已经不再是以前纯粹的"平时"状态了。

经济社会正处于迅速且广泛的数字化进程中，上述网络攻击的增加将有可能引发威胁国民安全和安心、甚至动摇国家和民主主义根基的重大事态，存在着发展成为国家安全保障课题的风险。网络攻击者的藏匿、伪装十分巧妙，特别是那些疑似有国家参与其中的网络活动。一般认为，俄罗斯正在实施网络攻击，旨在行使其国际影响力以达成军事和军事目的。此

---

① 边界型安全是指利用边界线将内部与外部隔断，防止来自外部的攻击及内部情报泄露的思路。边界型安全的前提是"无法信赖的东西"无法进入内部、内部存在的都是"可信"的。防御对象的中心是网络。

外，朝鲜正在实施网络攻击，旨在达成其政治目的以及获取外汇。

此外，各国围绕网络空间相关基本价值存在认知差异，针对国际规则制定形成的对立日渐显现。部分国家主张，由国家来强化网络空间管控。如果该主张成为国际规则制定的一种潮流，那么我国所提出的有利于安全保障的"自由、公正且安全的网络空间"以及必须遵循的基本原则将受到威胁。在安全保障的范围不断拓展至经济、技术领域的背景下，技术霸权之争日益凸显，也出现了一些由国家强化数据收集、管控的动向。

另外，构成网络空间的各类系统的供应链逐渐复杂化和全球化，网络空间自身的可靠性和供给稳定性相关风险（供应链风险）日益凸显。比如，在供应链中，向产品植入非法功能、政治经济形势导致设备和服务的供给中断等。

受到网络攻击威胁的对象逐渐扩大，手段呈现组织化、精炼化，当前网络空间处于不稳定状态。网络安全问题已经成为国际社会的共同课题，个别主体或单独一个国家极难应对。可以说，我国所追求的全球规模的"自由、公正、安全的网络空间"正面临着危机。

（三）近年网络空间威胁动向

如上所示的风险因素，从近年来网络空间威胁动向来看，表现出明显倾向。

有组织的犯罪以及疑似有国家参与的网络攻击频繁发生。在海外，针对选举实施攻击，干涉民主进程，针对供应链弱点实施大规模攻击，针对控制系统实施攻击，针对重要基础设施实施攻击，有可能对广泛的经济社会活动、甚至对国家安全造成影响。

伴随远程办公的普及，利用个别终端路径或 VPN① 设备的弱点而侵入网络的事件，以及以云服务为目标的网络攻击事件逐渐增加。此外，还出现了一些紧跟当前环境变化而实施的网络攻击，如疫苗新闻相关的商业邮件诈骗、网页仿冒等与新冠肺炎疫情相关的网络攻击，经由那些网络安全对策难以落实的海外据点实施网络攻击，通过匿名性高的网络基础设施实施攻击等。

---

① 虚拟专用网络（Virtual Private Network）的简称。通过因特网或多人使用的局域网，通过加密和业务管理技术，实现私有网络之间仿佛被专线连接的状况相关技术及相关设备。

此外，针对特定目标的网络攻击受害事件层出不穷，无差别式网络攻击的情况进入 2020 年以后迅速增加。通过数据恢复窃取的信息，非但不公布反而向受害者索要钱财，实施所谓"双重胁迫"的勒索软件①；滥用匿名技术及密码技术、逃脱事后执法追踪等情况也时而发生。较之以前，网络威胁愈发复杂化、精妙化。据悉，背景在于形成了有组织地提供病毒、回收赎金的生态环境，使得一些图谋不轨者即使没有很高的技术也能轻易地实施网络攻击。

这些网络攻击有可能对经济社会活动、甚至对国家安全产生巨大影响，如生产活动暂时中断、服务异常、金钱受损、个人信息窃取、机密情报窃取等。

四、为实现目的而采取的措施——"全民网络安全"（Cybersecurity for All）

为实现基本法中提及的目的，本节将基于上文对于网络空间面临课题的认识，主要围绕今后 3 年应采取的各项措施的目标及其实施方针进行叙述。

网络空间如之前所述，随着其本身"量"的扩大、"质"的进化，以及与实体空间的不断融合，所有国民、部门、地区等都需要确保网络安全的时代（Cybersecurity for All）已经到来了。今后，包括此前与网络空间无关的主体在内，所有主体都将参与到网络空间当中。因此，需要与数字化趋势相呼应，致力于实施"不落一人"的网络安全举措。鉴于此，为了在不确定性越来越大的环境中确保网络空间的"自由、公正与安全"，我们将按照下文将要提到的三个方向，推进相关措施。

这些分别对应本节提出的"提高经济社会活力、实现持续发展""实现国民能够安全、安心生活的社会""国际社会的和平稳定以及我国的安全"。此外，还需要考虑如何解决前一节中所提到的当前我国网络安全所面临的课题。

关于政策的"三个方向"

---

① 例如，2021 年 6 月 G7 首脑峰会上指出"来自勒索软件犯罪网络的威胁正在增大"。

1. 同时推进基于数字改革的数字转型①和网络安全

从经济社会的数字化状况来看，新冠肺炎疫情带来了所谓"新常态"生活方式，为了形成数字社会，"司令塔""数字厅"也已于2021年9月设立。此前，我国在数字化方面相对落后，当前可以说是我国加快推进数字化进程的最佳时机。

另一方面，如果没有网络安全意识、构成网络空间的技术基础以及公众对于数据的信任，将无法在当前的数字化浪潮中收获积极的参与和投入，也就有可能停留在表层的数字化，无法实现变革。反过来说，如果能够很好地应对数字化带来的风险变化，将会提高公众的网络安全意识及对网络空间的信任。

此外，不仅包括经济社会整体的数字化，我们还应该关注单个企业的活动，企业活动与网络安全也有很大的相关性。在数字化不断进展的过程中，企业的IT系统和数字化的应对能力越来越成为提高业务、产品、服务等所带附加价值的源泉，网络安全将成为直接关系到企业价值的活动。此外，在实施迅速、灵活的开发和处置的必要性不断提升的背景下，从业务、产品、服务等系统的开发，设计阶段开始就要注重网络安全的"设计安全"（security by design）这一观点变得愈发重要，数字化投资与网络安全对策之间的关系变得越来越密不可分。

无论从微观还是宏观视角来看，都需要同步推进数字化与网络安全（以下称为"DX with Cybersecurity"），所有主体都必须意识到这一点并采取行动。在当前的数字改革中，国家制定了数字社会形成基本法（令和3年法律第35号）作为基本法，明确指出了网络安全的地位，完善了同步推进数字转型与网络安全的基础。国家将不断强化基础建设，强力推进数字化发展。

2. 保障呈现公共空间化倾向的网络空间安全和安心

为保障网络空间的持续发展，2018年制定的网络安全战略提出，从服务提供者的"任务保证""风险管理""参与、合作、协同"三个方面推进官民举措。

---

① 数字转型，简称DX。2018年9月《DX报告》（2018年9月 经济产业省数字转型研究会）中将数字转型定义为："企业一方面应对外部生态环境（顾客、市场）的破坏性变化，另一方面推进内部生态环境（组织、文化、从业者）变革，利用第三平台（云系统、移动、大数据分析、社交技术），通过新的商品、服务、商业模式，给顾客带来新的线上、线下体验，借此创造新的价值，确立企业在竞争中的优势地位。"

当前网络安全环境的不确定因素不断增大，例如网络空间威胁增大、经济社会的脆弱性逐渐凸显、安全保障环境不断变化等。在此背景下，为了确保网络空间作为"公共空间"和实体空间一样的安全、可靠，就不能忽视与攻击方的非对称状况，必须深化和强化此前对策（深化任务保证、强化风险管理），并从正面改善网络安全环境，解决问题。

面对这些社会诉求，与网络空间相关的所有主体的职责也随之增大。各种自发措施（自助）和各主体间的合作（互助）依然重要。此外，我们还将不断验证各主体的职责以及需要防护的对象，包括作为自助和互助基础的官方支援（公助）的职责在内，强化多层举措。其中，针对那些自助和互助无法应对的情况，国家将承担综合协调职责，一体化推进政策举措，以处置事故、防止事故再次发生和改善相关举措。为此，将强化国家网络应急响应机制（CSIRT/CERT）①，并通过验证的方式不断完善和充实，使其能够更好地发挥职能。

（1）深化"任务保证"（确保供应链整体可靠性，为最终用户提供切实服务）

此前"任务保证"② 的思路是，特别是针对那些有合同关系的服务直接使用者，服务提供者能够切实遂行业务，作为其"任务"。

近年来，随着云服务的普及和供应链的复杂化，各类主体逐渐参与到网络空间提供的服务中，而且对于云服务从业者的依赖程度也越来越深，使得最终用户越来越难以分辨到底谁是服务、业务的责任主体。此外，网络事件发生后所造成的影响也变得更加广泛且复杂，进一步增加了预测事件影响范围及解决问题的难度。以云服务为例，网络安全事件的发生，不仅会影响到使用该云服务的从业者，还会影响到利用该从业者所提供服务

---

① CSIRT 为 Computer Security Incident Response Team 的缩写，是指对企业或行政机关的信息系统进行监视，判断是否发生了安全问题；万一发生问题，解析原因、调查影响范围的 种机制。CERT 为 Computer Emergency Response Team 的缩写，是处置计算机安全事故的组织。在国际合作框架下处理网络攻击时，我国政府与民间的专业部门合作应对。本战略中，国家网络安全响应机制被定位为："针对重大网络攻击事件，承担一系列综合协调功能，整体推进系列举措。包括信息搜集和分析、调查和评估、提醒注意、处置、事后制定防止事件再次发生的政策方案及相关措施等。"

② 以企业、重要基础设施从业者、政府机构为代表的所有组织，将自身应遂行的业务视为"任务"，并确保必要的能力或资产，用于切实遂行这些"任务"。并不是将网络安全相关措施本身作为目的，而是各个组织的经营层、干部来确定符合"任务"的业务和服务，并履行责任以确保企业能够安全且持续地提供相关业务和服务。

的其他用户。这种影响对于以往很少参与网络空间，但在数字化进程中不可避免地参与到网络空间中的人来说更为严重。基于这种认识，利用网络空间提供相关业务和服务的人员，不仅需要考虑供应方及使用方之间一对一的关系，还需要俯瞰供应链整体，为了确保可信度，采取负责任的行动。

"任务保证"思路的重要性，今后非但不能改变，还需要进一步深化。各社会组织作为提供和构成网络空间的主体，必须将确保供应链整体（从自身需要实施的业务、产品、服务到最终用户）的可信度视为自己的"任务"，确保构成网络空间的各类产品、服务的安全性、可靠性，力求为使用者提供能够持续安心使用的网络环境。

（2）强化风险管控机制

随着网络攻击越发组织化、精炼化，网络威胁也越来越大。在这种情况下，日本将与各国政府、民间机构等展开多层合作，并对单个主体的"风险管理机制"进行完善，强化相关举措使其更具成效。

具体来说，我国将对网络攻击进行主动（通过运用自动化技术等）且有效的防御，同时根据威胁趋势，经常性地对可预见的风险进行修正以及确保事件发生后的可追查性（以下称为"可追查性"）。

此外，网络空间是窃取国民个人信息、作为国际竞争力来源的知识产权信息、安全保障相关信息的重要渠道之一。因此，我国在应对此类网络攻击的同时，应努力确保构成网络空间的技术基础本身的可靠性。

3. 强化安全保障相关措施

我国安全保障的环境日益严峻，网络空间已经成为国家间竞争的领域之一，因此必须重视在网络空间与攻击者处于非对称的状态。

各主体应明确相应职责，并强化防卫省、自卫队等政府机构能力，以确保国家的强韧性。强化防御力，提高探测、调查、分析网络攻击的能力以确定攻击者并向其追责，强化威慑力。另外，针对网络威胁，日本将联合同盟国、同志国，灵活运用政治、经济、技术、法律、外交及其他各种有效手段，采取坚决的应对措施。

此外，针对那些阻碍网络空间健全发展的各种行为，日本将与同盟国、同志国、民间团体展开合作，共同对抗。以有利于我国安全保障的方式，为实现全球范围内"自由、公正且安全的网络空间"发挥积极作用。

（一）提高经济社会活力及实现可持续发展，推进 DX with Cybersecurity

为了实现"能够通过运用数据，选择各自所需的服务，满足人们多样幸福的社会"这一数字改革蓝图，我国经济社会需要进行数字转型。

数字转型所提供的机会和影响，能够覆盖所有主体。因此，所有主体必须基于"同步推进数字转型和网络安全"的共识，全面推进相关举措。

在推进经济社会数字化的过程中，需要做的有很多，包括经营层意识改革、针对各地区和中小企业采取的举措、构建供应链基础以便在数字时代创造出新的价值、提高经济社会整体的网络安全素养，等等。无论在哪一方面，基于网络安全的视角，推进相关政策十分重要。

1. 经营层的意识改革

受新冠肺炎疫情的影响，数字化进程加速，可以预见，是否具有生产更高附加价值的数字服务的基础，将成为今后决定企业竞争力的重要因素。因此，对于经营层来说，数字化和网络安全对策不应该是别人的事，而是应该同时实现的、能够支撑业务和收益核心的基本事项，充分理解二者关系应成为经营者的基本素养和常识。网络空间存在风险，这不应成为企业不参与数字化进程的借口。基于上述认识，为了同步推进数字化进程及网络安全发展，我国必须推进经营层意识改革，推进相关举措。

为推进数字经营，需要把资金、人才、商业机会等向自发推动数字转型的企业倾斜。总结经营者所追求的、有助于提高企业价值的事项，作为企业数字经营的指导方针，推进相关实践。

为强化网络安全，日本此前一直在推进指导方针的普及和宣传，该方针展示了经营层凭借其领导力、带头推进网络安全政策的重要性。今后，日本将继续制作具有实践性的案例、手册等，推进相应举措，并根据需要灵活调整。

在此基础上，政府应致力于让重视可持续发展的投资方等利益相关者看到政府在同步推进数字化及网络安全保障方面所做的努力，并激励其投身其中。在此基础上，把企业参与推进数字化及网络安全保障进程作为市场等企业内外评价企业价值的重要依据，从而促使更多的企业参与其中。具体来说，例如：公开表彰致力于数字化改革或在数字化经营理念上较为先进的企业、制定有利于促进数字化投资的税收政策、有效运用各种方式和方针将企业的数字化改革情况向企业内外展示。这些措施，首先可以促使经营层把握网络安全相关的风险；其次，能够有效促进推广和实践诸如公开企业实践情况等措施；最后，有利于促进经营者采取跟进举措。

为了让经营者在同步推进数字化和网络安全对策的实践过程中能够切实把握本公司竞争力源泉——数字服务等的内在风险情况，与企业内外的专家的沟通交流必不可少。因此，对于不具备 IT、安全相关专业知识或业务经验的经营者，需要为他们创造有利于学习网络安全相关知识的环境，以便于与内部或外部的网络安全专家开展合作。

2. 地区、中小企业推进 DX with Cybersecurity

受新冠肺炎疫情影响，商务模式、工作方式、雇佣形式都在发生变化，数字化的机会将扩大到各地区、中小企业，甚至包括此前与网络完全无关的行业。

另一方面，中小企业在致力于同步推进数字转型与网络安全时，往往面临缺少网络安全专业人才或缺乏相关知识、经验的困难，例如不能配备网络安全专职人员等。这些都是亟待解决的课题。

这个问题可以通过上文中提到的"共助"观点获得解决。在建设社区时，一方面继续保留并发展社区功能，另一方面，需要促进社区成为解决地区课题、创造附加价值的新场所，可采取的措施不仅限于与专家咨询，还可以包括商务配对、人才培养、区域性安全解决方案的开发，等等。在这方面，对于一些地区的先进事例，也可以互相共享、借鉴，甚至推广至全国。

中小企业难以为网络安全投入巨额预算，这也是一个待解决的课题。为解决这个问题，需要致力于推广廉价但有效的安全服务和简易保险等面向中小企业的安全措施。具体来说，需要与以强化包括中小企业在内的供应链整体网络安全为目的的产业界主导财团保持合作，同时对满足一定标准的服务授予商标使用权相关审查和注册、促进企业积极主动发表安全对策宣言。比如，为中小企业提供补助金时设置前提条件，激励企业自觉发表网络安全宣言。通过这些措施，客户能够清晰地了解到这些中小企业为强化网络安全所做的努力，进而将合作范围扩大到这些地区和中小企业。

此外，预计今后中小企业将越来越多地使用云服务功能。云服务的利用使得企业的部分信息财产被储存在企业外部，一旦云服务设备发生故障，就有可能会导致企业情报不慎泄露。因此，需要让云服务利用客户了解必须注意的事项。同时，为了避免或减轻因错误使用云服务功能而导致的严重后果，还需要促使云服务从业者向客户提供必要的信息和帮助。

3. 筑牢基础，确保能够创造出新价值的供应链的可靠性

为了实现网络空间和实体空间高度融合的 Society 5.0，今后所有主体都能通过相互关联的方式来创造新的价值；另一方面，为了确保网络空间的可靠性，需要采取必要措施以适当地应对这种相互关联下产生的新

课题。

为切实应对这些新的课题，我国正在大力推进网络安全保障相关措施，制定了应对网络安全之策的整体框架，既包括网络层面又包括现实层面。这些措施将有力保障供应链的网络安全，成为其创造新的价值的基础。

（1）确保供应链的可靠性

当前，供应链的复杂化和数字服务的同步发展，一方面使得供应链的结构变得更加具有灵活性和能动性；另一方面，网络安全方面可能会有越来越多的弱点遭到攻击，对实体空间影响的增大也让人感到担忧。因此，对于供应链整体进行风险管理的重要性愈发凸显。

基于这样的认识，我国致力于在上述政策框架的基础上，积极推动制定各产业领域及跨产业领域的指导方针，促进安全对策在产业界真正落地实施。

此外，有些财团的参加成员包括各产业领域的团体等，这些财团以强化整个供应链网络安全对策为目的，意图唤起公众网络安全意识、促进政策落实。对于这种财团举措，我国将大力支持。对于满足一定标准的中小企业，为其在某些网络服务中的审查、注册、使用环节提供便利；大力推动企业的网络安全措施强化情况的可视化等，通过供应链向地区、中小企业推广相关举措，以提高整体供应链的可靠性。

（2）确保数据流通的可靠性

为了在网络空间实施各种经济社会活动，确保数据的真实性和流通基础的可靠性非常重要，这是网络空间的价值源泉。为此，需要对数据进行管控，以实现"可信赖的数据自由流通"（Data Free Flow with Trust：DFFT）[①]。

数据在各主体间流通的过程中，其属性会不断发生变化。为了将这些风险点一一找出来，需要完善对策框架，明确数据管控的相关定义，研讨风险检测的流程以及相关案例，还需要掌握各国处理跨国流通数据时的规则差别。

此外，为了防止发生伪装发信源、篡改数据等行为（下称"信用服务"），需要实施有效的举措。这些信用服务可以有效证明主体、意志、事实、信息、存在、时间等要素的真实性和完整性。而为了保证这些信用服

---

① 安倍总理大臣（时任）在世界经济论坛年度总会上的演讲"带来希望的经济——面向新时代"（2019 年 1 月 23 日）。

务本身的可靠性，国家需要完善相关政策框架，如明确其应具备的条件、对其可靠性进行评价并提供相关信息、国际合作（确认其与外国间的互动情况）等。

（3）确保安全产品和服务的可靠性

为了促进全社会都自觉采取行动参与到网络安全中去，前提条件是必须保证市场上提供的安全产品和服务都是可以信赖的。然而，人们对于供应链存在风险的担忧以及开放式 API① 和 OSS② 变得越来越普及，开发者自身将越来越难以掌握系统的整体风险程度，为了向企业内外展示自己公司产品的可靠性，需要由第三方实施客观的检测、评估，今后这种需求将越来越大，进而也会带动相关产业的发展。鉴于上述情况，日本致力于确保可靠性的基础建设的同时，积极推动先进技术、创新在社会上的实践运用。此外，日本也将大力开发不过度依赖他国、日本生产的产品和服务。

具体来说主要措施包括以下几点：完善能够有效验证安全产品及服务有效性的基础；通过验证实际环境，促进商业配对；对符合一定标准的安全服务实施审查、注册，并在政府机构推广使用；为促进安全检测市场的形成，研讨如何将检测从业者的可信度实现可视化。

（4）先进技术、技术创新在社会上的应用

随着数字化的进程，愈发要求证据更明确、说服力更高、自动化程度更高、更高效的网络安全对策。鉴于这种社会要求，构建产学官生态系统、激发开放创新活动是当务之急。

我国的安全产品和服务在很大程度上依赖于海外，产品和服务的开发所需要的技术和知识的积累较为困难。

为打破这种现状，我国采取措施的一环是，构筑起在国内收集、积累、分析、提供网络安全信息的知识基础；基于安全保障的视角，注意信息管理；相关信息在产学官各主体间实施有效共享，作为产学官的连接点。此外，为了便于产学官将其用于研究开发或产品研发，需要积极促进相关人员交换意见、形成共同体。

此外，为了推进物联网系统、服务及供应链整体的有效运用，我国将

---

① API（应用程序编程接口）是 Application Programming Interface 的缩写。指的是一个软件向另一个软件公开的、用以输入输出的结构。

② OSS（开源软件）是 Open Source Software 的缩写。指的是不管使用者的目的如何，都可以使用、调查、再利用、修改、扩展、再发布源代码的软件的总称。

推动相关基础的开发和验证，并促进其在各行各业的落实运用。

我国将鼓励相关政府机构就如何把这些技术有效投入社会实践展开讨论。此外，为推动国产安全产品、网络服务等走向国际，我国今后将推动国际标准化相关措施的落实，同时继续大力支持赴海外参加展览会等活动。

4. 全民参与的数字化/网络安全素养的提升与根植

网络空间的基础，正在成为人们生活最基础的基础设施。为了推动"全民参与、以人为本的数字化①"，使人们享受好处，每一个国民都应掌握网络安全相关素养和基本知识和能力，以便通过自己的判断保护自己免受各种网络威胁。

另一方面，网络安全素养并不是一朝一夕就能学会的。随着行政数字化、电子证件的普及和"GIGA 学校构想②"的推进，人们接触各类数字服务的机会越来越多。因此，最重要的是每个人都应具有"首先自己尝试做"的意识，主动积累经验以提高自身网络安全素养。其中，在推进信息教育的过程中，应该采取各种举措。

在国家层面，将提供数字化运用的机会，并对数字化运用进行支援，官民合作面向国民开展普及宣传活动。例如：面向老年人，与手机销售店等各种地区组织展开合作；面向儿童，与小学、中学以及预防网络犯罪志愿者展开合作，向其宣传网络安全注意事项。在推进实现"GIGA 学校构想"时，设置专职支援人员，帮助教师平时能够运用信息通信技术（ICT）；通过教职课程，提升其运用信息通信技术的指导能力。此外，还可以面向学生，配备终端，实施宣传，并利用视频教材开展信息道德相关教育。

互联网上虚假信息的传播，有可能影响到个人判断乃至社会舆论走向。因此，我们将广泛开展宣传，包括鼓励民间采取自主举措在内。

（二）实现国民安全且安心生活的数字社会

在网络空间的公共空间化和网络实体跨越隔阂不断深化关联的基础上，所有提供服务的主体要深入考虑此前的"任务保证"，力争构建符合这种网络空间变化的风险管理模式。国家要通过确保网络空间安全，使与

---

① 《实现数字社会的改革基本方针》（2020 年 12 月 25 日阁议通过）。

② 该构想指的是，为了激发所有孩子的潜能、实现个人最佳学习和协作学习，一体化推进学校建设高速大容量通信网络以及保障学生每人 1 台计算机。

网络空间相关的所有国民和主体能够安心地参与网络空间。为此，国家将在俯瞰整个网络空间的同时，通过与相关主体展开合作，创造一个可以通过自助、互助来进行自发性风险管理的环境。另外，经济社会基础关系到国民安全和安心的根基，国家将不断检验应该防御的对象，与相关主体谋求合作，并运用全部现有手段构筑全面的网络防御体系。与此同时，通过率先引进先进举措来推动社会整体的运用，以确保网络空间的安全性和可靠性。

通过这些措施，实现涉及网络空间的所有主体的自助、互助和公助，以此构建一个多层次的网络防御体制，从而降低国家整体风险并提高网络安全的韧性。

1. 提供网络安全环境以保护国民和社会

基于网络空间的公共空间化，为实现所有主体都能感到便利和安心的社会，国家在与相关主体合作的同时，应致力于实现网络空间技术基础和服务体系的可视化，提高意外事件发生时的可追踪性，创造一个各个主体能根据自身需求选择合适的风险管理模式的环境。与此同时，通过确保可追踪性、加强向网警部门通报以及加强与公共机关的联络等方式，改善那些成为网络犯罪温床的因素和环境。在此期间，所有措施要在"确保信息自由流通"的原则下推进。

另外，在上述网络空间变化的背景下，网络攻击事件影响日趋复杂、传播范围广泛的风险日趋凸显。在这种情况下，提供服务的各个主体不仅要着眼于网络的直接使用者，还要为在此之前的使用者考虑，从相互关联、整体连锁的角度来实现风险管理。为此，国家要与相关主体通力合作，创造良好的网络环境。

围绕关系到国民安全、安心根基的经济社会基础的防护，承担此项任务的各主体根据各自职能，确保机密性、可用性和完整性是最基本的。然而，由于上述网络空间环境的变化，加上近年来网络攻击手法日趋组织化、精炼化，导致在这种日益严峻的形势下，只靠自助、互助的措施来应对网络威胁越来越困难。因此，国家一方面要与各相关机构谋求合作，另一方面要从网络攻击者的视角出发，采取所有可能的手段构建全面的网络防御体制，从而降低国家整体风险并提高网络安全的韧性。

另外，国家不断检验应该防御的对象也尤为重要。国家安全保障相关信息，特别是国民个人信息、作为国际竞争力源泉的知识产权相关信息，这些都是国家应该重点保护的对象。通过网络攻击、非法窃取此类信息会对国民安全、安心以及正当的经济交易造成损害，因此国家也要从经济安全保障的角度来强化对此类信息的全方位保护对策。

（1）构建安全、安心的网络空间使用环境

在网络空间公共空间化及供应链不断深化的基础上，为了有利于通过各主体的自助以及共助提高风险管理，国家要以"设计安全"理念为基础，制定基础建设方针，同时官民一体致力于提高网络空间的可追踪性和可视化。在此期间，所有措施要在"确保信息自由流通"的原则下进行。

第一，构建基于网络安全的供应链管理。

为了针对供应链采取必要的风险管理对策，国家应基于能够符合网络和实体双方需求的安全对策框架，制定不同产业领域、跨产业的指导方针，并以此推动产业界网络安全对策的具体化和政策落实。

另外，国家要从中小企业、海外据点、客户等整个供应链的角度出发，对供应链内的信息共享、通报、适当发布等产业界主导的措施提供支援，以确保其自身能够控制可能发生的风险。

不仅如此，机器、软件、数据、服务等是供应链的重要构成要素，国家在构建框架以确保供应链各要素可靠性的同时，也要持续确保各要素在供应链上的可靠性。这就需要确保可追踪性，构建相应框架能够检测和防御那些有可能损害可靠性的网络攻击。

第二，运用 IoT、5G 等新技术和服务时，确保安全和安心。

在 IoT 迅速普及的过程下，为了实现安全、安心的 IoT 环境，国家要特别指定那些可能遭到网络攻击恶意使用的机器，并提醒注意。同时，基于"设计安全"理念，推进协同合作、方针制定、信息共享、推进国际标准化、开展脆弱性对策的体制建设，以实现安全的 IoT 系统。另外，在使用 IoT 机器和系统时，要结合物理安全和网络安全两个层面制定对策和措施，国家要融合这两种安全层面推动相应框架的制定和落实。

另外，国家要完善框架，以确保全国各地 5G 网络的网络安全，在确保网络安全的基础上推动 5G 系统的开发供给和引进。

此外，国家还要通过在自动驾驶、无人机、工厂自动化、智能城市①、

---

①　使用 ICT 新技术和利用官民各类数据，提供贴近每一位市民的服务，并通过在各个领域实现管理（计划、建设、管理、运营等）的高级化，解决城市、地区存在的各类问题，并不断创造新的价值。这是一个可持续发展的城市或地区，是 Society 5.0 先行实现的场所。

密码资产①、太空产业等新领域制定网络安全对策方针和行动规范等，确保安全和安心。

第三，从保护使用者的观点来确保安全和安心。

从确保使用者安心使用通信服务、参与网络空间活动的观点出发，应根据需要整理相关法令，探讨方案以确保具有更高安全性和可靠性的通信网络。

另外，围绕那些多数公共机关、企业及国民所使用的服务，从其作为社会基础（服务平台）的职能来看，国家应进一步推进包括供应链管理在内的网络安全对策。

（2）与新的网络安全负责人的协调

由于日新月异变化的技术以及服务的落实，网络空间日益高级化，服务提供者的主体也可能发生变化。鉴于此，国家应该经常性地把握网络空间中出现的新技术和新服务，从而对各个网络空间主体的相互影响程度和深度开展分析，创造一个每个主体都有责任确保网络安全的环境。

特别是云服务，正在成为网络空间中不可缺少的基础设施。例如，由于服务的设置不完备等因素，可能会发生使用者意想不到的事件。有时很难对该事件有清晰的认识，而且也会出现光靠自身力量无法使其正常化的事态。另外，云服务也存在使用时，多个使用者同时发生同样事件的问题。为此，为了让用户安心地将信息资产委托给云服务，国家应该发展那些可靠性高、开放且易于使用的高品质云服务。与此同时，在设计和开发那些政府机构和重要基础设施运营商等使用者使用云服务的信息系统时，应该与使用者、云服务运营商、系统受托运营商等相关人员展开合作，制定网络安全规则。如此一来，云服务的使用者可以根据自身的风险管理方针选择合适的云服务。除了能正确理解安全政策和责任分界外，还能在提供者之间构建即使发生识别偏差也能适当处理问题的关系。针对那些有效利用政府信息系统安全评价制度（ISMAP②）的云服务安全性可视化举措，国家应该将其由政府机构向民间广泛推广，进一步扩大那些已达到一定安全标准的云服务的使用。由于云服务很多是由外国企业提供的，也要推动

---

① 不是法定货币或法定货币计价的资产，而是用于偿还非特定者的代价或为非特定者提供法定货币交换等，实现电子记录和转移。

② Information Security Management and Assessment Program 的省略。政府信息系统的安全评价制度（通称：ISMAP）。作为政府信息系统中云服务的安全评价制度，从2020 年度开始运用该制度。

全球范围的合作。

在多层展开这些对策的同时，也要探讨根据需要进行打包处理，促进中小企业和地方使用者的网络安全，为日本社会全体构建安心安全的云服务使用环境。

（3）网络犯罪对策

基于网络空间日益向所有主体参与其中的公共空间进化，为了确保与实体空间一样的安全和安心，我们应该继续对那些恶意使用网络空间的犯罪者、为阻碍网络空间的可追踪性提供基础设施的恶劣经营者等进行揭发。

另外，为了应对那些恶意使用密码资产、暗网、SNS 等的犯罪，以及利用高端信息通信技术的犯罪，我们将在努力提高搜查能力和技术能力的同时，也要努力提高综合分析能力，以强化对网络空间威胁预兆的掌握、威胁技术的解析。

此外，在犯罪搜查等过程中，会发现许多被恶意使用、风险较大的基础设施和技术。要灵活运用相关信息，敦促基础设施运营商，官民联合预防网络空间犯罪的基础设施化。除此之外，还要从信息共享、信息分析、防患于未然、人才培养等角度出发，在推进官民联合应对网络犯罪的同时，推进每个国民自主采取应对举措。为了防止遭受网络犯罪侵害，我们应该与网络防范志愿者等相关机构和团体开展合作，推进网络安全宣传和启示。

同时，为了有效应对利用高端信息通信技术开展的网络犯罪，需要使用最新的电子设备，提高对非法软件解析的技术能力，提升综合分析能力以把握网络空间威胁预兆、解析网络威胁技术，进而强化信息技术解析态势。

在采取上述措施的基础上，为了改善与攻击者之间存在的非对称关系等环境因素，国家在参考其他国家所采取的措施的同时，也需要采取必要措施加强与相关企业的合作和国际合作等。另外，关于通信履历等日志的保存方式，要根据相关方针，推动相关经营者采取适当的措施。

为了确保这些措施有效实施，需要探讨警察组织内部网络部门所承担的司令塔职能，创建专门的实际网络部队，强化网络犯罪应对能力。

（4）全面发展网络防御

对于那些造成重要基础设施停止运行、窃取国民信息和知识产权、窃取金钱等动摇国民安全和安心的严重网络攻击，由于网络空间的相互关联和相互影响的深化，各个主体在应对网络攻击时的自助和共助的能力是有限的，而且难以把握其影响的整体情况，所以很难采取有效的防御措施。

因此，对于如此严重的网络攻击，国家应该集合"全日本"之力，从适当把握和分析信息到案件处理，以及后续为了防止再次发生、加以改善而制定规则，一体化推进综合网络防御政策。在谋求与相关主体合作的同时，有效利用现有所有能力和手段开展网络防御。

第一，强化承担全面网络防御综合协调的国家网络应急响应机构机能。

对于严重的网络攻击，国家将强化国家网络应急响应机制（CSIRT/CERT)）框架。该机制承担了综合协调的职能，旨在一体化推进相关举措，从收集、分析信息、调查、评价、提醒注意、处置，再到之后预防再次发生此类事件的相关政策立案和举措。具体来说，通过汇集应对网络攻击相关国家机关的资源和强化合作，以提高响应能力以及应对网络攻击的整体性和连动性。同时，通过加强与网络相关企业的合作，收集影响各个组织和领域的网络攻击事件的信息和初期反应情况，实现应对调整的迅速化。另外，可以通过与网络安全协议会①、网络安全应对调整中心②以及在国内外相关人员的联络合作方面具备充分的技术能力和专业知识、经验的专门机构加强信息共享体制合作，加强与海内外相关机关的合作，以推动官民间以及国际间的信息共享体制和响应协调的不断完善。此外，国家要立足所发生的网络安全事件，从中总结相关课题以及应注意的问题，对包括官民在内的相关人员进行综合协调，及时制定必要政策并采取措施，包括推动网络安全制度化等。

通过这些措施，可以实现从官民相关人员那里适当且迅速地收集信息，并强化对受害整体情况的迅速把握能力。与此同时，可以提高国家防御信息发布的诉求力和普遍性，加强对网络攻击特性和严重程度的掌握，根据各个领域的情况开展系统且细致的应对，从有助于提高防御实效的经

---

① 根据 2018 年 12 月成立的网络安全基本法部分修订法律（2018 年法律第 91 号），在 2019 年 4 月 1 日，为加强官民多样化主体间的相互合作，围绕推进网络安全举措展开协商而成立的组织。本协议会通过加强官方、业界等各种主体联合，推动有助于确保网络安全信息实现快速共享。其目的是预防网络攻击造成的危害，同时防止网络攻击损害扩大。

② 收集东京大会网络安全威胁及案件信息，提供给相关机关，同时在相关机关应对网络攻击案件时提供支援和协调的组织。设置于 2019 年 4 月 1 日。

营到现场应对水平，根据各种需求及时提醒并提供相关信息，加强全球合作以探索实现网络攻击的无害化等。此外，还可以通过灵活的综合协调，进一步推进政策的迅速制定，从而提高整个国家的全面防御能力。

第二，为切实实施全面的网络防御，实施环境整备。

国家应与相关省厅在以下方面展开合作、实施探讨：采取有效应对严重网络攻击的"积极的网络防御"① 措施，包括漏洞对策等；开展确保 IT 系统和服务可靠性和安全性的技术验证体制整顿；切实推进信息共享、报告、受害公开机制；开展控制系统事故原因查明机能的整备等。

（5）确保网络空间可靠性的措施

现在被发现的网络攻击大多是以窃取国民个人信息和作为国际竞争力源泉的知识产权信息为目的，国家应该从经济安全保障的角度出发采取全面的防护措施。

另外，IT 系统是支撑我国国民生活和经济社会活动的重要基础。由 IT 系统引起的事故，存在直接导致基础功能瘫痪的风险。因此，国家要从经济安全保障的观点出发，充分把握有可能导致任务及功能自发性损毁的网络空间漏洞，探讨确保其可靠性的相关对策。

第一，采取措施帮助那些拥有国民个人信息、作为国际竞争力源泉的知识产权相关信息的主体。

国家在保护个人信息免受网络攻击所采取的有效安全管理措施方面，应该及时且适当地提供信息，彻底贯彻相关政策。

另外，对于掌握或管理国民个人信息和作为国际竞争力源泉的知识产权信息的民间企业、大学等组织，国家应该采取措施加强网络安全的信息共享。

第二，基于经济安全保障的观点确保 IT 系统和服务的可靠性。

针对那些对我国国民生活和经济社会活动具有重大影响的重要基础设施所使用的 IT 系统、服务、业务合作及委托合同的形式，国家应该考虑到包括供应链风险在内的各类风险和应对方案，推进相关对策，包括制度研讨，以确保其安全性和可靠性。另外，推进必要的新技术开发。

由于我国和海外大部分的通信依赖国际海底电缆等基础设施，因此需要推进官民间以及国际间的合作，并确保其安全性、可靠性及冗余性，推进防护。

---

① 指与网络相关企业展开合作，事先对网络威胁采取积极的防御措施。

另外，国家在 IT 机器和服务相关的国际标准制定、促进安全性和可靠性等可视化标准制定以及评价措施上，也应该在考虑国际合作的同时予以推进。特别是在加强措施确保政府信息系统采购的可靠性（包括供应链在内），以及推进评价制度（ISMAP）的有效利用的同时，也要构建在技术层面检验 IT 系统和服务可信度的能力，为此在制定相关基准时，要力求从制度和技术两方面提高可靠性。

2. 确保与数字改革（以数字厅为司令塔）一体化推进的网络安全

为了实现"全民参与、以人为本的数字社会"，必须站在国民的角度，既要彻底提高便利性又要确保网络安全。因此，数字厅在制定国家、地方公共团体、准公共部门等的信息系统建设及管理基本方针（以下称为"建设方针"）时，也要指明网络安全的基本方针，推进政策的落实。

另外，数字厅从安全、安心使用数据的观点出发，要与相关省厅在以下方面展开合作，并从使用者的角度推进改革和普及。例如，共同管理 ID 制度（个人号码和法人编号等能够唯一特定识别个人和法人）、电子签名、商业登记电子证书等信息，围绕确保发信者真实性的制度进行计划立案。

此外，国家还应该运用 ISMAP 制度来支持云服务默认原则的实现，并立足运行状况开展制度的持续性评估，也要加强在民间的推广使用。

3. 支撑经济社会基础的各主体的措施（政府机构等）

各政府机构正在根据统一的基准制定安全对策的同时，通过基于该基准的监察、CSIRT 训练、研修，以及通过 GSOC① 监视不正当通信等措施，提高政府机构总体对策水平。各政府机构要推进社会整体数字化和网络安全对策，强化包括信息系统开发和构筑阶段在内的所有阶段的对策。

特别是那些各府省厅共同使用的重要系统，将由数字厅自行或与各府省共同建设、使用，确保稳定、持续地运行，包括确保网络安全。

另外，以新冠肺炎疫情为契机，居家办公和云平台被广泛运用，新的网络安全风险日趋显著。国家应该采取对策确保实现安全、安心的"新型生活模式"。特别是仅仅依靠以往的"边界型网络安全"已经无法应对网络攻击已经成为现实。因此，国家需探讨基于该现状的系统设计、运用、

---

① Government Security Operation Coordination team 的简称，政府部门信息安全监视和应急协调小组。通过设置在各机关的传感器对政府实施监视、分析和解析攻击、对各机关提出建议、促进各机关的相互协作及信息共享。有 2008 年 4 月开始运用的政府机构等的监视体制（第一 GSOC）和从 2017 年 4 月开始运用的独立行政法人等的监视体制（第二 GSOC）。

监视、案件处置、监察以及承担该职能的体制、人才模式。

另外，鉴于网络攻击日益复杂化、精妙化，有必要以近年来薄弱的海外据点和中小企业等委托方为对象，立足整个供应链采取措施以确保网络安全。因此，国家要根据企业规模等来评估其实效性，针对这样的新型威胁推进有效的网络安全对策。

具体来说，作为与"云服务默认原则"① 相适应的安全对策，国家要开展研讨，着眼扩大云服务使用而修订和运用政府统一基准群②，以及强化与云监视相符的 GSOC 功能。

另外，国家在切实运用第 4 期 GSOC（2021—2024 年度）的同时，也不能仅限于以往的"边界型安全"，还要以推进经常诊断、应对型的安全体系结构为目标，开展技术研究和修改政府统一基准群，从可能的地方率先引进，推动在政府机构的落实。同时，还要讨论 GSOC 的应有方式。

国家应该在行政领域强化供应链风险以及 IoT 机器和服务（包括控制系统的 IoT 化）的应对。

国家应从信息系统的设计、开发阶段就开始采取安全对策（认证功能、云服务的初始设定、脆弱性对应等）。

国家要通过安全监查、CSIRT 训练、研修等，维持和提高政府机构网络安全应对水平。

4. 支撑经济社会基础的各主体的措施（重要基础设施）

我国的经济和社会发展依赖于各种重要基础设施不断提供服务。鉴于重要基础设施之间相互依存性的提高以及供应链的复杂化、全球化，为了实现安全、安心的社会，确保网络威胁逐年攀升的重要基础设施网络安全，并提高其强韧性不可或缺。

在基本法中，既明确了重要基础设施运营商的责任和义务，也规定了国家围绕重要基础设施运营商的网络安全问题，需采取制定基准、演习及训练、共享信息及其他促进自主措施等必要政策。

以此为基础，与重要基础设施相关的各主体需认识到各自的责任和义务，官民一体，为实现牢固的重要基础设施而努力。

---

① 整理了政府信息系统中"云服务默认"的基本想法，即将云服务的使用作为第一顺位。

② 是提高国家行政机关和独立行政法人信息安全水平的统一框架，规定了确保国家行政机关和独立行政法人信息安全的基线和更高水准信息安全的对策事项。

（1）基于官民合作、推进重要基础设施防护

重要基础设施服务是国民生活和社会经济活动的基础。为了保证重要基础设施能够安全持续地提供服务，我们需要同负有防护重要基础设施职责的国家以及推进自主防护举措的运营商之间，官民共享通用的行动计划，并以此作为重要基础设施防护的基本框架持续推进。

围绕重要基础设施的网络威胁呈现高度化、巧妙化趋势。另一方面，重要基础设施各领域的系统利用形态也各不相同，各组织的威胁差异也在不断扩大。基于此种情况，以现行的重要基础设施防护依据"重要基础设施信息安全对策第四次行动计划"①为基础，重要基础设施领域应该作为一个整体，灵活应对网络威胁环境变化（包括威胁动向、系统、资产等）。为了实现这一目标，国家应该积极推动行动计划的修订，并以官民合作为基础，进一步加强重要基础设施防护。

在安全且持续地提供重要基础设施服务方面，数字技术发挥重要作用。确保网络安全，关系到经营的根本。在此认识的基础上，为在商业和安全之间保持平衡，为了适当采取先进的安全对策以切实实现上述重要基础设施服务，国家应进一步完善全面的信息共享机制，以便顺利地从重要基础设施经营者处收集信息，进而有效吸取各组织前期事例中得到的经验教训。另一方面，组织内部团结一致，对于制定和实施网络安全对策非常重要，因此国家应该加强体制建设，使得经营层领导能够不遗余力地发挥作用。

（2）支援地方公共团体

地方公共团体拥有个人信息等多种微妙信息，提供着与国民生活密切相关的基础服务。鉴于此，国家应基于国家和地方职责分工的基础上，对其实施必要支援，以确保地方公共团体的网络安全。

为了根据"地方公共团体信息安全政策指导方针"②，切实实施安全对策，国家要在人才培养、体制完善、确保必要预算等方面，向其提供支援。

---

① 作为重要基础设施防护的基本框架，制定了负责重要基础设施防护的政府和推进自主行动的重要基础设施经营者共同的行动计划，并加以推进。最近由于网络攻击带来的急速威胁不断高涨，着眼东京大会，基于能够提供安全且持续服务的"功能保证"想法，修改了第3次行动计划。

② 2020年12月总务省修订。作为各地方公共团体制定和修改信息安全政策的参考，对信息安全政策相关内容和考虑作了说明。

为了灵活应对新时代各种诉求，包括地方公共团体信息系统的标准化、行政手续的在线化、"云服务默认原则"下的云服务化、劳动改革和业务开展中引进居家办公等，国家需持续修订上述方针，推进必要的制度建设。

为了促进地方数字改革（实现数字覆盖），国家应根据"面向实现数字社会改革的基本方针"①，在建设方针中规定地方公共团体的网络安全方针。

关于与国民生活与国民个人信息密切相关的个人号码，国家要综合考虑便利性与安全性，强化对策，促进安全、安心的使用。

5. 支撑经济社会基础的各主体的措施（大学·教育研究机构等）

大学及大学共同利用机构等，由各种各样的成员构成，拥有多方面的信息资产和各种各样的系统。鉴于这种情况，国家在其自主性对策、合作体制构建、信息共享等方面对其提供积极支援十分重要。

为此，国家应该在网络安全指导方针的制定和普及、风险管理和事件响应相关研修、训练、演习的实施、事件发生时的早期响应等方面，向大学提供支援。同时，推进与大学之间在信息共享等方面的合作。

另外，对于那些拥有尖端技术信息的大学，国家应对其实施支援。包括强化组织整体实施的网络安全对策、保护该技术信息免遭高级网络攻击的必要技术对策、供应链风险应对对策。

6. 由多样主体开展无缝的信息共享和合作、灵活利用从东京大会中获得的知识

鉴于网络空间安全风险的提升，国家应提高对风险的感知度和恢复力，在时间、地理、领域等方面推进无缝的信息共享与合作，以便能够有效、即时处理网络攻击，确保在平时就能及时应对大规模网络攻击事态的能力。

另外，为了能够在国家整体层面有效应对新型攻击，作为国家网络安全响应机制（CSIRT/CERT）建设的一环，国家应该有效运用为东京大会准备的应对态势、运用经验、从风险管理举措中获得的知识、经验，不仅是在以大阪·关西万博会为代表的大规模国际活动中，还要在平时提高国

---

① 2020 年 12 月 25 日内阁会议决定。围绕数字社会的未来图景、IT 基本法重新评估的考虑、数字厅（暂称）设置的想法等内容，根据在数字治理部长会议下召开的数字改革相关法案工作组的讨论，指明了政府方针。

家网络安全整体水平。另外，国家通过东京大会而获得的知识和经验，也要通过适当的形式在国际上分享。

（1）按照各领域、各课题，推进信息共享和合作

基于网络空间各主体展开有机合作、构建多层次网络防御体制的思路，国家应与各主体展开紧密合作，完善和强化 CEPTOAR、ISAC① 等现有信息共享举措，并对建立和激活信息共享新框架提供支援。

（2）完善有助于全面网络防御的信息共享与合作体制

为了能够在国家整体层面应对网络攻击，作为国家网络安全响应机制（CSIRT/CERT）建设的一环，国家应推进网络安全协议会、网络安全响应协调中心、在和国内外相关人士联络协调方面拥有充分的技术能力和专业知识经验的专门机构等信息共享体制间合作，具体探讨与外部开展合作和协调的应有方式。

另外，在灵活运用为东京大会准备的应对态势、运用经验、从风险管理举措中获得的知识、经验方面，国家不能局限于支撑东京大会运营的运营商，还要对全国的运营商提供支援。从以大阪·关西万博会为代表的大规模国际活动到平时，不断提高国家网络安全整体水平。

7. 强化大规模网络攻击事态等的应对态势

网络空间与实体空间一体化日益发展，国家要考虑到网络事件影响的广泛传播并预测损害程度，在平时就要警惕大规模网络攻击事态的升级，不断强化国家整体的无缝应对态势。

另外，国家应充分利用领域和地区的共同体，努力强化网络攻击应对态势，同时，通过官民合作强化信息收集、分析、共享功能。

而且，国家及各主体可以通过官民合作等举措，培养并运用网络安全人才，以强化大规模网络攻击事态等的应对。

（三）为国际社会的和平稳定以及我国安全保障做贡献

我国周边安全保障环境越来越严峻。在我国享有的现存秩序中，不确定性也在急速增加。国家间围绕政治、经济、军事、技术的竞争愈发凸显，国际社会的变化呈现加速化、复杂化趋势。

网络空间也反映出地缘政治上的紧张局势，成为平时国家间竞争的场

---

① Information Sharing and Analysis Center 的缩写。收集网络安全相关信息，并对收集到的信息进行分析的组织。分析的信息在参加 ISAC 的会员之间共享，用于各自的安全对策等。

所。虽说当前网络空间形势还尚未达到"有事"，但是其呈现状态已经不是最早纯粹的"平时"。社会的数字化正在广泛且迅速地推进，其中蕴含着急速发展成为重大事态的风险。此外，利用网络空间展开扩大影响的工作、一些主体和受损情况都难以察觉的网络攻击，有时还会与军事行动相结合，以未达到"武力攻击"的形式尝试改变现状。特别是那些疑似有国家参与的网络活动。例如，俄罗斯为实现其政治和军事影响力开展网络攻击。另外，朝鲜也为了实现其政治目的和获取外币开展网络攻击。① 俄罗斯和朝鲜，还在持续发展和增强军队等各个部门的网络能力。② 另一方面，同盟国美国、那些拥有共同基本价值观的同志国，也在为应对网络威胁，加速网络部队能力建设，不断加强网络攻击的应对能力。③

在这一背景下，各国要认识到加强与同盟国、同志国合作的重要性。特别是针对那些疑似有国家参与的网络事件、围绕网络空间国际规则制定所产生的对立，我们正在和同盟国、同志国联合对抗。2021 年 3 月举行的日美安全保障协商委员会（以下简称"日美'2＋2'"）、日美外长会谈和日美防长会谈，都确认了进一步强化该领域的重要性。加上近年来安全保障范畴进一步拓展至经济、技术领域，针对技术基础和数据的竞争，也同样需要与同盟国、同志国联合对抗。

在这样的环境下，确保"自由、公正、安全的网络空间"，为维护国际社会的和平稳定以及保障我国安全保障做贡献的重要性正在进一步提高。为确保网络空间的安全与稳定，要将网络领域在外交和安全保障问题上的优先度提高至前所未有的高度。与此同时，要推进法律管控，提高对网络攻击的防御力、威慑力和态势感知力，进一步加强国际协调与合作。

1. 确保"自由、公正、安全的网络空间"

为了确保全球范围内"自由、公正、安全的网络空间"，我国要在国际舞台上传达我国的基本理念。另外，为了推进网络空间中的法律管控、

---

① 关于俄罗斯及朝鲜的网络攻击问题，参照 G7 首脑公报（2021 年 6 月）、G7 外交部长公报（2021 年 5 月），《联合国安全理事会朝鲜制裁委员会专家小组最终报告书》（2021 年 3 月）、美国国家网络战略（2018 年 9 月）、美国国防部网络战略（2018 年 9 月）。此外，在公安调查厅《网络空间威胁概况 2021》及警察厅警备局《治安的回顾与展望》（2020 年 12 月）中，有美国等国家对其他案件的文件，其指出俄罗斯以及朝鲜的军队、情报机关等参与其中。

② 防卫省《令和 2 年版防卫白皮书》（2020 年 7 月 14 日内阁会议报告）。

③ 防卫省《令和 2 年版防卫白皮书》（2020 年 7 月 14 日内阁会议报告）。

制定遵循我国基本理念的国际规则，我们将继续加强与同盟国、同志国之间的合作并发挥积极作用。

（1）推进网络空间的法律管控（制定有利于我国安全保障的规则）

为了维护国际社会的和平稳定以及我国的安全保障，推进网络空间的法律管控非常重要。

为了确保全球范围内"自由、公正、安全的网络空间"，要在国际舞台上传达我国的基本理念，为推进网络空间中的法律管控发挥积极作用。特别是在新冠肺炎疫情期间，医疗机构受到网络攻击的事件在很多国家屡见不鲜。为了威慑此类网络攻击，保护重要基础设施，推进网络空间的法律管控成为一个更重要的课题。我国要以联合国现有国际法同样适用于网络空间为前提，积极参与网络空间相关规范的制定实践，积极发表我国关于国际法适用的见解，进一步加强与同盟国、同志国之间的合作，以确保"自由、公正、安全的网络空间"。通过此类活动有利于维护我国安全保障、提高日美同盟整体威慑力，我们将积极参与国内外围绕网络空间国际法适用的讨论、普及规范制定的实践。

关于网络犯罪的应对对策，我们要灵活运用《网络犯罪条约》等现有国际框架，在推进条约普及化和内容充实化的同时，积极参与联合国关于新条约制定的讨论，进一步推进网络空间的法律管控和国际合作。

（2）网络空间规则的制定

G20 大阪峰会宣言，明确了在数字经济中促进"可信赖的数据自由流通（DFFT）"的必要性。《布拉格提案》① 中也提及了信任在 5G 安全中的重要性。由此可见，与同盟国、同志国展开合作的国际举措正在取得进展。此外，为了形成我国所追求的"自由、公平、安全的网络空间"秩序，互联网治理论坛等多利益攸关方的框架也正在进展中②。

另一方面，对于那些可能与现有秩序不相容的提案，我们将继续向国际社会传达日本的基本理念，并为制定符合我国基本理念的新的国际规则做出积极贡献。同时，为了使得国际规则制定及其运用，能够有利于维护国际社会的和平稳定以及日本的安全保障，我们将与同盟国、同志国以及

---

① 《布拉格提案》是 2019 年 5 月布拉格 5G 安全会议上议长的声明。

② G7 伊势志摩领导人宣言（2016 年 5 月 27 日）指出："我们的峰会旨在促进政府、民间部门、市民社会、技术共同体、国际组织等多利益攸关方能够充分、积极参与互联网治理。"

民间组织携手对抗那些妨碍健全的网络空间发展等企图改变国际规则的行为。

2. 提高我国的防御力、威慑力及态势感知力

我国周边安全保障环境日趋严峻。针对政府机构、重要基础设施运营商、拥有先进技术的企业和学术机构实施网络攻击，以及可能动摇民主主义根基的案例时有发生。其中，还有疑似有国家参与其中的案例。

鉴于此，为了维护我国安全保障方面的利益免遭网络攻击，重要的是，确保国家抵御网络攻击的强韧性，增强保护国家免遭网络攻击的能力（防御力）、威慑网络攻击的能力（威慑力）、把握网络空间态势的能力（态势感知力），并从根本上强化政府无缝应对的能力。

关于这些安全保障举措，内阁官房国家安全保障局负责整体协调。防御方面，以内阁网络安全中心为核心，无论官民，涉及所有相关机构和主体。威慑方面，涉及承担响应举措的府省厅。态势感知方面，涉及承担信息收集、调查的部门。所有部门日常展开密切合作，共同推进。如有必要，将在国家安全保障会议上展开讨论、做出决定。

此外，除了上述政府整体在安全保障方面的举措，防卫省和自卫队将根据《2019 年度以后的防卫计划大纲》（2018 年 12 月 18 日阁议决定），推进各项举措，从根本上加强网络防御能力。

（1）提高对网络攻击的防御能力

第一，任务保证。

政府机构负有维护和支撑国民生活和经济社会的任务，其机能瘫痪是安全保障问题上的重大担忧事项。政府机构的任务遂行，依赖于承担重要基础设施和其他系统运营商提供的服务。此外，这些运营商本身，也负有向国民和社会提供不可或缺服务的重要任务。

从任务保证的视角来看，必须持续推进政府机构和重要基础设施运营商的网络安全。围绕处理安全保障相关重要情报的网络，政府将进一步强化防护力度，包括降低风险。此外，为了保护自卫队和美军活动所依赖的重要基础设施及其服务，我们将切实推进自卫队和美军的联合演习。防卫省和自卫队将从根本上强化网络防御能力，包括强化网络部队体制等。

第二，保护我国先进技术和防卫相关技术。

我国安全保障方面的重要信息正在被人觊觎。必须进一步保护那些与我国安全保障密切相关的各类技术，包括降低风险。例如，太空技术、核技术以及其他先进技术等。特别是在防卫产业方面，我们将制定新的信息

安全标准，进一步加强官民合作，推进网络安全相关举措。此外，我们还将同那些支撑国家安全的重要基础设施运营商、先进技术和防卫相关技术产业、研究机构等相关运营商，进一步共享信息和威胁认知，并展开合作。

第三，滥用网络空间的恐怖组织活动对策。

网络空间是个人和团体自由交流信息、表达思想的场所，也支撑了民主主义。另一方面，必须防止恐怖组织出于传播激进思想、实施示威活动、诱骗民众加入组织、筹集活动资金等恶意目的利用网络空间。为此，我们将继续维护包括言论自由在内的基本人权，并与国际社会展开合作，打击滥用网络空间的恐怖组织活动。

（2）提高对网络攻击的威慑力

第一，有效的威慑措施。

以《联合国宪章》为首的国际法，均适用于网络空间。① 在网络空间，国家违反国际法的行为将由该国家承担相应责任，同时受害国在某些情况下，可以对加害国采取相应的反制措施和其他合法行动。此外，在某些情况下，网络攻击相当于国际法所规定的"行使武力"或"武装攻击"。②

在此基础上，为了威慑恶意主体行为、保障国民的安全和权利，日本平日将继续与同盟国、同志国开展合作，灵活运用政治、经济、技术、法律、外交等所有有效手段和能力，针对网络空间威胁采取坚决行动，包括那些疑似有国家参与的威胁。对此，2019 年日美"2+2"会谈确认，在某些情况下，网络攻击可以适用于《日美安保条约》第 5 条规定的武装攻击。此外，如受到攻击，我们将灵活运用妨碍对手使用网络空间的能力，同时采用包括谴责等外交手段和刑事诉讼手段加以反击。在刑事诉讼的案例方面，可以参考 2021 年 4 月警察围绕文件送审的案件展开的搜查。今后，我们将通过设置在警察系统内的机动部队等搜查部门，采取严厉的管制措施。

此外，网络攻击还蕴藏着迅速发展成为重大事态的风险。随着从平时、大规模网络攻击事态到武力攻击事态的无缝升级，我们将迅速采取应

---

① 2015 年联合国第四届政府专家会议报告书，确认了包括《联合国宪章》在内的现有国际法适用于网络空间。2021 年联合国不限成员名额工作组报告书，也对该宗旨进行了再确认。

② G7 伊势志摩峰会关于网络的 G7 的原则和行动（2016 年 5 月）。

对措施，并在 2021 年 3 月日美 "2 + 2" 会谈成果的基础上，继续保持和强化日美同盟的威慑力。

第二，建立互信的举措。

为了防止以网络攻击为始，恶化成意外事态，需要在国家之间建立互信。网络空间具有高度的匿名性和隐蔽性，具有不经意间加剧国家间紧张状态、事态恶化的风险。因此，为了防止偶发的或不必要的冲突，作为建立互信的举措，需要在平日建立国际联络机制，为跨境事件的发生预做准备。

此外，有必要积极推进基于双边和多边协商的信息交换、政策对话等，由此提高透明度，促进国家之间建立互信。我们将同各国展开合作，灵活运用网络空间问题的协调机制。

（3）增强对网络空间的态势感知力

第一，提升相关机构的能力。

态势感知力是防御力和威慑力的基础。为了威慑那些重大网络攻击和利用网络空间扩大影响的行为，除了加强响应能力外，还需要足够的探知、调查和分析网络攻击的能力，以便能够确定攻击者、向其问责。为此，我们将继续从质和量两方面提升相关机构的上述能力，充分利用相关机构全国范围的网络、技术部队和人员信息，进一步查明网络攻击的实际情况。

此外，我们将继续广泛研讨所有有效手段，例如培养具有高超分析能力的人才、开发和使用那些用以探知、调查和分析网络攻击的技术等。此外，我们还将推动反网络情报①相关工作。

第二，威胁信息共享。

为了切实应对多样威胁，例如疑似有国家参与的网络攻击和非政府组织实施的攻击等，我们将推动与政府相关省厅、同盟国、同志国之间的信息共享。此外，我们还将进一步完善以内阁官房为中心的政府内部威胁信息共享和合作机制。

3. 国际合作

在网络空间，事件的影响可以轻而易举超越国境，在其他国家发生的事件也有可能轻易地对我国造成影响。因此，各国政府及民间各个层次开展多层合作尤为重要。为此，我们将推进知识共享、政策协调、网络事件

---

① 使用信息和通信技术对抗外国谍报活动的信息防御活动。

相关的国际合作及能力建设援助。

（1）知识共享和政策协调

国际规则和技术基础之争愈发凸显。我们将强化多层国际合作框架，并加强与同盟国、同志国之间的合作。例如与美国及其他同志国缔结网络协议中的高层跨省厅双边协议、多边协议，内阁官房、各府省厅日常与各自的合作伙伴之间实施的实务性国际合作。为了实现"自由开放的印太"（Free and Open Indo - Pacific：FOIP），我们将在网络安全领域积极推进与美澳印以及 ASEAN① 之间的合作。

此外，我们将扩大民间信息共享的国际合作，拥有能够在国际舞台上发表我国立场的官民人才，并通过向国外派遣、参加国际会议等方式培养人才。同时，加强我国在网络安全政策等方面的国际信息发布，与别国分享我国东京大会经验，做出国际贡献。

（2）强化网络事件方面的国际合作

为了迅速响应网络事件、防止危害扩大，我们将在平时继续加强网络攻击相关信息（漏洞信息和 IoC② 信息等）的国际共享，探讨与其他国家联合发布信息。除了参加 CERT 之间的合作以及国际网络演习外，我国还将主导国际网络演习、构建互信以共同响应，力争成为信息的中心，提高日本在网络共同体中的国际地位。

（3）能力建设援助

在国际依存关系不断发展的当下，仅凭一国之力，无法保证我国的和平与安全。为了能够为我国安全保障做出贡献，在全世界范围内开展合作，降低甚至消除网络安全漏洞十分重要。从这样的观点来看，对世界各国发展网络安全能力提供援助，不仅可以保证那些依赖于对象国重要基础设施的当地日本人生活以及日本企业的运行稳定，促进该国健康利用网络空间，更直接关系到整个网络空间的安全，进而有助于改善包括我国在内的全球安全保障环境。

关于能力发展援助，其他国家也正在开展各式各样的援助。我国将秉持基本理念，根据展示了强化产官学合作、外交和安全保障举措在内的能力发展援助基本方针，与同志国、世界银行等国际机构、产学等多样主体开展合作，在全日本实施多层、战略性、有效率的援助。

---

① 东南亚国家联盟（Association of South - East Asian Nations）。

② IoC（Indicator of Compromise）。体现网络攻击痕迹的信息。

确保网络安全，不仅能够促进可持续发展目标的实现，也有利于确保网络清洁（cyber hygiene）。另外，我们实施能力发展援助，不仅限于人才培养、网络演习，还包括国际法理的理解和实践、政策形成、技术基准制定、5G、IoT 等构成下一代网络环境的领域。同时，积极在海外拓展网络安全业务①。

除上述举措之外，特别是对于 ASEAN 等印度太平洋地区，我们将基于此前能力发展援助的成果和经验，以及在地缘政治学方面的重要性，从根本上强化网络领域的外交、安全保障合作。

（四）跨领域举措

为了实现"提升经济社会活力和可持续发展""实现国民能够安全安心生活的社会""国际社会的和平稳定及我国安全保障"三个政策目标，作为其基础，从跨领域的、中长期的观点推进网络安全的研究开发、人才培养、普及启发十分重要。

此外，我们将遵照"同时推进基于数字改革的数字转型和网络安全""确保与公共空间化同步发展的网络空间的安全与安心""从安全保障角度强化举措"三个方向，积极推进相关举措。

1. 推进研究开发

一方面，在网络安全研究方面，立足威胁信息和用户需求，开展实践性研究开发是非常重要的领域。另一方面，有效推进实践性研究开发的大前提，是确保研究开发的国际竞争力、构建产学官生态系统。我们将从中长期、实践性等双重角度，推进相关举措。

此外，为了推进研究开发，顺应数字技术发展的观点至关重要。我们将关注中长期技术趋势，进行应对。

（1）强化研究开发的国际竞争力及构筑产学官生态系统

在网络安全研究领域，由于各领域研究人员的不断涌入，世界范围内的论文投稿量呈现急速增长态势，在国际合著、产学官合力撰写论文等方面非常活跃。随着数字运用和网络安全对策一体化程度不断加深，网络安全研究领域将与数字技术领域相结合，成为非常重要的研究领域。

我国的网络安全研究者不断增加。随着经济社会的数字化，对于网络安全对策和技术的社会诉求也在进一步提高。为了实现网络安全对策和技

---

① 《重要基础设施系统海外发展战略 2025》（2020 年 12 月经协重要基础设施战略会议决定）。

术的充实、发展和自给，我们将从中长期观点，鼓励研究和产学官合作，致力于提高研究开发的国际竞争力、构建产学官生态系统。

具体措施是，鼓励那些由相关府省提供的、能够成为科学理解和创新源泉的研究，灵活运用产学官合作政策。与研究共同体的自主发展相结合，强化重点研究和产学官合作。与此同时，改善研究环境，努力创造研究人员能够安心研究的环境。

为了构建横跨产学官的生态系统，各主体自发的努力不可或缺。我们将持续跟进并稳步推进相关举措。

（2）推进实践性研究开发

由于供应链风险的增大以及网络安全自给、人工智能、物联网的发展，有可能导致新的威胁发生。我国将基于上述课题认知，包括从安全保障的角度在内，按照以下方向推进网络安全实践性研究开发。

第一，为应对供应链风险，完善全日本的技术验证体制。

为了确认产品内没被植入非法程序和线路，需要从软件、硬件两方面，推进检测技术的研究开发和实用化。具体而言，我们将推进如下举措。例如，通过实际验证那些能够验证出 IoT 机器可靠性的高级服务，构建全面的验证基础；完善相关框架，以便能够整体、持续保证 5G 构成要素的安全；针对那些通过分析芯片的设计电路、观测各类系统和服务的运行来检测恶性功能的技术、以及能够实现安全的 Society 5.0 的验证技术，开展研究开发和实际运用。

在此基础上，我们还要关注国产技术研发以及在政府采购中的运用。同时，为了确保供应链整体的可靠性，政府共同完善相应推进体制，用以验证 ICT 设备和服务安全性的技术。

第二，为了培育和发展国内产业，推进支援措施。

以培育和发展网络安全产业为目标，我们将完善有效验证基础，以确保能够安心使用产品和服务；改善国内商业环境，创造出与中小企业需求相适应的业务；开展"种子技术"（seeds）和"社会需求"（needs）相关的商业匹配，促进市场展开。

第三，强化掌握、分析、共享网络攻击的基础。

网络攻击愈发巧妙化、复杂化、多样化，IoT 普及也造成了脆弱性的扩大。为了切实应对上述网络攻击威胁，我们将灵活运用人工智能等尖端技术，强化观测、掌握、分析网络攻击的技术以及信息共享基础。

具体而言，为了应对巧妙且复杂的网络攻击，以及针对今后全面普及的物联网实施的未知威胁，我们将推进网络攻击观测技术的高级化，这些观测技术应用了能够灵活应对广域暗网和攻击类别的"蜜罐"技术，同时推进研发基于 AI 技术的攻击行为分析自动化技术。此外，为了掌握、解析目标型攻击的攻击举动，并进行迅速应对，我们将推进网络攻击诱导基础的高级化，并扩大其应用；研究开发能够收集目标型攻击的具体行动、迅速检测和解析未知目标型攻击的技术。同时，为了精确掌握脆弱的物联网设备并制定相应安全对策，研究开发能够抑制通信量、提高通信精度的广域网络扫描相关技术。此外，积极构筑和共享那些有助于在国内收集、积累、分析、提供网络安全相关信息的知识基础。

第四，推进密码相关研究。

实用性大规模量子计算机的实现，有可能危及现有加密技术。因此，我们将推进抗量子计算密码和量子密码等先进技术研究，构建能够确保安全性的基础。另外，确立轻量密码技术，确保即使是在 IoT 等资源有限的设备中也能够进行安全通信。

具体而言，基于实用性大规模量子计算机的实现、物联网等的普及、新的密码技术的发展动向，我们将继续研讨关于密码技术安全性、可靠性和促进普及等问题。同时，还将讨论制定与抗量子计算密码、轻量密码相关的指导方针。此外，还将推动研发以下技术：一是运用了量子密码的量子信息通信网络技术，该技术可使窃听和篡改变得异常困难；二是将量子密码通信应用于超小型卫星的技术。

实施该战略期间，我们将在推进上述相关府省措施的同时，跟进相关府省在促进研究、产学官合作等方面的措施，并根据反馈实施检查以及进行必要的再整理。此外，推进研究开发成果的普及和应用，并作为其中一环，促进相关府省的信息交换，以期在政府机构中运用我国开发的新技术。

（3）将中长期技术发展趋势纳入视野

以"Beyond 5G"① 为代表的网络技术日益高级化。为了适应此类 IT 技术的发展，从中长期的视角紧跟技术趋势，推进研究开发至关重要。特别是，普遍要求要着眼于人工智能技术、量子技术等先进技术的发展进行应对。为此，我们将围绕相应技术发展，基于以下现状认知推进相关举措。

---

① Beyond 5G 指的是进一步提升 5G 的特有功能，附加能够持续创造新价值的功能。

第一，着眼于人工智能技术的发展。

近些年来，人工智能技术正在加速发展，其应用更是深入世界的每个角落，对广大产业领域和社会基础设施产生了巨大影响。人工智能与网络安全的关系，可以从使用人工智能的网络安全对策、使用人工智能进行网络攻击、保护人工智能本身的安全3个方面进行考虑。

首先，关于使用人工智能的网络安全对策（AI for Security）。实际上，使用人工智能技术的安全产品和服务，已经开始商业化。国家基于人工智能技术的综合战略，将继续支持那些使用人工智能的民间网络对策，并致力于在"预防""检测""响应"等各个阶段，灵活运用人工智能技术，以确立有效、精准的对策技术。

其次，从使用人工智能技术应对网络攻击的观点来看，为了避免进一步扩大攻击者相较防御方的非对称性，"AI for Security"相关举措十分重要。在这一点上，从攻击的视角获取知识，先发制人，提高安全措施的主动研究方法非常重要。

最后，关于保护人工智能本身的安全（Security for AI）。一般认为，我们尚未充分理解人工智能在安全方面的脆弱性。在学术层面，试图生成有可能引发机器学习错误识别的敌对样本相关研究，以及相应的防御研究，在国外越来越多。我国也将促进基础研究，并作为力争在5—10年实现的长期举措，继续推进技术课题的探讨。

第二，着眼于量子技术的发展。

量子计算机的发展，使得破解那些支撑现代互联网安全的公开密钥加密技术成为可能。国际上，也正在进行有关抗量子计算密码的讨论。我国也将推进抗量子计算密码等尖端技术研究，筑牢保障安全性的根基。

另一方面，即便是抗量子计算密码也有被淘汰的风险。各国在意识到这是与安全保障相关的重大威胁的基础之上，加快了能够从原理层面确保安全的量子通信、密码等研究开发。我国也将基于量子技术相关综合战略，从保障国家及国民的安全和安心、强化产业竞争力等角度出发，将其作为保护重要情报的手段，致力于研究开发那些具有机密性和完整性，且着眼于市场化、国际竞争力较高的量子通信和密码技术，并推进相关技术的事业化和标准化。

除上述几点之外，我们将从中长期视角看待"Beyond 5G"等新技术发展趋势，持续探讨国家今后应该大力推进的技术课题。

2. 人才的确保、培养和激励

在网络攻击逐渐复杂化、精妙化的当下，企业在确保事业继续的同时，为创造新的价值，网络安全领域的人才培养不可或缺。虽然针对我国网络安全领域人才不足问题的评论由来已久，但是另一方面，官民正在共同推进相关举措。例如，为了培养实务者层和技术者层，推动资质认证、考试、演习、再教育等。基于上述现状认知以及旨在实现数字化的举措拓展，官民有必要从"质"和"量"两方面进一步强化举措。

此外，为了综合推进数字化及相应威胁，重要的是创造一个网络安全人才无论男女都能够凭借多样的视角和优秀的想法发挥才能的环境，从而形成能够吸引肩负下一时代使命的优秀人才的良性循环。因此，我们将按照环境变化，重点推进符合以下政策目的相关举措，努力完善优秀人才能够在民间、自治体、政府之间自由流动、不断积累经验的环境。

（1）完善"同步推进数字化及网络安全"所需人才环境。

为了在社会整体层面实现 DX with Cybersecurity，重点在于，随着企业和组织内部数字化的发展，增加网络安全人才和工作岗位的需求，同时响应年轻人和社会的要求，通过人才流入和恰当的人才匹配，增加网络安全人才和工作岗位的供给，并通过双方联动形成良性循环。

确保面向实务者层、技术者层的人才培养计划的"质"和"量"自不必说，从企业、组织内的功能构筑、人才流动性及人才匹配的观点来看，如果不能完善网络安全人才发挥才能的环境，就会陷入恶性循环，经济社会的数字化进程也会产生不确定性。

为此，经营层自不必说，企业和组织内推进和参与数字转型的各类人员，不应把数字化和网络安全对策当成是他人的事，而应该认识到，这是支撑业务和收益核心的基本事项，必须同时达成。推进经营层意识改革，完善能够充实必要素养和基本知识的环境非常重要。

第一，完善能够充实"Plus Security"知识的环境。

为经营层、特别是企业和组织内部推进 DX 的管理人才，以及其他未必具备 IT 和网络安全专业知识和业务经验的人才补充"Plus Security"知识，以确保他们能与内外网络安全专业人才展开顺畅合作。这对于在整个社会层面推进"DX with Cybersecurity"至关重要。与此同时，采取相关措施以确保相应人才也很重要，这些人才能够根据管理层的方针制定对策、并对实务者层、技术者层实施指导。通过上述举措，充实"战略管理层"。

然而，那些与 IT 素养和"Plus Security"知识相关的培训、研讨会等人才培养项目，未必会在全社会普及。因此，作为改善环境的一部分，我们将响应人才培养项目的供需双方要求，努力构建并发展人才市场。

从需求的角度来看，在推进"DX with Cybersecurity"的企业和组织内，对于此前未必具备专业知识和工作经验的人才（包括管理层人员在内）而言，今后为了涉足数字化领域，充实 IT 素养和"Plus Security"知识的必要性越来越大，潜在需求也非常大。因此，对于各类企业和组织来说，呼吁职员参加培养项目、为职员提供研修机会十分重要。国家、相关机构和团体应率先行动，引导企业和组织采取相应措施。

此外，国家提供人才培养项目的相关机构、企业和教育机构，将在提供具有先导性、基础性项目的基础之上，通过在门户网站上列举符合政策主旨的项目等方式，对外积极宣传政府及民间所做的各种努力，力求向企业、组织等需求方展示供给方能够提供高质量的人才培养项目。同时，有效运用各种手段，促进人们加深对于法律条文的理解，以便开展与专业人才的合作，进而推动政策落实。

第二，企业、组织内部机能建设及人才流动、人才匹配相关举措。

今后，业务的数字化、产品接入互联网、数字服务的开发以及与其他服务的合作，都会继续增加。因此，需要进行迅速、灵活的开发和响应，并对新风险实施监控和处置。特别是对于前者的实践而言，"设计安全"这一思路的重要性将进一步凸显。在企划部门、开发运用部门、企业和组织内的安全机能之间展开合作将愈发重要。然而实际上，为构建及普及上述机能，可参考的先例和人才储备还远远不够。

在灵活运用人才方面，受新冠肺炎疫情影响，雇佣环境发生了很大变化，对于劳动时间的管理变得更加明确。由于这些变化，今后兼职、副业等更为灵活的雇佣形态将越来越多。此外，根据数字改革动向可以预见，今后国家机关、地方自治体，在包括行政业务改革在内的数字化业务方面，人才需求将变得越来越大。为了能够在整个社会同步推进"DX with Cybersecurity"，应该以劳动及雇佣形态多样化、数字改革为契机，改善相应环境，以提升 IT 和网络安全人才的流动性和匹配机会。

因此，在考虑上述动向和人才不均等问题的同时，为了促进企业、组织内部的机能构筑以及 IT·网络安全人才培养实践，我们将结合人才需求的实际情况，依据真实案例实施普及教育，引导其灵活使用作为参考的指南资料，收集和整理企业和组织内能力建设和人才发展的先进事例，通过门户网站积极宣传，提供再教育的机会。

除此之外，针对地方、中小企业的网络安全人才显著不足的问题，我们将在地方开展"共助"，促进与产业界和教育机构合作，构筑生态系统，为实践活动提供可参考的经验和网络。

（2）应对巧妙化、复杂化的威胁

巧妙化、复杂化的网络攻击越来越多。伴随供应链复杂化、全球化而出现的风险也在不断增大，还出现了以控制系统为对象的网络攻击，培养那些拥有实际应对能力的专业人才会愈发重要。

为了培养实务者层和技术者层，政府和民间都实施了许多举措。例如，建立并完善资格认证制度、针对年轻人开设项目、针对控制系统相关实务人员开设项目、提供演习环境、鼓励进修等。在应对近年各种威胁的同时，无论男女，无论学历，我们还将吸收多样的观点和优秀的想法，进一步加强相关举措，以培养拥有实际应对能力的人才，开发和改善内容。

与此同时，我们将在整个社会构建培养网络安全人才的共同基础。为了促进教育机构和教育从业者能够开展相关演习项目，我们将在保证讲师质量的同时，向产业界及学术界开放。

此外，我们还将立足促进人才活性和人才匹配的角度，大力宣传各类人才的先进事例，鼓励那些参加过项目的人员组建共同体、相互交流，灵活运用资格认证制度，推进自卫队、警察等公共机构的专业人才培养。

（3）政府机构举措

从鼓励 IT 和网络安全人才活性的角度来看，创造一个优秀人才能够在各府省厅、地方公共团体、民间企业以及独立行政法人之间自由流动、积累经历的环境是非常重要的。① 基于上述考虑，我们将强化利用外部高级专业人才的机制，积极录用在新设立的国家公务员考试中"数字类别"的合格者，并根据基于数字化发展，旨在充实和强化研修制度的具体方针，政府机构整体强化相关举措。

特别是，为了应对高水平网络犯罪和安全保障问题，不仅要灵活运用外部高级专业人才，还要在政府机构内部独立培养高级专业人才。

3. 通过全员参与、开展合作和普及宣传

随着网络空间和实体空间逐渐融为一体，网络攻击也变得更加巧妙复杂。与实体空间的防止犯罪对策和交通安全对策一样，作为网络空间中的公

---

① 也体现在《为实现数字社会改革的基本方针》（2020 年 12 月 25 日内阁决议通过）中。

共卫生活动，每个国民形成对于网络安全的深入认识和理解，并在平时实施基本举措，能够应对各种各样的风险是不可或缺的。为了具备网络素养、能够凭借自己的判断保护自身免受威胁，官民一体开展普及和宣传活动十分重要。

此外，最重要的是各类相关人员在履行好自身职责的基础之上开展合作。其中，国家的任务是尊重地方、企业、学校等各类共同体的自主活动，构筑起并努力维护好社会各界能够相互协作的机制。

在这样的认识之下，为了确保产学官民各界相关人员顺利且有效地开展活动，制定"全员参与协同合作"的具体行动计划，重点针对地方、中小企业及年轻群体推进相关举措。本战略提出"全民网络安全"（Cybersecurity for All）理念，即"全员"自觉履行各自职责、推进网络安全。今后，随着数字改革不断推进，预计参与到网络空间中的阶层会逐渐扩大。因此，不仅要切实推进上述行动计划，还要跟进落实情况，并采取相应的改善措施。同时，针对老年人的应对举措等问题，还将研讨修订行动计划。

此外，特别是根据远程办公的增加、云服务的普及等近些年人们及企业活动的变化，我们正在完善指导方针和各类说明资料。另外，围绕信息发布及普及宣传的应有状态（内容），我们也将采取必要应对措施。

五、推进体制

本战略中，政府致力于同步推进数字改革与网络安全。① 通过确保网络安全，保护我国国家安全保障于万全②，是我国政府一直以来的方针。

根据我国网络安全政策，为了能够创造一个"自由、公正且安全的网络空间"，建立政府一体的推进体制至关重要。网络安全战略本部（以下称为"本部"）基于基本法所制定的相关举措，其目的在于为数字厅主导推进的数字改革做贡献，以及进一步强化相关机构的应对能力及合作，从而使公共机关能够高效利用有限的资源，发挥相应职能。其中，内阁网络安全中心作为本部的事务局，负责各府省厅间的综合协调、促进官民合作，作为核心发挥主导作用。

---

① 《为实现数字社会的重点计划》（2021 年 6 月 18 日内阁决议通过）。
② 《国家安全保障战略》（2013 年 12 月 17 日内阁决议通过、国家安全保障会议通过）指出，网络空间是通过信息自由流通推进经济社会和创新发展所必需的场所，网络空间防护从保障我国安全于万全的角度来看，是不可或缺的。

本部将与计划新设的数字厅一起，在制定建设基本方针等方面开展紧密合作。① 并且，在危机管理方面，也将进一步强化合作。本部将视情与重大反恐对策本部等应急管理机构开展信息共享及合作。针对安全保障相关问题，与国家安全保障会议密切合作，并在内阁官房国家安全保障局的统一协调下，相关省厅开展合作。

本部将积极应对不断变化的网络安全风险，制定符合各方期待的具体措施；充分理解国际合作的重要性，为了面向攻击者收获威慑效果，并加深各国政府对于我国立场的理解，与各府省厅展开合作，积极向国内外相关人士宣传本战略。

本部将按照本战略指出的方向，制定经费预算方针，确保并落实政府必要的经费预算，从而使各府省厅的政策能够得到切实有效的落实。此外，为了强化信息搜集和分析职能以及快速检测、分析、判断、应对网络攻击的一体化循环功能，探讨所需体制。另外，为了能够从国家整体对网络攻击进行全面应对，本部将推进完善国家网络安全响应机制（CSIRT/CERT）。

今后，为了切实推进本战略，在 3 年的计划实行期间，本部将在制订年度计划的同时，验证政策落实情况，形成年度报告，并反映在下一年度的计划当中。综合研讨年度计划和年度报告，并按照本战略的事项，整理上一年度本战略的实际取得成果、评价、下一年度的措施等内容。

---

① 根据数字厅设立法（2021 年法律第 36 号）附则第 43 条规定，将数字大臣编入网络安全战略本部成员。

附录三 日本《网络安全国际合作举措方针》

2013 年 10 月 2 日

信息安全政策会议

一、主旨

伴随信息通信技术的普及、高级化和使用，信息通信已经成为社会、经济、文化等所有活动的基础，信息通信技术发展带来的网络空间已经成为支撑国家发展的重要平台。另一方面，随着对信息通信技术的日益依赖，网络攻击方法的复杂性和精细化以及攻击对象范围的扩大，使现实空间的行政功能和社会功能陷入瘫痪的情况也成为现实，网络威胁变得越来越严重。网络空间跨越国界不断扩展，各种主体的使用急速扩大，随之而生的风险也不断扩大、扩散、全球化。如今，网络威胁作为世界共同面临的紧迫问题日益凸显。

为了使世界各国在网络空间中共存并充分享受利益，各国必须相互认识到不同的价值观，并建立信任关系，共同努力解决问题。为此，日本将大力促进与其他国家的积极合作与互助，以确保安全可靠的网络空间。特别是，日本在信息通信基础设施建设方面已达到世界先进水平，随着信息通信技术的使用，日本已经面临众多网络威胁。在此背景下，为了确保网络安全，政府多次制定和修订战略、年度计划、各领域的举措方针等，并根据这些战略，产学官等主体相互合作解决问题。日本已经拥有丰富的经验和足够的知识，可以为世界做出贡献活用这些优势，推进国际合作的举措是日本的使命。

本举措方针，根据 2013 年 6 月制定的《日本再兴战略》和《网络安全战略》，整理出日本在网络安全领域国际合作和互助的基本方针和基于此的重点举措领域，并将其作为一个整体展示给国内外。日本将根据本举措方针，在产学官等国内所有网络安全领域主体基本共识的基础上，促进与世界各国的有机合作关系，为构建确保信息自由流通的安全可靠的网络空间做贡献。

二、基本原则

（一）确保信息自由流通

网络空间通过所有主体的自由使用，已经发展成为社会经济发展的基础。过度的管理和监管，可能成为损害网络空间的便利、阻碍社会经济发展的因素。因此，通过确保开放性和互操作性而不进行过度管理或监管，维护和发展能够确保信息自由流通的安全可靠的网络空间不可或缺。其结果是，言论自由和具有活力的经济活动得以确保，世界各地能够享受到诸如促进创新、经济发展和解决社会问题等各种好处。

（二）全新应对严重化的风险

网络威胁正变得愈发严重。面对扩大化、不断扩散、全球化的风险，继续延续迄今为止的对策和举措，已经无法充分解决。如果网络空间容易受到网络威胁，网络空间的活动可能会受阻，从而难以确保信息的自由流通。因此，除了迄今为止的对策和措施之外，还需要通过国际合作建立一种新机制，以便能够适当应对信息通信技术创新所带来的风险。

（三）以基于风险的方式强化应对

事先完全阻止网络攻击是理想状态，然而随着网络空间的拓展、网络威胁的巧妙化和高级化，实际上变得非常困难。在这种情况下，以发生一定的风险为前提，及时适当地分配资源，各国合作迅速加以适当应对，迅速恢复，防止损害蔓延是应对网络威胁的更具现实性的举措。因此，采取以风险为基础的方式，迅速且适当地把握不断发生变化的风险，构筑能够切实实施基于风险性质的动态响应体制，是国际上的要务。

（四）基于社会责任的行动和互助

随着网络空间的扩展，各种各样的主体正在享受网络空间带来的好处。其结果是，网络威胁在各种主体中成为现实，威胁广泛传播。在这种情况下，重要的是每个主体主动采取行动，例如采取措施确保自身网络安全，同时将"网络空间卫生"作为整个社会参与网络威胁的预防措施。因此，全球跨境形成的网络空间中的所有主体（利益相关者）必须根据各自社会地位发挥作用，并相互合作和互助。

三、基本方针

（一）渐进式促成全球共识

网络空间是通过政府、企业和个人等各种主体的使用得以发展，其活力则通过不同文化和价值观的国家共存而得以提升。因此，重要的是加强国际合作以确保网络安全，认识到网络空间中存在着不同的主体和价值观，并最大限度地享受网络空间的好处。在认识到多样性的同时，必须促进全球共识。与网络安全相关的问题涉及范围广泛，从社会经济方面到安全方面，从易于解决到难以解决，包括促进共识的程度、可参与的主体的范围，等等。因此，有必要在认识到各种价值观的同时，从可能的地方入手逐步建立共识。在推动这些举措之时，我们将利用双边、多边、区域框架、联合国会议等其他所有场合。

（二）日本对国际社会的贡献

日本在全国范围内建设了包括光纤网络和高速无线网络在内的世界顶级信息通信基础设施，促进了各年龄主体对网络空间的使用。因此，日本率先面临着严重的网络安全问题。与此同时，公共部门和私营部门等相关主体展开合作，采取各种各样的措施来解决这些问题，并取得了一定成果。我们将灵活运用日本的丰富经验和先进知识，为全球更有效地解决问题做出贡献，例如积极推动全球能力建设活动，包括支援人才培养、事件响应体制和信息共享体制的构建等。

（三）在全球扩大技术前沿

为了切实应对那些随着信息通信技术高级化和使用范围拓展而产生的新风险和网络攻击的高级化和复杂化，我们应该尽可能使用先进技术以解决问题。在这一点上，日本在应对网络威胁的技术方面积累了广泛的知识和经验，包括网络安全对策技术的开发及其实用化举措等。

因此，重要的是切实持续推进能够安心利用网络空间的技术开发，在全球范围内扩大技术前沿，扩散廉价而先进技术的效用。此时，虽然由于使用方式的不同，信息通信技术有可能成为风险的诱因，但重要的是我们应持续开发和使用该技术，而不是阻止技术开发，管制那些有可能被滥用的技术。

四、重点举措领域

（一）动态应对网络事件的实践

在实施以网络事件发生可能性为前提的基于风险的举措时，必须在应对不断变化的风险的同时，将事件的影响降到最低，应对网络空间的拓展，迅速实施全球性的应对是不可或缺的。网络威胁现实化，构建国际合作与协调机制是当务之急。这一机制将有助于各国相互合作，迅速把握网络事件的发生，准确分析其影响，并在此基础上防止进一步损害、促进早期解决、研究其原因和预防类似事件等方面做出动态响应。

1. 强化多层次信息共享体制

针对影响能够瞬时扩散至全球的网络事件，构建动态响应体制之时，重要的是建立一个全球信息共享体制，使响应能够基于国际信息和对策共享。

网络空间由各种主体参与，并讨论对策，为了对瞬息万变的形势做出快速、准确的判断，广泛的信息来源十分有益。因此，在信息共享方面，构建多层次的信息共享体制，包括技术、执法、政策、外交等多个层面，具有重要意义。

具体而言，重要的包括与计算机安全事件响应小组（CSIRT）展开合作，CSIRT 负责网络事件的探测、分析恶意软件和 IP 地址并采取实际处置等运用层面的课题解决；与负责行使调查权、防止进一步损害的执法机构展开合作；在政策层面展开合作，以便迅速了解事件的全貌和必要的政策反应；在外交层面的信息共享，以避免当事者在无意当中升级为冲突以及与从事前沿技术研发的科研者之间展开合作。

因此，我们将在平时开始积极推动建立多层次的全球信息共享体制，以保证在网络事件发生时多层次信息共享体制能够发挥适当效能。

2. 恰当应对网络犯罪

我们必须强化国际合作，以有效应对容易跨越国界的网络犯罪。

具体而言，日本将继续通过 G8 罗马/里昂组织高科技犯罪小组和亚洲、大洋洲地区网络犯罪搜查技术会议等平台，与外国执法机构交换网络犯罪和解析技术相关信息；向海外派遣人员，交换最新的网络犯罪搜查方法相关信息，加强与海外搜查机构的合作；积极邀请外国搜查机构进行搜查互助。此外，我们还将积极促进《网络犯罪条约》缔约国的增加，开展网络犯罪对策相关的能力建设活动，借此积极参与《网络犯罪条约》的普及，为形成打击网络犯罪领域的国际规范和促进国际合作做出贡献。

此外，我们将积极采取措施，强化合作以便更迅速地对网络犯罪事件做出反应。例如，从日本派遣人员担任国际刑警组织全球创新综合机构（IGCI）的第一任总局长，该机构在新加坡设立，以完善国际刑事警察组织事务总局。

3. 确立网络安全合作体制

从国家安全的角度也可以看出，网络空间是一个实施信息搜集、攻击和防御等多样活动的与陆、海、空、天并列的全新"领域"。积极推进国际合作、建立合作体制，对维护网络空间的稳定使用至关重要。

具体而言，我们将积极参与网络空间使用国际规则制定；通过双边协议和对话以及东盟区域论坛等区域框架进行对话和交换信息以建立信任措施；推动能力建设，不使国际社会任何地区容易受到网络安全威胁等。

鉴于与同盟国美国的合作对日本的安全具有极其重要的意义，我们将加快推进两国间的各层级协商。例如，日美防务部门召开的日美 IT 论坛、日美相关省厅召开的日美网络对话等。未来，我们还将密切围绕网络威胁相关信息搜集以及交换应对网络攻击相关的最佳实践等方面实施信息共享，进行更具实践性的联合训练，在强化体制方面展开合作以确保两国防务当局通用系统的安全性，进一步强化与美国的合作、提升日美安保体制的实效性、提升威慑力。

此外，鉴于网络空间不断向全球扩展，为了积极推进与相关国家和国际组织的合作，我们未来还将通过各级别协商，围绕信息共享和相关举措交换意见，同时推进相互理解、建立信任，积极构筑全球网络安全合作体制。

（二）提升"基础能力"为动态应对预做准备

针对网络事件，为了通过国际合作和互助实施动态响应，各国都要有使之成为可能的足够的"基础能力"，即各国都要具备基本能力和应对体制。考虑到网络空间的全球性，必须在全球层面提升网络安全标准的下限，在网络空间这一循环中减少脆弱节点。

这些举措的结果，也应该对在网络空间进行的恶意活动产生威慑作用。

1. 支援构建全球净化活动体制

针对网络事件各国相互合作实施动态响应的基础，是各国检测、分析和应对网络事件的机制。应对网络事件的全球化，也必须在全球层面建立这一体制。

因此，我们将灵活运用日本经验，支援 CSIRT 建设和运用能力开发，并为僵尸病毒消除对策、恶意网站检测和恶意软件对策、重要基础设施网络安全相关信息共享机制提供经验。

特别是日本在支援亚太和非洲等广泛地区建立 CSIRT 方面具有丰富业绩，关于控制系统构建 CSIRT 方面也有经验，近年来这方面的经验变得越来越重要，我们将在这些经验的基础上扩大支援。

自 2006 年以来，日本一直领先于世界其他国家，与互联网服务供应商（ISP）合作，实施网络型僵尸病毒感染对策。僵尸病毒感染率大幅下降，成为发达国家的榜样。今后，我们将继续与 ISP 合作，开启新的举措，例如建立数据库储存恶意网站信息、向访问这些网站的用户发出警报等。我们还将积极提供通过上述举措获得的知识。此外，我们还将通过多国间的 CSIRT，推进消除僵尸病毒的举措。

重要基础设施系统是我们社会经济活动的基础，因此从安全角度来说需要高度的安全性。在日本，我们正在构建抵抗网络攻击方面具有高度安全性的重要基础设施系统。在为关键基础设施系统的建设提供支援时，日本也将提供上述网络安全方面的出色措施。

在构建净化活动体制时，重要的是要有指标，通过这些指标可以定量评估每个国家的网络攻击和网络安全举措。日本将针对经济合作与发展组织（OECD）和其他组织拟订和衡量这些指标的举措，提供积极协助做出贡献。

2. 推进启发活动

为确保妥善应对网络事件，相关主体必须了解网络安全和具备基本的应对能力。例如，负责事件响应的操作级和策略级管理人员需要具备一定能力，所有主体都需要具备一定程度的安全意识和能力。日本一直利用高素质人员和先进的技术设施，持续开展各种能力建设和提高意识的活动，积累了足够的知识和经验。

因此，日本将利用该经验，积极参与在世界各地传播能力建设和提高认识活动，为提高国际网络安全水平做出贡献，例如针对政府和企业网络安全负责人和 CSIRT 负责人开展网络安全培训等。

特别是日本每年 10 月都会举行提高网络安全意识的国际活动。日本将与开展类似提高认识活动的国家密切合作，并呼吁在全球层级扩大该活动。

3. 通过国际合作加强研发

为了应对高级化和巧妙化的网络威胁，实施技术对抗时必须开发出更加高级的对抗技术。

因此，为了开发出能够切实应对网络攻击的高级对抗技术，将各国的技术优势有机地结合起来，加以发展，是有效的方式。日本将通过国际合作，积极推动研发。

同样重要的是，迅速将开发出的对抗技术付诸实践，并将其用于对网络事件的动态响应和支援净化活动体制的构建中。

特别是日本正在推进 PRACTICE（通过国际合作交流积极应对网络攻击）项目，与其他国家合作建立网络，用以搜集网络攻击、恶意软件等信息，研发和实验能够预测网络攻击并提供即时响应的技术。日本将进一步扩大该项目的伙伴，为全球范围内提高网络攻击的预测和反应能力做出贡献。

（三）制定网络安全国际规则

在网络空间，不同价值观、不同制度的国家并存，且被不同的主体以不同的方式使用。为了最大限度地享受网络空间的便宜，重要的是确保网络空间的稳定使用。必须强化中长期计划，同时针对利用网络空间的各种活动制定国际规则。

1. 制定国际技术标准

随着网络安全系统在国际上的交易日益频繁，旨在确保互操作性和安全水平的技术标准越来越重要。

因此，在各种国际标准化的进程中，制定和推广网络安全技术国际标准，建立相互认可框架十分重要。在这方面，官民合作必不可少，因为企业和其他主体是在其商业活动中实际使用这些标准的主要行动者。

日本于 2013 年建立控制系统安全中心（CSSC）。我们将以 CSSC 为基础，确立控制系统安全的评价和认证技术，设立一个旨在促进该技术使用的评价和认证组织，并将以参加 CSSC 的企业和团体为中心，提出使用 CSSC 的新的国际标准。此外，作为网络安全对策的一环，日本将积极推动采购共同标准承认协定（CCRA），这是一个相互承认认证的国际框架。此外，日本还参与了国际电信联盟（ITU）网络安全信息交换框架（CY-BEX）的制定，并将继续与其他国家合作推动这一活动。

关于云服务，日本正在国际标准化组织（ISO）和国际电联牵头开展云安全的国际标准化活动，以便安全可靠地使用云服务；在积极促进迅速采用国际标准的同时，日本还将同国内外的企业共同推进制定和普及具体的应对手册，并共享借此获得的知识。

值得注意的是，尽管确保网络安全十分重要，但优先使用本国技术而排斥国外最先进的安全技术，有可能会降低该国安全。因此，日本将本着相关国家共同繁荣的精神，在兼顾透明度和公平性的前提下，寻求与国际贸易规则的一致性，以避免监管过度。

2. 制定国际规范

为了最大限度地享受网络空间的便宜，确保网络空间的稳定使用十分重要。全球正在努力制定网络空间使用国际规则。例如，联合国大会第一委员会成立的政府专家会议（GGE）于 2013 年 6 月发布报告，其中提及国家使用信息通信技术的规范。日方将继续为这一全球性努力做出积极贡献，并将利用各种场合表达我们的基本思想。

具体而言，关于国家信息通信技术的使用规范，鉴于网络技术的快速发展，我们认为针对使用网络空间的各种行为，迅速制定法律上没有约束力的软规范更为现实，不为过度的国家控制创造空间。日本的立场是，针对使用网络空间的行为，现行国际法自然适用，《联合国宪章》和国际人道主义法等法律自然适用。考虑到信息通信网络技术的特点，日本将进一步深入研究，具体的法律规范如何适用于某些具体行为。上述联合国政府专家会议制定报告书，日本也作为参加国积极做出贡献；国际法适用于网络空间行为这一点得到明确，未来还将就如何将现有国际法适用于网络空间行为的具体问题，展开国际性讨论。

另一方面，鉴于网络威胁已成现实、很难确认攻击主体等情况，重要的是提高每个国家和地区的网络行为的预测可能性，促进建立信任举措，以避免因误认攻击主体造成当事者在无意识的情况下升级为无法预料的事件。日本将继续积极推进与各国建立信任的举措，例如发布各项战略、加强 CSIRT 之间的合作、建立信息共享体制等。

目前正在努力建立网络安全政策框架，重点放在社会和经济层面，例如修订 OECD 的《信息系统和网络安全指导方针》。这些努力也构成了国际规则制定的一部分。日本积极参加 OECD 的讨论，并将继续与各国合作，大力推动上述举措。

五、地域性的举措

1. 亚太地区

亚太地区与日本地理位置最近，经济联系密切，因此在网络威胁对策上，必须展开紧密合作，亚太地区团结合作十分重要。

在亚太地区，由于从以前开始就保持着密切关系，而且近年日本企业的投资增加，日本与东盟的关系特别重要。一直以来，东盟与日本之间，正在通过"东盟－日本信息安全政策会议"和"东盟－日本网络安全合作部长级政策会议"等形式进行合作，未来将继续推进能力构建，例如人才培养、信息共享、重要基础设施防护等体制构建等，进一步强化合作。此外，日本将推进融合了 PRACTICE 项目和恶意软件感染终端警告的 JAS-PER（Japan－ASEAN Security PartnERship）项目，全面推进日本和东盟在网络安全技术方面的合作。作为 TSUBAME 项目，日本将与亚洲地区的CSIRT 合作，通过在各 CSIRT 中安装传感器，可以尽早掌握亚洲地区的网络攻击倾向，并迅速采取预警和响应措施，借此强化网络环境的净化。另外，在打击网络犯罪领域，日本将加强与东盟的合作，通过针对跨越国境犯罪的部长级会议、高级实务者会议等框架，开展能力建设，共享知识。

针对其他国家，日本还将其作为重要伙伴国，深化关系，通过合作和互助解决网络安全问题。特别是日本与印度之间正在采取相应举措，例如日印网络协商，未来还将持续强化合作。

2. 欧美

美国与日本是以日美安保体制为核心的同盟关系，与美国的合作十分重要。两国建立了合作关系，通过日美网络对话，日美互联网经济政策合作对话、相关机构间的个别对话等场合，围绕政策协商、信息共享、网络事件应对等各方面不断深化具体合作。日本将继续深化这种伙伴关系。

对于欧洲国家，日本也建立了合作关系，以共同的价值观为基础，推进各种举措。例如，日英网络对话、日欧互联网安全论坛、缔结欧洲评议会通过的《网络犯罪公约》等。日本将继续强化合作。

3. 其他地区

在南美、非洲等地区，网络空间的使用也在迅速发展。因此，许多网络安全问题浮出水面，以恶意软件感染为首的网络威胁正在不断扩大。日本已经与这些区域的国家展开了合作，例如支援建立 CSIRT 等。今后日本将进一步扩大这些举措。

4. 多国框架

日本正在多国框架下，积极推进构建安全可信赖的网络空间。

关于网络安全国际规则制定和能力建设，联合国、G8、ARF、OECD、APEC、NATO 正在进行积极讨论。此外，关于重要基础设施防护和快速事件响应的政策，正在实施全球性的各种举措。例如，除了政府部门为中心的 Meridian 和 IWWN 外，还包括官民广泛主体参与的 FIRST、亚太地区的 CSIRT 联合体——APCERT、伦敦网络空间会议的后续会议等。另外，关于网络犯罪，正在努力通过 ICPO 等框架深化国际搜查合作。

日本积极参加这些平台，并将为所有平台的讨论做出更积极的贡献，以便为建立安全可靠的网络空间做出贡献。此时，为了做出更加有意义的贡献，重要的是日本以"能够看得见的"形式做出贡献。为此，日本将积极申办国际会议，为国际社会做出积极贡献，例如在 2014 年召开 Meridian。

附录四　《为了防卫省自卫队稳定
有效使用网络空间》

2012 年 9 月

防卫省

一、宗旨

网络空间是"使用信息通信技术交换信息的互联网及其他虚拟空间"。随着信息通信技术的发展，网络空间使用急速扩大，近年被认为是与海洋、太空同样的全球公域之一。

另一方面，网络空间扩展、各种社会活动依赖于网络空间的结果是，当网络攻击妨碍网络空间的稳定使用时，将不仅限于妨碍个别企业或政府部门的业务，其影响瞬间向广阔范围扩散，有可能对社会生活整体，甚至跨越国境造成巨大的损害。

因此，《2011 年以后的防卫计划大纲》（2010 年 12 月 17 日内阁决议通过。以下称为《防卫大纲》）将"针对网络空间稳定使用的风险"明确规定为新的安全保障课题，国家未来将综合强化网络攻击响应态势和应对能力，自卫队将积累应对网络攻击的先进知识和技能，为政府整体实施的应对举措做贡献。

此外，当作为武力攻击的一环遭受网络攻击时，防卫省和自卫队负有响应任务。为了遂行该任务，首先防卫省和自卫队必须具备能够稳定和有效利用网络空间的态势，例如恰当应对那些针对自身系统实施的网络攻击。

在此背景下，此前防卫省制定了《防卫厅和自卫队关于应对信息通信技术革命的综合政策推进纲要》（2000 年 12 月），在"构建确保安全、联合化的高级网络（略），成体系地构建能够综合且有机运用防卫能力的基础"这一基本方针指导下，为了积极获取信息通信技术推进了各种举措。

如今，基于此前举措，防卫省和自卫队为了恰当应对新的课题，重新整理网络空间的意义和该空间的风险，展示防卫省和自卫队稳定有效利用网络空间之时应该采取措施的整体情况和重点，为了明确全面整合推进上述举措的指针，制定本文件。

二、基本认识

(一) 网络空间的意义和特性

近年来，随着计算机、手机等信息通信机器在全世界的普及和发展，网络空间逐渐渗透至市民生活的各个角落，可以利用该空间的区域也向全球扩展。

防卫省和自卫队，也在业务的各个层面利用着网络空间，例如政策制定、部队运用、人事管理、宣传、开发研究等。作为支撑陆海空天等现实"领域"各种活动的基础设施，网络空间不可或缺。确保网络空间的稳定利用，是直接关系到防卫省和自卫队任务遂行成败的极其重要因素。

此外，对于防卫省和自卫队而言，网络空间是遂行信息搜集、攻击、防御等各种活动的场所，具有与陆海空天并列的一种"领域"的性质。在该领域实施有效活动的成败，与陆海空天领域的活动同等重要。

(二) 网络空间的风险

1. 网络攻击

网络攻击是以窃取或篡改信息、引起系统停止操作或误操作等为目的而实施。其方法多种多样，从发送恶意软件、发送大量数据到非法访问等。此外，难以确定攻击源，也难以对网络攻击实施威慑（参照附录1）。

如今，防卫省和自卫队持有的系统和网络，从平时开始遭受各式各样的网络攻击，面临着防卫重要信息遭到窃取的危险以及妨碍实施有效的指挥控制和信息共享的危险。另外，还存在所谓的供应链风险，即在装备设计、制造、采购、设置阶段就被植入恶意软件等。战时，对手有可能针对防卫省和自卫队的系统和网络实施各种网络攻击，对手的网络攻击还有可能针对其他政府部门、民间部门的系统和网络实施。

2. 其他风险

自然灾害或事故造成的机器损坏、正常使用者误操作系统等行为，也会引起信息泄露或系统的误操作。此外，由于职员在定期更改密码、应对不详邮件等安全方面的基础行为上出现疏忽，使得防卫省和自卫队的系统和网络针对网络攻击更加脆弱。

三、基本方针

防卫省和自卫队未来为了能够切实遂行任务、回应国民的嘱托，应该应对网络空间风险，并最大限度地利用其便宜。

因此，防卫省和自卫队必须确保作为基础设施的网络空间的稳定利用，同时作为承担我国防卫任务的机构，必须充实和强化在网络空间这一"领域"活动的能力。

基于以上观点，我们将在如下基本方针指导下，推进附录2中的具体举措。

1. 强化防卫省和自卫队的能力和态势

为了遂行保护日本等任务，防卫省和自卫队必须在网络空间也拥有最先进的能力。

鉴于网络攻击难以确定攻击源、难以实施威慑的特性以及旨在确保信息优势的网络空间重要性，防卫省和自卫队首先必须强化自身系统和网络的防护能力。因此，我们将强化威胁信息的搜集和分析能力、防卫省和自卫队系统和网络的监视和应对能力，包括建设必要体制在内。此外，鉴于完全确保网络空间安全并不现实，我们将发展修复能力，以保证即便是在网络攻击造成损害的情况下，也能确保自卫队遂行任务的能力。

关于自卫队的运用，为了能够在平时一体、有机地利用网络空间及其他领域，我们将想定网络攻击，实施实战化训练，完善应对要领。关于针对日本实施的网络攻击的应对，为了自卫队有效排除，我们还将留意必须妨碍对手利用网络空间的可能性。

为了强化支撑上述努力的人的基础，关于防卫省和自卫队负责应对网络攻击的人才，我们将考虑自卫官、技术人员、事务官各自的适应性，基于有计划的、长期的观点培养和确保人才。

我们还将提升每位职员保护信息、保护秘密的意识，使其牢记在网络空间所有信息都有被窃取、被操作的可能性。

2. 为包括民间在内的国家整体的举措做贡献

防卫省和自卫队的活动，依赖于电力、交通、通信等一般的社会基础设施，装备的开发和发展同样依赖于民间部门，因此确保整个社会稳定利用网络空间，对于防卫省和自卫队自身来说也极其重要。一直以来，防卫省和自卫队根据《保护国民的信息安全战略》，与政府机关和民间企业进行合作。未来，防卫省和自卫队将继续为提升以内阁官房为中心实施的日本整体安全水平做贡献，例如提供专业知识和经验等，同时还将推进与防卫产业等民间部门的合作，例如共享最新的攻击方法和技术动向等。

3. 与包括同盟国在内的国际社会展开合作

与同盟国美国在网络空间进行合作，对于防卫省和自卫队遂行任务具有极其重要的意义。因此日美将继续推进各种合作，例如政策层面的协商、紧密的信息共享、更具实战性的训练等。

此外，防卫省和自卫队还将基于网络空间向全球范围扩展的趋势，为了实现网络空间的稳定使用，积极推进与友好国家和国际组织的合作。

四、网络攻击的法律地位

鉴于包括重要基础设施在内的整个社会将进一步依赖于网络空间的倾向以及近年日趋高级化、巧妙化的网络攻击样态，不能否认未来仅仅凭借网络攻击也有可能造成极其严重的损害。

关于上述网络攻击和武力攻击的关系，很难一概而论。某一事态是否相当于网络攻击，应该根据个别具体的情况进行判断。然而，一般认为，作为武力攻击的一环，网络攻击发生时，将满足自卫权发动的第一要件。

国际社会正在围绕网络攻击的法律地位进行激烈讨论，包括产生严重损害的事态。关于网络攻击及其响应在国际法和国内法上的地位，防卫省和自卫队将根据国际社会的讨论和自卫队运用层面的举措，继续进行研讨。此外，防卫省和自卫队还将积极参与构建网络空间国际规范的相关举措。

五、针对举措的实施情况实施管理、不断地验证和修订

为了今后综合推进各种举措，防卫省和自卫队将设定具体的时间表，由网络攻击响应委员会负责管理整体的实施情况。

此外，防卫省和自卫队将根据日新月异的信息通信技术发展和日本整体的状况，例如云技术和移动终端的普及等，对实施的举措不断进行验证和修订，以便能够灵活、切实应对发生在网络空间的各种风险。

（附录1）
网络攻击的特性
1. 多样性
（1）主体
网络攻击所必需的手段，与舰船或飞机等装备相比，获取和使用都十分容易，因此不仅国家，个人或组织等各种主体都可以实施网络攻击，也可以利用互联网在全世界的任何地方实施网络攻击。
（2）方法
（Ⅰ）发送实施窃取信息等有害行为的恶意软件

（Ⅱ）通过互联网发送大量数据（DDoS 攻击：Distributed Denial of Service Attack）：

（Ⅲ）通过互联网非法访问各种系统

等有许多种。其中，一部分的网络攻击事件，据说具有先进的技术和计划性，必须有国家主体的参与。

（3）目的

实施攻击的目的：

（Ⅰ）窃取或篡改系统内的信息

（Ⅱ）引起系统停止运行或误运行

（Ⅲ）系统停止在互联网上提供服务

等有许多种。

（4）时机

关于攻击实施的时机，一般认为包括平时到武力攻击事态在内的所有时机。

2. 匿名性

网络攻击是由谁实施的，很容易隐蔽和伪装。某些国家可以针对他国自行进行攻击，或者指示、奖励、允许个人或组织针对他国实施网络攻击，不留下自身参与其中的痕迹，收获攻击成果。

3. 隐秘性

网络攻击中，既有 DDoS 此类容易发生的情况，也有植入恶意软件此类直至出现损害、防御方很难察觉攻击存在的情况，还有窃取信息此类就连意识到损害发生也很困难的情况。由于技术进步，上述网络攻击的隐秘性未来还会提高。

4. 攻击方优位性

根据攻击方法的不同，获取攻击手段十分容易，很难完全消除软件的脆弱性，攻击方只需要攻击相互连接的网络最脆弱的点即可，很难确定攻击源。因此，在网络空间，攻击方比防御方占据绝对优势。

5. 威慑的困难性

无论是"惩罚式威慑"还是"拒止式威慑"并不容易。

关于"惩罚式威慑"，针对有可能攻击者，即便向其明确表示出"如果实施网络攻击，我们将实施报复，给你造成同等或者更加严重的损害"，例如对方是非国家主体，并不拥有可能成为防御方报复对象的资产，那么就不会产生让其放弃攻击的遏制效果。此外，考虑到很难确定攻击源，此类报复的警告，对于有可能实施攻击的主体来说，缺乏说服力。

关于"拒止式威慑"，必须传达"即便实施网络攻击、也达不到效果"的意思。然而，鉴于攻击方的优势地位，很难将防御水平提升至可以完全阻止网络攻击的水平。

（附录 2）

具体举措

1. 强化防卫省和自卫队的能力和态势

（1）应该优先推进的政策

（Ⅰ）提升态势掌控力以及损害发生时尽早恢复

为了强化 DII（防卫信息通信基础）网络的监视态势，为网络的各据点增设监视器材。

（Ⅱ）提升自卫队员的熟练程度

模拟防卫省的系统，在实战化的模拟环境下实施训练。为此，围绕构建必需的大规模模拟环境展开研究开发。

（Ⅲ）获取早期警戒情报以及强化警戒态势

为了尽早掌握针对防卫省的网络攻击征兆、强化警戒态势，提升网络防护分析装置的机能。

关于恶意软件或攻击方法等威胁情报，积极利用从其他政府部门或民间企业获得的信息，同时与防卫省内的相关部门合作，强化搜集和分析机能。

（Ⅳ）建立体制

计划在 2013 年度新设"网络空间防卫队（暂称）"，作为强化综合应对针对防卫省和自卫队系统和网络的网络攻击能力的核心机构。

整体强化和提升自卫队指挥通信系统队和各自卫队负责系统防护部队的能力。

强化和提升情报本部等部门搜集和分析国外网络攻击相关情报的体制。

围绕强化网络攻击应对相关政策立案和计划体制、研究体制和各部门的合作体制展开研讨，包括设置专门的最高信息安全责任者（CISO）。

（2）应该充实和强化的政策

（Ⅰ）建立各系统的最新防护系统

关于各自卫队系统，推进建立最新的防护系统、提升机能。

（Ⅱ）汇总各系统间的监视信息

为了汇总各自卫队的监视情报，有效实施应对，完善联合监视器材。

（Ⅲ）降低系统的脆弱性

定期检查脆弱性，引进终端层级的防止入侵系统。

为了有效率地检查和降低系统的脆弱性，将业务委托给外部机构。

（Ⅳ）培养和确保人才

为了稳定确保防卫省拥有具备高级专业性和技能经验的人才，作为防卫省和自卫队从事应对网络攻击的人员，将围绕如下政策展开讨论。

——培养部队负责应对网络攻击的职员，确保各自卫队的教育态势。

——促进在防卫研究所和防卫大学等内部机构的教育和研究、在国内外大学等机构的教育和研究、与民间企业的人事交流等。

——录取诸如安全相关资格持有者、民间企业等部门拥有安全相关业务经验者等具有高能力的人员。

（Ⅳ）强化研究开发

基于最新的技术动向，推进与如下机能相关的研究开发。

——旨在建立实战化训练环境的大规模模拟环境。

——依次检查感染恶意软件的内部网络终端、在确定最早感染的终端的基础上消除恶意软件的技术。

——防止从自卫队活动中丢失的装备中泄露重要情报的技术。

（3）应该持续实施的政策

在包括日美联合训练的各种训练中，纳入防卫省和自卫队系统和网络遭受网络攻击的态势，实施更具实战性的部队训练。

根据训练成果，建立具有实效性的应对要领。

围绕最新的攻击方法和技术动向，推进调查研究。

利用各种职员研修的机会，围绕最新的技术和威胁动向、近期的案件、相关规则进行教育，同时面向职员继续实施提高警惕和启发活动，例如可移动载体和电子产品的严格使用和保管等。

2. 为包括民间在内的国家整体的举措做贡献

（1）打破部门间的藩篱推进合作

关于提升以内阁官房为中心的政府整体安全水平，更加积极地为如下举措做贡献。

——内阁官房主办的各种应对网络攻击的训练，积极参与和支援，例如从包括脚本制定在内的计划阶段提供知识等。

——积极提供防卫省和自卫队掌握的最新攻击方法和技术动向相关的

情报。

——向 GSOC 派遣拥有先进知识和技能的人才。

——当发生大规模网络攻击时，推进与相关省厅的合作，例如向设置在内阁官房的信息安全紧急支援小组（CYMAT）派遣支援要员等。

（2）为提升包括民间部门在内的国家整体的安全水平做贡献

继续要求合同企业严格处理应该保护的信息、贯彻教育，同时通过有实效性的监察，提升合同企业的安全水平。

与防卫产业之间共享最新的攻击方法和技术动向等。

利用政府整体建立的官民情报共享框架，共享最新攻击方法和技术动向等。

与防卫产业之间围绕减少供应链风险的政策交换意见等。

3. 与包括同盟国在内的国际社会展开合作

（1）与美国展开合作

日美之间，围绕写入 2011 年 6 月日美安全保障协商委员会联合声明中的两国间网络安全相关战略性政策协商，继续推进的同时，进一步强化密切的情报交换等合作。

在日美联合训练中加入遭受网络攻击的状况，提升日美共同应对能力。

（2）与其他国家和国际机构展开合作

通过与澳大利亚、英国、新加坡、北约等相关国家和国际组织之间各级别的协商，推进情报共享等合作。

图书在版编目（CIP）数据

日本网络安全问题研究/付红红著 . —北京：时事出版社，2022.8
ISBN 978-7-5195-0491-5

Ⅰ.①日⋯　Ⅱ.①付⋯　Ⅲ.①计算机网络—网络安全—研究—日本
Ⅳ.①TP393.08

中国版本图书馆 CIP 数据核字（2022）第 073389 号

出 版 发 行：时事出版社
地　　　址：北京市海淀区彰化路 138 号西荣阁 B 座 G2 层
邮　　　编：100097
发 行 热 线：（010）88869831　88869832
传　　　真：（010）88869875
电 子 邮 箱：shishichubanshe@ sina. com
网　　　址：www. shishishe. com
印　　　刷：北京良义印刷科技有限公司

开本：787×1092　1/16　印张：18.25　字数：300 千字
2022 年 8 月第 1 版　　2022 年 8 月第 1 次印刷
定价：110.00 元
（如有印装质量问题，请与本社发行部联系调换）